高等职业教育"十三五"精品规划教材

计算机导论（基于 Windows 7+Office 2010）（第二版）

主 编 柳 青

副主编 骆金维 曾德生 曾昭江 陈荣宝

U0201188

中国水利水电出版社

www.waterpub.com.cn

·北京·

内 容 提 要

本书分为"计算机应用技术"和"计算机科学技术概论"两部分。第一部分主要介绍了计算机基础知识、基于中文 Windows 7 的系统资源管理、基于 Word 2010 的文字处理、基于 Excel 2010 的电子表格应用、基于 PowerPoint 2010 的演示文稿制作；第二部分的内容包括计算机网络基础、程序设计基础、数据库基本概念、操作系统基本概念、计算机新技术简介、计算机科学专业能力的培养与职业道德。

本书可作为高职高专院校计算机或相近专业的计算机导论教材，也可作为非计算机专业学生或计算机爱好者学习计算机基础课程的参考书。

图书在版编目（C I P）数据

计算机导论：基于Windows 7+Office 2010 / 柳青
主编. -- 2版. -- 北京：中国水利水电出版社，2017.8（2023.8 重印）
高等职业教育"十三五"精品规划教材
ISBN 978-7-5170-5542-6

Ⅰ．①计… Ⅱ．①柳… Ⅲ．①电子计算机－高等职业教育－教材②Windows操作系统－高等职业教育－教材③办公自动化－应用软件－高等职业教育－教材④Office 2010 Ⅳ．①TP3

中国版本图书馆CIP数据核字(2017)第150020号

策划编辑：杨庆川	责任编辑：石永峰	封面设计：李 佳

书　　名	高等职业教育"十三五"精品规划教材 计算机导论（基于 Windows 7+Office 2010）（第二版） JISUANJI DAOLUN（JIYU Windows 7+Office 2010）
作　　者	主　编　柳　青 副主编　骆金维　曾德生　曾昭江　陈荣宝
出版发行	中国水利水电出版社 （北京市海淀区玉渊潭南路 1 号 D 座　100038） 网址：www.waterpub.com.cn E-mail：mchannel@263.net（答疑） 　　　　sales@mwr.gov.cn 电话：(010) 68545888（营销中心）、82562819（组稿）
经　　售	北京科水图书销售有限公司 电话：(010) 68545874、63202643 全国各地新华书店和相关出版物销售网点
排　　版	北京万水电子信息有限公司
印　　刷	三河市德贤弘印务有限公司
规　　格	184mm×260mm　16 开本　21 印张　526 千字
版　　次	2012 年 8 月第 1 版　2012 年 8 月第 1 次印刷 2017 年 8 月第 2 版　2023 年 8 月第 9 次印刷
印　　数	17001—19000 册
定　　价	42.00 元

凡购买我社图书，如有缺页、倒页、脱页的，本社营销中心负责调换

版权所有·侵权必究

前　言

在计算机及相近专业中开设"计算机导论"课程，对于计算机专业的新生全面了解计算机专业领域的知识，了解计算机技术的最新发展及应用将带来很大的帮助。通过对"计算机导论"的学习，可以使计算机类专业的新生对今后要学习的主要知识和技能、专业方向有一个基本的了解，为后续课程构建一个基本知识框架，使学生对以后的专业学习能够做到心中有数，为以后学习和掌握专业知识、技能提供必要的专业指导。

为了适应教学需要，我们在总结教学实践的基础上，编写了《计算机导论（基于 Windows 7+Office 2010）》（第二版）。本书按照"以就业为导向，以能力为本位"的指导思想，采用先进的高等职业教育教材设计理念进行设计与编写。

"计算机导论"探索如何将"计算机应用基础"课程与"计算机导论"课程的教学内容有机地整合成一门课程。全书分两部分：第一部分是计算机应用技术，以计算机基本知识和基本能力的培养为主要内容，突出应用能力的培养；第二部分是计算机科学技术概论，主要介绍计算机科学技术的核心内容及计算机科学专业能力的培养与职业道德。

本书力求讲述清楚明了、浅显易懂、深入浅出，注重对学生实际动手能力的培养，适应高职教育人才培养的特点。在教材结构的设计上采用任务引领方式，不但符合高等职业教育实践导向的教学思想，还将通用能力的培养渗透到职业技能的教学当中。在教材结构上，每章按教学内容分为若干节，每节设计了若干个任务。每个任务中设计了以下几个模块：

- 任务描述：说明本任务学习的能力目标。
- 案例：提出任务，描述任务完成的效果（根据具体任务可选）。
- 方法与步骤：分析解决任务的思路，讲解完成任务的操作步骤（与案例配套，可选）。
- 相关知识与技能：讲解任务涉及的知识与技能等。
- 知识拓展：讲解学生非常有必要了解，但任务未涉及的知识与技能（可选）。
- 思考与练习：根据教学需要引导学生进一步思考或实践。

本书第一部分的内容包括计算机基础知识、基于中文 Windows 7 的系统资源管理、基于 Word 2010 的文字处理、基于 Excel 2010 的电子表格应用、基于 PowerPoint 2010 的演示文稿制作；第二部分的内容包括计算机网络基础、程序设计基础、数据库基本概念、操作系统基本概念、计算机新技术简介、计算机科学专业能力的培养与职业道德。每章后面都有习题（包括操作题）。各章内容基本上独立，可根据实际教学情况进行选择。

本书由柳青任主编，骆金维、曾德生、曾昭江、陈荣宝任副主编。全书共 11 章，其中第1、11 章由柳青编写，第 2、4、9 章由骆金维编写，第 3、7、8 章由曾昭江编写，第 6、10 章由曾德生编写，第 5 章由陈荣宝编写，全书由柳青统稿和修改。付军、李新燕、李峰、王少应等老师参加了本书的策划及部分编写工作，广东创新科技职业学院信息工程学院对本书的编写给予了大力支持，在此表示衷心的感谢。

由于作者水平有限，书中错误和不足之处在所难免，恳请广大读者批评指正。

编　者
2017 年 5 月

目　　录

第1章 计算机基础知识

1.1 认知计算机

概括地说，电子计算机是一种高速进行操作、具有内部存储能力、由程序控制操作过程的电子设备。电子计算机最早的用途是用于数值计算，随着计算机技术和应用的发展，电子计算机已经成为人们进行信息处理的一种必不可少的工具。

任务1 了解计算机的诞生与发展

【任务描述】

自 1946 年第一台电子计算机诞生以来，计算机的研究、生产和应用得到迅猛的发展，计算机信息处理已成为当今世界上发展最快和应用最广的科技领域之一。电子计算机的飞速发展和广泛应用，有力地推动着工农业生产、国防和科学技术的发展，对整个社会产生了深刻的影响，这是历史上任何一种科学技术和成果所无法比拟的。本任务学习计算机的发展历程，了解影响计算机发展的关键人物。

【相关知识与技能】

1. 第一台数字电子计算机 ENIAC 的诞生

1946 年 2 月 15 日，在美国宾夕法尼亚大学莫尔学院举行了人类历史上第一台数字电子计算机的揭幕典礼。这台机器命名为"电子数字积分计算机"（Electronic Numerical Integrator and Calculator，ENIAC），如图 1-1 所示。

图 1-1 ENIAC 计算机

ENIAC 计算机总共安装了 16 种型号的 18000 个真空管，1500 个电子继电器，70000 个电阻器，18000 个电容器，占地面积 170 平方米，总重量达 30 吨，耗电 140 千瓦，堪称为"巨型机"。ENIAC 能在 1 秒钟内完成 5000 次加法运算，在 3/1000 秒内完成两个 10 位数的乘法运算，其运算速度至少超出马克 1 号 1000 倍以上。例如，计算炮弹发射到进入轨道的 40 个点，手工操作机械计算机需 7～10 小时，ENIAC 仅用 3 秒钟，速度提高了 8400 倍以上。因此，ENIAC 的问世具有划时代的意义，预示着计算机时代的到来。

2. 冯·诺依曼体系

美籍匈牙利人约翰·冯·诺依曼（John Von Nouma，1903～1957，见图 1-2）是美国国家科学院、秘鲁国立自然科学院和意大利国立林且学院等院的院士。1954 年任美国原子能委员会委员；1951 年～1953 年任美国数学会主席。冯·诺依曼首先提出了在计算机内存储程序的概念，使用单一处理部件来完成计算、存储及通信工作。"存储程序"成了现代计算机的重要标志。

图 1-2　冯·诺依曼

1944 年，ENIAC 还未竣工，人们已经意识到 ENIAC 计算机存在着明显的缺陷：没有存储器；用布线接板进行控制，甚至要搭接电线，极大地影响了计算速度。

从 1944 年 8 月到 1945 年 6 月，在共同讨论的基础上，由冯·诺依曼撰写的存储程序通用电子计算机方案——EDVAC（Electronic Discrete Variable Automatic Computer）报告详细阐述了新型计算机的设计思想，奠定了现代计算机的发展基础。该报告直到现在仍被人们视为计算机科学发展史上里程碑式的文献。

冯·诺依曼在 EDVAC 报告中提出：

（1）新型计算机采用二进制（原来采用十进制）。采用二进制可使运算电路简单、体积小。实现两个稳定状态的机械或电器元件容易找到，机器的可靠性明显提高。

（2）采用"存储程序"的思想。程序和数据都以二进制的形式统一存放在存储器中，由机器自动执行。不同的程序解决不同的问题，实现了计算机通用计算的功能。

（3）把计算机从逻辑上划分为 5 个部分：运算器、控制器、存储器、输入设备和输出设备。

由于种种原因，EDVAC 机器无法被立即研制。直到 1951 年，EDVAC 计算机才宣告完成，不仅可以应用于科学计算，还可以用于信息检索领域。EDVAC 只用了 3563 只电子管和 10000 只晶体二极管，采用 1024 个 44 比特水银延迟线装置来存储程序和数据，耗电和占地面积也只有 ENIAC 的三分之一，速度比 ENIAC 提高了 240 倍。

1946 年 6 月，冯·诺依曼等人在 EDVAC 方案的基础上，提出了一个更加完善的设计报告《电子计算机逻辑设计初探》。以上两份文件的综合设计思想，即著名的"冯·诺依曼机"（或存储程序式计算机），中心是存储程序原则——程序和数据一起存储。这个概念被誉为计算机发展史上的一个里程碑，标志着电子计算机时代的真正开始，指导着以后的计算机设计。

1949 年 5 月，由英国剑桥大学威尔克斯（M.V.Wilkes）制成投入运行的 EDSAC（电子延迟存储自动计算器），是真正实现存储程序的第一台电子计算机。由于存储程序工作原理是冯·诺依曼提出的，至今人们把存储程序工作原理的计算机称为"冯·诺依曼式计算机"。

至今为止，大多数计算机采用的仍然是冯·诺依曼型计算机的组织结构。人们把"冯·诺依曼计算机"当作现代计算机的重要标志，并把冯·诺依曼誉为"计算机之父"。

3. 阿兰·图灵（Alan Turing）

阿兰·图灵（见图 1-3），1912 年 6 月 23 日出生于英国伦敦，是世界上公认的计算机科学奠基人。

图灵机把程序和数据都以数码的形式存储在纸带上，即"存储程序"。通用图灵机实际上是现代通用数字计算机的数学模型。图灵机的思想奠定

图 1-3　图灵

了整个现代计算机发展的理论基础。

4. 计算机发展的四个阶段

根据使用的逻辑元件来划分，电子计算机的发展经历了电子管、晶体管、集成电路、大规模和超大规模集成电路四个发展阶段。在这个过程中，电子计算机不仅在体积、重量和消耗功率等方面显著减少，而且在硬件、软件技术方面有极大的发展，在功能、运算速度、存储容量和可靠性等方面都得到极大的提高。表1-1列出了计算机发展中各个阶段的主要特点比较。

表 1-1　各个发展阶段计算机的主要特点比较

发展阶段\性能指标	第一代（1946～1958 年）	第二代（1958～1964 年）	第三代（1964～1971 年）	第四代（1971 年以后）
逻辑元件	电子管	晶体管	中、小规模集成电路	大规模、超大规模集成电路
主存储器	磁芯、磁鼓	磁芯、磁鼓	半导体存储器	半导体存储器
辅助存储器	磁鼓、磁带	磁鼓、磁带、磁盘	磁带、磁鼓、磁盘	磁带、磁盘、光盘
处理方式	机器语言、汇编语言	作业连续处理、编译语言	实时、分时处理多道程序	实时、分时处理网络结构
运算速度（次/秒）	几千～几万	几万～几十万	几十万～几百万	几百万～百亿
主要特点	体积大，耗电大，可靠性差，价格昂贵，维修复杂	体积较小，重量轻，耗电小，可靠性较高	小型化，耗电少，可靠性高	微型化，耗电极少，可靠性很高

5. 微型计算机的发展

1969 年，美国 Intel 公司的工程师马西安·霍夫（M.E.Hoff）大胆地提出了一个设想：把计算机的全部电路做在 4 个芯片上，即中央处理器芯片、随机存储器芯片、只读存储器芯片和寄存器电路芯片，从而制造出了世界上第一片 4 位微处理器，又称 Intel 4004，由此组成了第一台微型计算机 MCS-4。1971 年诞生的这台微型计算机揭开了世界微型计算机发展的序幕。

微机系统的中央处理器（CPU）由大规模或超大规模集成电路构成，做在一个芯片上，又称为微处理器 MPU（MicroProcessing Unit）。

微型计算机的发展历程，从根本上说也就是微处理器的发展历程。微型计算机的换代，通常以其微处理器的字长和系统组成的功能来划分。从 1971 年以来，微型计算机经历了 4 位、8 位、16 位、32 位和 64 位微处理器的发展阶段。

微型计算机（Microcomputer）又称个人计算机（Personal computer），是以微处理器芯片为核心构成的计算机。微型计算机除具有电子计算机的普遍特性外，还有一般电子计算机所无法比拟的特性，如体积小、线路先进、组装灵活、使用方便、价廉、省电、对工作环境要求不高等，深受用户的喜爱。

微型计算机的诞生推动了计算机的普及和应用，加快了信息技术革命，使人类进入信息时代。多媒体计算机技术的应用，实现了文字、数据、图形、图像、动画、音响的再现和传输；Internet 网把世界联成一体，形成信息高速公路，令人真正感到"天涯咫尺"。

6. 计算机的发展趋势

21 世纪将是人类走向信息社会的世纪，是网络和多媒体的时代，也是超高速信息公路建设取得实质性进展并进入应用的时代。计算机科学技术的迅速发展，特别是网络技术和多媒体技术的迅速发展，推动着计算机不断地拓展新的应用领域。

从发展趋势来看，计算机的发展将趋向超高速、超小型、并行处理和智能化。随着计算机技术的迅猛发展，传统计算机的性能受到挑战，开始从基本原理上寻找计算机发展的突破口，新型计算机的研发应运而生。未来的计算机将是计算机技术、微电子技术、光学技术、超导技术和电子仿生技术相互结合的产物；集成光路、超导器件、电子仿生技术等将进入计算机；新型的量子计算机、光子计算机、分子计算机、纳米计算机等，将走进我们的生活，遍布各个领域。计算机将发展到一个更高、更先进的水平。

目前，计算机已在各个领域、各行各业中得到广泛的应用，其应用范围已渗透到科研、生产、军事、教学、金融银行、交通运输、农业林业、地质勘探、气象预报、邮电通信等各行各业，并且深入到文化、娱乐和家庭生活等各个领域，其影响涉及社会生活的各个方面。

【思考与练习】

（1）查找资料，了解不同发展阶段的计算机各有哪些特点。

（2）到网络上查找有关计算机技术发展的资料，了解未来计算机的发展趋势。

任务 2　认识计算机的特点和应用

【任务描述】

计算机是人们进行信息处理的一种必不可少的工具，本任务学习计算机的主要特点与应用，了解计算机在信息化社会中扮演的角色。

【相关知识与技能】

1．计算机的主要特点

（1）运算速度快。计算机的运算速度指计算机在单位时间内执行指令的平均速度，可以用每秒钟能完成多少次操作（如加法运算），或每秒钟能执行多少条指令来描述。

（2）精确度高。计算机中的精确度主要表现为数据表示的位数，一般称为字长，字长越长精度越高。微型计算机字长一般有 8 位、16 位、32 位、64 位等。计算机一般都可以有十几位有效数字，因此能满足一般情况下对计算精度的要求。

（3）具有"记忆"和逻辑判断能力。计算机不仅能进行计算，而且还可以把原始数据、中间结果、运算指令等信息存储起来，供使用者调用。这是电子计算机与其他计算装置的一个重要区别。计算机还能在运算过程中随时进行各种逻辑判断，并根据判断的结果自动决定下一步执行的命令。

（4）程序运行自动化。由于计算机具有"记忆"能力和逻辑判断能力，所以计算机内部的操作运算都是自动控制进行的。使用者在把程序送入计算机后，计算机就在程序的控制下自动完成全部运算并输出运算结果，不需要人的干预。

2．计算机在信息化社会中扮演的角色

信息技术是在信息的获取、整理、加工、传递、存储和利用中所采取的技术和方法。信息技术也可以看作是代替、延伸、扩展人的感官及大脑信息功能的技术。

现代信息技术采用先进的技术手段和科学方法，使信息的采集、处理、传输、存储、利用建立在最先进的科学技术基础上，其主要特征是：各种信息的数字化和信息传递、信息处理的计算机化和网络化。现代信息技术是以微电子技术为基础，以计算机技术、通信技术和控制技术为核心，以信息应用为目标的科学技术群。

构成信息化社会主要靠计算机技术、通信技术和网络技术三大支柱。计算机技术的迅速发展加速了信息化社会的发展。当今社会，计算机无处不在，已经成为人们生产和生活乃至学习的必备工具。计算机就在人们的身边，在学习、工作和生活的各个领域。

在信息化社会中，计算机的存在总是和信息的加工、处理、检索、识别、控制和应用等分不开。可以说，没有计算机就没有信息化，没有计算机、通信和网络技术的综合利用，就没有日益发展的信息化社会。因此，计算机是信息化社会必备的工具。

3. 计算机的应用领域

计算机以其卓越的性能和强大的生命力，在科学技术、国民经济、社会生活等各个方面都得到了广泛的应用，并且取得了明显的社会效益和经济效益。计算机的应用几乎包括人类的一切领域。

计算机的应用领域包括：科学计算、信息处理（或称数据处理）、实时控制（或称过程控制）、计算机辅助系统（包括计算机辅助设计 CAD、计算机辅助制造 CAM、计算机辅助教学 CAI 和计算机辅助测试 CAT 等）、系统仿真、虚拟现实技术（VR，Virtual Reality）、办公自动化（OA）、人工智能（智能模拟）、电子商务和电子政务等。

目前，计算机的应用范围已渗透到科研、生产、军事、教学、金融银行、交通运输、农业林业、地质勘探、气象预报、邮电通信等各行各业，并且深入到文化、娱乐和家庭生活等各个领域，其影响涉及社会生活的各个方面。

【思考与练习】

到网络上查找有关信息化与信息技术发展的资料，了解国内外信息化发展和信息技术应用的情况。

1.2　计算机中信息的表示

任务 3　数字化信息编码的概念

【任务描述】

信息必须经过数字化编码才能进行传送、存储和处理。本任务学习数据与信息的关系，理解信息编码的意义。

【相关知识与技能】

1. 数据与信息

数据是用人类能够识别或计算机能够处理的符号，是对客观事物的具体表示。如商品的名称、价格、出厂日期、颜色等。这里讲的数据是广义的概念，它不仅仅指数字、符号，也可以是声音、图像、文件等。

经过加工处理后用于人们决策或具体应用的数据称作信息。例如，人们通过对商品的各个特征数据的分析，得出该商品的应用价值，作为是否购买的依据。信息是人们用以对客观世界直接进行描述、可以在人们之间进行传递的一些知识或事实，它与承载信息的物理设备无关。

数据是信息的具体表现形式，是各种各样的物理符号及其组合。它反映了信息的内容。数据的形式要随着物理设备的改变而改变。数据是信息在计算机内部的表现形式，计算机的最主要功能便是处理信息。在现实生活中，信息的表现形式是多种多样的，如数值、字符、声音、图形、图像、动画等。在计算机中处理的任何形式的信息都要首先对信息进行数字化编码，然后才能在计算机间进行传送、存储和处理。

2．信息编码的意义

使用电子计算机进行信息处理，首先必须要使计算机能够识别信息。信息的表示有两种形态：一种是人类可识别、理解的信息形态；另一种是电子计算机能够识别和理解的信息形态。

电子计算机只能识别机器代码，即用"0"和"1"表示的二进制数据。用计算机进行信息处理时，必须将信息进行数字化编码后，才能方便地进行存储、传送、处理等操作。所谓编码是采用有限的基本符号，通过某一个确定的原则对这些基本符号加以组合，用来描述大量的、复杂多变的信息。信息编码的两大要素是基本符号的种类及符号组合的规则。

日常生活中常遇到类似编码的实例，例如用 26 个英文基本符号，通过不同的组合得到含义各异的英文单词。

冯·诺依曼计算机采用二进制编码形式，即用"0"和"1"两个基本符号的组合表示各种类型的信息。虽然计算机的内部采用二进制编码，但是计算机与外部的信息交流还是采用大家熟悉和习惯的形式。

任务 4　进位计数制

【任务描述】

按进位的原则进行计算，称为进位计数制。本任务学习进位计数制的基本特点，掌握其表示方法。

【相关知识与技能】

常用的进位计数制有十进制、二进制、八进制和十六进制等。

1．进位计数制的基本特点

（1）逢 N 进一。N 是指进位计数制表示一位数所需的符号数目，称为基数。例如十进制数由 0、1、2、3、4、5、6、7、8、9 十个数字符号组成，需要的符号数目是 10 个，基数为十，逢十进一。二进制由 0 和 1 两个数字符号组成，需要的符号数目是 2 个，基数为二，逢二进一。

（2）采用位权表示法。处于不同位置上的数字代表的数值不同，某一个数字在某个固定位置上所代表的值是确定的，这个固定的位置称为位权或权。各种进位制中，位权的值恰好是基数的若干次幂，每一位的数码与该位"位权"的乘积表示该位数值的大小。根据这一特点，任何一种进位计数制表示的数都可以写成按位权展开的多项式之和。

位权和基数是进位计数制中的两个要素。在计算机中常用的进位计数制是二进制、八进制和十六进制，其中二进制用得最广泛。

2．进位计数制的表示方法

在十进制计数制中，333.33 可以表示为：

$$333.33=3\times(10)^2+3\times(10)^1+3\times(10)^0+3\times(10)^{-1}+3\times(10)^{-2}$$

一般来说，任意一个十进制数 N 可表示为：

$$N = \pm[(K_{n-1} \times (10)^{n-1} + K_{n-2} \times (10)^{n-2} + \cdots K_1 \times (10)^1 + K_0 \times (10)^0 + K_1 \times (10)^1 + K_2 \times (10)^2 + \cdots + K_m \times (10)^m]$$

$$= \pm \sum_{i=-m}^{n-1} [K_i \times (10)^i]$$

式中 m、n 均为正整数，K_i 可以是 1、2、…、9 十个数字符号中的任何一个，由具体的数来决定；圆括号中的 10 是十进制数的基数。

对于任意进位计数制，基数可用正整数 R 来表示。这时，数 N 可表示为：

$$N = \pm \sum_{i=-m}^{n-1} K_i R^i$$

式中 m、n 均为正整数，K_i 则是 0、1、…、(R–1) 中的任何一个，R 是基数，采用"逢 R 进一"的原则进行计数。

（1）二进制数。数值、字符、指令等信息在计算机内部的存放、处理和传递等，均采用二进制数的形式。对于二进制数，R=2，每一位上只有 0、1 两个数码状态，基数为"2"，采用"逢二进一"的原则进行计数。为便于区别，可在二进制数后加"B"，表示前边的数是二进制数。

（2）八进制数。对于八进制数，R=8，每一位上有 0、1、2、3、4、5、6、7 八个数码状态，基数为"8"，采用"逢八进一"的原则进行计数。为便于区别，可在八进制数后加"Q"，表示前边的数是八进制数。

（3）十六进制数。微型计算机中内存地址的编址、可显示的 ASCII 码、汇编语言源程序中的地址信息、数值信息等都采用十六进制数表示。对于十六进制数，R=16，每一位上有 0、1、…、9，A、B、C、D、E、F 等 16 个数码状态，基数为"16"，采用"逢十六进一"的原则进行计数。为便于区别，可在十六进制数后加"H"，表示前边的数是十六进制数。

常用的几种进位计数制表示数的方法及其对应关系如表 1-2 所示。

表 1-2　四种进制对照表

十进制	二进制	八进制	十六进制	十进制	二进制	八进制	十六进制
1	1	1	1	9	1001	11	9
2	10	2	2	10	1010	12	A
3	11	3	3	11	1011	13	B
4	100	4	4	12	1100	14	C
5	101	5	5	13	1101	15	D
6	110	6	6	14	1110	16	E
7	111	7	7	15	1111	17	F
8	1000	10	8	16	10000	20	10

【知识拓展】

1. R 进制数（如二、八、十六进制数）转换成十进制数

如上所述，一个 R 进制数 N 可表示为：

$$N = \pm \sum_{i=-m}^{n-1} K_i R^i$$

以上公式提供了将 R 进制数转换成十进制数的方法。例如，将二进制数转换为相应的十进制数，只要将二进制数中出现 1 的位权相加即可。

例如：

① $(1011)_2$ 可表示为：

$$(1011)_2=1 \times 2^3+0 \times 2^2+1 \times 2^1+1 \times 2^0$$

② $(10011.101)_2$ 可表示为：

$$(10011.101)_2=1 \times 2^4+0 \times 2^3+0 \times 2^2+1 \times 2^1+1 \times 2^0+1 \times 2^{-1}+0 \times 2^{-2}+1 \times 2^{-3}$$
$$=16+2+1+0.5+0.125$$
$$=(19.625)_{10}$$

③ $(207)_8$ 可表示为：

$$(207)_8=2 \times 8^2+0 \times 8^1+7 \times 8^0$$

④ $(125.3)_8$ 可表示为：

$$(125.3)_8=1 \times 8^2+2 \times 8^1+5 \times 8^0+3 \times 8^{-1}$$
$$=64+16+5+0.375=(85.375)_{10}$$

⑤ $(12F)_{16}$ 可表示为：

$$(12F)_{16}=1 \times 16^2+2 \times 16^1+15 \times 16^0$$

⑥ $(1CF.A)_{16}$ 可表示为：

$$(1CF.A)_{16}=1 \times 16^2+12 \times 16^1+15 \times 16^0+10 \times 16^{-1}$$
$$=256+192+16+0.625$$
$$=(464.625)_{10}$$

2. 十进制数与 R 进制数之间转换

整数部分和小数部分的转换方法是不相同的，需要分别进行转换。

（1）整数部分的转换。把一个十进制整数转换成 R 进制整数，通常采用除 R 取余法。所谓除 R 取余法，就是将该十进制数反复除以 R，每次相除后，得到的余数为对应 R 进制数的相应位。首次除法得到的余数是 R 进制数的最低位，最末一次除法得到的余数是 R 进制数的最高位；从低位到高位逐次进行，直到商是 0 为止。若第一次除法所得到余数为 K_0，最后一次为 K_{n1}，则 $K_{n1}K_{n2}\cdots K_1K_0$ 即为所求之 R 进制数。

例如，将 $(35)_{10}$ 转换成二进制数，其转换全过程可表示如下：

因此，$(35)_{10}=(K_5K_4K_3K_2K_1K_0)_2=(100011)_2$

根据同样的道理，可将十进制整数通过"除 8 取余"和"除 16 取余"法转换成相应的八进制、十六进制整数。

注意：对被转换的十进制整数进行除 8（或除 16）后所得的第一个余数是转换后八（或十六）进制整数的最低位；所得的最后一个余数是转换后八（或十六）进制整数的最高位。

（2）小数部分转换。把一个十进制纯小数转换成 R 进制纯小数，通常用乘 R 取整法。所谓乘 R 取整法，就是将十进制纯小数反复乘以 R，每次乘 R 后，所得新数的整数部分为 R 进制纯小数的相应位。从高位向低位逐次进行，直到满足精度要求或乘 R 后的小数部分是 0 为止；第一次乘 R 所得的整数部分为 K_{-1}，最后一次为 K_{-m}；转换后，所得的纯 R 进制小数为 $0.K_{-1}K_{-2}\cdots K_{-m}$。

例如，将 $(0.6875)_{10}$ 转换成相应的二进制数，其转换过程可表示如下：

$$
\begin{array}{rll}
0.6875 & \text{整数} & \\
\underline{\times\quad\ 2} & & \\
1.3750 & 1 & K_{-1}=1 \\
\\
0.3750 & & \\
\underline{\times\quad\ 2} & & \\
0.7500 & 0 & K_{-2}=0 \\
\\
0.7500 & & \\
\underline{\times\quad\ 2} & & \\
1.5000 & 1 & K_{-3}=1 \\
\\
0.5000 & & \\
\underline{\times\quad\ 2} & & \\
1.0000 & 1 & K_{-4}=1 \\
\end{array}
$$

因此，$(0.6875)_{10}=(0.1011)_2$

迭次乘 2 的过程可能是有限的，也可能是无限的。因此，十进制纯小数不一定都能转换成完全等值的二进制纯小数。当乘 2 后能使代表小数的部分等于零时，转换即告结束。当乘 2 后小数部分总是不等于零时，转换过程将是无限的。遇到这种情况时，应根据精度要求取近似值。

根据同样的原理，可将十进制小数通过"乘 8（或 16）取整法"转换成相应的八（或十六）进制小数。需要注意的是，对被转换的十进制小数进行乘 8（或 16）所得的第一个整数是转换后八（或十六）进制小数的最高位；所得的最后一个整数（相对于精度要求）是转换后八（或十六）进制小数的最低位。

（3）十进制混合小数转换成 R 进制数。混合小数由整数和小数两部分组成。只要按照上述方法分别进行转换，然后将转换结果组合起来，即可得到所要求的混合二进制小数。

例如，将 $(135.6875)_{10}$ 转换为二进制数。

其中：$(135)_{10}=(10000111)_2$

$(0.6875)_{10}=(0.1011)_2$

因此，$(135.6875)_{10}=(10000111.1011)_2$。

3．非十进制数之间的转换

（1）二进制数转换成八进制数。由于 2^3=8，八进制数的一位相当于三位二进制数。因此，将二进制数转换成八进制数时，只需以小数点为界，分别向左、向右，每三位二进制数分为一组，不足三位时用 0 补足三位（整数在高位补零，小数在低位补零）。然后将每组分别用对应的一位八进制数替换，即可完成转换。

例如：把$(11010101.0100101)_2$转换成八进制数，则

$$(\ 011 \quad 010 \quad 101 \ . \ 010 \quad 010 \quad 100 \ )_2$$
$$(\quad 3 \qquad 2 \qquad 5 \quad . \quad 2 \qquad 2 \qquad 4 \quad)_8$$

因此，$(11010101.0100101)_2 = (325.224)_8$

（2）八进制数转换成二进制数。

由于八进制数的一位数相当于三位二进制数，因此，只要将每位八进制数用相应的三位二进制数替换，即可完成转换。

例如：把八进制数$(652.307)_8$转换成二进制，则

$$(\ 6 \qquad 5 \qquad 2 \quad . \quad 3 \qquad 0 \qquad 7 \ )_8$$
$$(\ 110 \quad 101 \quad 010 \ . \ 011 \quad 000 \quad 111 \ )_2$$

因此，$(652.307)_8 = (110101010.011000111)_2$

（3）二进制数与十六进制数之间的转换。

由于 2^4=16，一位十六进制数相当于四位二进制数。对于二进制数转换成十六进制数，只需以小数点为界，分别向左、向右，每四位二进制数分为一组，不足四位时用 0 补足四位（整数在高位补零，小数在低位补零）。然后将每组分别用对应的一位十六进制数替换，即可完成转换。

例如：把$(1011010101.0111101)_2$转换成十六进制数，则

$$(\ 0010 \quad 1101 \quad 0101 \ . \ 0111 \quad 1010 \ )_2$$
$$(\quad 2 \qquad D \qquad 5 \quad . \quad 7 \qquad A \quad)_{16}$$

因此，$(1011010101.0111101)_2 = (2D5.7A)_{16}$

对于十六进制数转换成二进制数，只要将每位十六进制数用相应的四位二进制数替换，即可完成转换。

例如：把十六进制数$(1C5.1B)_{16}$转换成二进制数，则

$$(\quad 1 \qquad C \qquad 5 \quad . \quad 1 \qquad B \quad)_{16}$$
$$(\ 0001 \quad 1100 \quad 0101 \ . \ 0001 \quad 1011 \ )_2$$

因此，$(1C5.1B)_{16} = (111000101.00011011)_2$

任务 5   字符的二进制编码

【任务描述】

字符是不可以进行算术运算的数据，包括西文字符（各种字母、数字、符号）和中文字符。字符是计算机的主要处理对象，由于计算机中的数据都是以二进制的形式存储和处理，字符也必须按特定的规则进行二进制编码才能进入计算机。本任务学习计算机中对字符进行编码的概念。

【相关知识与技能】

字符编码时，首先确定需要编码的字符总数，然后将每一个字符按顺序确定顺序编号，编号的大小没有意义，仅作为识别与使用这些字符的依据。可表示字符的多少由编码的位数决定，如同学校中用学号来唯一地表示某个学生，学校的招生规模决定了学号的位数。由于西文字符与中文字符的形式不同，使用的编码也不同。

1. ASCII 码

ASCII 码（American Standard Code for Information Interchange，美国标准信息交换码）是目前在微型计算机中最普遍采用的西文字符编码。

ASCII 码以七位二进制数进行编码，可以表示 128 个字符。其中包括 10 个数码（0~9），52 个大、小写英文字母（A~Z，a~z），32 个标点符号、运算符和 34 个控制码等。ASCII 码字符表见附录 A。

若要确定一个数字、字母、符号或控制字符的 ASCII 码，在 ASCII 码表中先查出其位置，然后确定所在位置对应的列和行。根据列确定所查字符的高 3 位编码，根据行确定所查字符的低 4 位编码，将高 3 位编码与低 4 位编码连在一起，即是所要查字符的 ASCII 码。

例如字母 A 的 ASCII 码为 1000001（相当于十进制数 65），字母 a 的 ASCII 码为 1100001（相当十进制数 97），数字 3 的 ASCII 码为 0110011（相当于十进制数 51）等。

2. 中文字符（汉字）编码

用计算机处理汉字时，必须先将汉字代码化，即对汉字进行编码。由于汉字种类繁多，编码比拼音文字困难，而且在一个汉字处理系统中，输入、内部存储和处理、输出等各部分对汉字代码的要求不尽相同，使用的代码也不尽相同。因此，在处理汉字时，需要进行一系列的汉字代码转换。

为了在计算机内部处理汉字信息，必须先将汉字输入到计算机。由于中文的字数繁多，字形复杂，字音多变。为了能直接使用英文标准键盘进行汉字输入，必须为汉字设计相应的输入码。汉字输入码主要分为三类：区位码（数字编码）、拼音码和字形码。无论采用何种方式输入汉字，所输入的汉字都在计算机内部转换为机内码，从而把每个汉字与机内的一个代码唯一地对应起来，便于计算机进行处理。

如前所述，ASCII 码采用七位编码，一个字节中的最高位总是 0。因此，可以用一个字节表示一个 ASCII 码。汉字数量大，无法用一个字节来区分汉字。因此，汉字通常采用两个字节来编码。采用双字节可有 256×256=65536 种状态。如用每个字节的最高位来区别是汉字编码还是 ASCII 编码，则每个字节还有七位可供汉字编码使用。采用这种方法进行汉字编码，共有 128×128=16384 种状态。又由于每个字节的低七位中不能再用控制字符位，只能有 94 个可编码。因此，只能表示 94×94=8836 种状态。

我国于 1981 年公布了国家标准 GB2312-80，即信息交换用汉字编码字符基本集。这个基本集收录的汉字共 6763 个，分为两级。第一级汉字为 3755 个，属常用字，按汉语拼音顺序排列；第二级汉字为 3008 个，属非常用字，按部首排列。汉字编码表共有 94 行（区）、94 列（位）。其行号称为区号，列号称为位号。用第一个字节表示区号，第二个字节表示位号，一共可表示汉字 6763 个汉字，加上一般符号、数字和各种字母，共计 7445 个。

为了使中文信息和西文信息相互兼容，用字节的最高位来区分西文或汉字。通常字节的最高位为 0 时表示 ASCII 码；为 1 时表示汉字。可以用第一字节的最高位为 1 表示汉字，也可以用两个字节的最高位为 1 表示汉字。目前采用较多的是用两个字节的最高位都为 1 时表示汉字。

汉字的国标码是 GB2312-80 图形字符分区表规定的汉字信息交换用的基本图形字符及其二进制编码，是一种用于计算机汉字处理和汉字通信系统的标准代码。国标码是直接把第一字节和第二字节编码拼起来得到的，通常用十六进制表示。在一个汉字的区码和位码上分别加十六进制数 20H，即构成该汉字的国标码。例如，汉字"啊"的区位码为十进制数 1601D（即十六进制数 1001H），位于 16 区 01 位；对应的国标码为十六进制数 3021H。其中"D"表示十进制数，"H"表示十六进制数。

汉字的内码（机内码）是在计算机内部进行存储、传输和加工时所用的统一机内代码，包括西文 ASCII 码。在一个汉字的国标码上加十六进制数 8080H，就构成该汉字的机内码（内码）。例如，汉字"啊"的国标码为 3021H，其机内码为 B0A1H（3021H+8080H=B0A1H）。

汉字字形码是表示汉字字形的字模数据（又称字模码），是汉字输出的形式，通常用点阵、矢量函数等方式表示。根据输出汉字的要求不同，点阵的多少也不同，常见有 16×16 点阵、24×24 点阵、32×32 点阵、48×48 点阵等。字模点阵所需占用的存储空间很大，只能用来构成汉字字库，不能用于机内存储。汉字字库中存储了每个汉字的点阵代码，只有在显示输出汉字时才检索字库，输出字模点阵得到汉字字形。

【知识拓展】

我们已经知道，计算机内所有的信息，无论是程序还是数据（包括数值数据和字符数据），都是以二进制形式存放的。数据的最小单位是位（Bit）。CPU 处理信息一般是以一组二进制数码作为一个整体进行的。这一组二进制数码称为一个字（word）。一个字的二进制位数称为字长。不同计算机系统内部的字长是不同的，计算机中常用的字长有 8 位、16 位、32 位、64 位等。一个字可以表示许多不同的内容，较长的字长可以处理更多的信息。字长是衡量计算机性能的一个重要指标。

一般用字节（Byte）作为基本单位来度量计算机存储容量，一个字节由 8 位二进制数组成。在计算机内部，一个字节可以表示一个数据，也可以表示一个英文字母或其他特殊字符；一个或几个字节还可以表示一条指令；两个字节可以表示一个汉字等。

1024 个字节称为 1K 字节（1KB），1024K 个字节称为 1 兆字节（1MB），1024M 个字节称为 1 吉字节（1GB）。

为了便于对计算机内的数据进行有效的管理和存取，需要对内存单元编号，即给每个存储单元一个地址。每个存储单元存放一个字节的数据。如果需要对某一个存储单元进行存储，必须先知道该单元的地址，然后才能对该单元进行信息的存取。应当注意，存储单元的地址和存储单元中的内容是不同的。

1.3 计算机系统的组成

任务6 计算机硬件与软件系统的组成

【任务描述】

计算机本质上是一种能按照程序对各种数据和信息进行自动加工和处理的电子设备。计算机依靠硬件和软件的协同工作来执行给定的工作任务。本任务学习计算机硬件与软件系统的组成，理解计算机硬件与软件系统之间的关系。

【相关知识与技能】

一个完整的计算机系统由硬件系统和软件系统两大部分组成。

1. 计算机的硬件系统

硬件系统是构成计算机系统的物理实体或物理装置，是计算机工作的物质基础。硬件系统包括组成计算机的各种部件和外部设备。

从功能角度而言，一个完整的计算机硬件系统一般由运算器、控制器、存储器、输入设备和输出设备 5 个核心部分组成，每个功能部件各尽其职、协调工作。其中：

（1）运算器（ALU，Arithmetic Logical Unit）。运算器负责数据的算术运算和逻辑运算，是对数据进行加工和处理的主要部件。

（2）控制器（CU，Control Unit）。控制器是计算机的神经中枢和指挥中心，负责统一指挥计算机各部分协调地工作，能根据事先编制好的程序控制计算机各部分协调工作，完成一定的功能。例如，控制器从存储器中读出数据，将数据写入存储器中，按照程序规定的步骤进行各种运算和处理等，使计算机按照预定的工作顺序高速进行工作。

运算器与控制器组成计算机的中央处理单元（CPU，Central Processing Unit）。在微型计算机中，一般都是把运算器和控制器集成在一片半导体芯片上，制成大规模集成电路。因此，CPU 常常又被称为微处理器。

（3）存储器（Memory）。存储器是计算机的记忆部件，负责存储程序和数据，并根据命令提供这些程序和数据。存储器通常分为内存储器和外存储器两部分。

1）内存储器简称为内存，可以与 CPU、输入设备和输出设备直接交换或传递信息。内存一般采用半导体存储器。

根据工作方式的不同，内存分为只读存储器和随机存储器两部分。我们常把向存储器存入数据的过程称为写入，而把从存储器取出数据的过程称为读出。

① 只读存储器（ROM，Read Only Memory）里的内容只能读出，不能写入。所以 ROM 的内容是不能随便改变的，即使断电也不会改变 ROM 所存储的内容。

② 随机存储器（RAM，Random Access Memory）在计算机运行过程中可以随时读出所存放的信息，又可以随时写入新的内容或修改已经存入的内容。RAM 容量的大小对程序的运行有着重要的意义。因此，RAM 容量是计算机的一个重要指标。断电后，RAM 中的内容全部丢失。

2）外存储器简称为外存，主要用来存放用户所需的大量信息。外存容量大，存取速度慢，常用的外存有软磁盘、硬磁盘、磁带机和光盘等。

（4）输入设备（Input Device）。输入设备是计算机从外部获得信息的设备，其作用是把程序和数据信息转换为计算机中的电信号，存入计算机中。常用的输入设备有键盘、鼠标、光笔、扫描仪等。

（5）输出设备（Output Device）。输出设备是将计算机内的信息以文字、数据、图形等人们能够识别的方式打印或显示出来的设备。常用的输出设备有显示器、打印机等。

外存储器，输入设备，输出设备等组成计算机的外部设备，简称为外设。

以微处理器芯片为核心，加上存储器芯片和输入/输出接口芯片等部件，组成微型计算机，简称微机。只用一片大规模或超大规模集成电路构成的微机，又称为单片微型计算机，简称单片机。外部设备通过接口与微型计算机连接。微机配以输入/输出设备构成了微型计算机的硬件系统，其组成框图如图 1-4 所示。

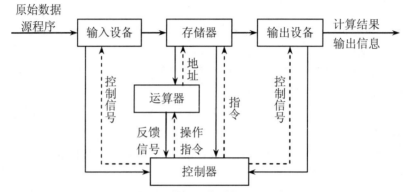

图 1-4　微型计算机硬件系统组成示意图

2. 计算机的软件系统

硬件和软件结合起来构成计算机系统。硬件是软件工作的基础，计算机必须配置相应的软件才能应用于各个领域，人们通过软件控制计算机各种部件和设备的运行。

软件系统是指计算机系统所使用的各种程序及其文档的集合。从广义上讲，软件是指为运行、维护、管理和应用计算机所编制的所有程序和数据的总和。计算机软件一般可分为系统软件和应用软件两大类，每一类又有若干种类型。

（1）系统软件。系统软件是管理、监控和维护计算机各种资源，并使其充分发挥作用，提高工作效率，方便用户的各种程序的集合。系统软件是构成微机系统的必备软件，在购置微机系统时应根据用户需求进行配置。系统软件主要包括以下几个方面：

1）操作系统（OS，Operating System）。操作系统是计算机系统软件的重要组成部分，是控制程序运行和管理计算机系统资源，为用户提供人机交互式操作界面的所有软件集合。操作系统是系统软件的核心，是整个计算机系统的"管家"，是用户与计算机之间的接口。

在微型计算机上使用的操作系统主要有 DOS、Windows、UNIX、Linux 等。其中，基于图形界面、多任务的 Windows 操作系统使用最为广泛，而支持多用户、多进程、多线程、实时性较好、功能强大且稳定的 Linux 操作系统，在网络中得到了广泛的应用。

2）各种程序设计语言的处理程序。语言处理程序是用来对各种程序设计语言程序进行翻译，使之产生计算机可以直接执行的目标程序（用二进制代码表示的程序）的各种程序的集合。计算机硬件系统只能直接识别以数字代码表示的指令序列，即机器语言。机器语言难以记忆和编程，对其符号化后产生了高级语言和汇编语言。汇编语言一般与机器硬件直接相关，是不可移植的语言。高级语言相对于机器语言和汇编语言而言，一般具有较好的可移植性。计算机系统一般都配有机器语言、汇编语言、多种高级语言的解释程序或编译程序，如 C、C++、Java 等。

用高级语言或汇编语言编写的程序称为源程序，源程序不能被计算机直接执行，必须转换成机器语言才能被计算机执行。有两种转换方法：一种是编译方法，即源程序输入计算机后，用特定的编译程序将源程序编译成由机器语言组成的目标程序，然后连接成可执行文件。另一种是解释方法，即源程序运行时由特定的解释程序对源进行解释处理，解释程序将源程序中语句逐条翻译成计算机所能识别的机器代码，解释一条，执行一条，直到程序执行完毕。

3）服务性程序。服务性程序又称实用程序，是支持和维护计算机正常处理工作的一种系统软件。这些程序在计算机软、硬件管理工作中执行某个专门功能，如文本编辑程序、诊断程序、装配连接程序、系统维护程序等。

4）数据库管理系统（DBMS）。数据库管理系统主要是面向解决非数值计算问题的数据处理，主要内容为数据的存储、修改、查询、排序、分类和统计等。数据库技术是针对这类数据的处理而产生发展起来的，至今仍在不断地发展、完善，是计算机科学中发展最快的领域之一。常见的数据库管理系统有 Oracle、DB2、Informix、SQL Server、Sybase 等。

（2）应用软件。应用软件是为了解决各种实际问题而编写的计算机程序，由各种应用软件包和面向问题的各种应用程序组成。例如用户编制的科学计算程序、企业管理系统、财务管理系统、人事档案管理系统、人工智能专家系统以及计算机辅助设计（CAD）等软件包。比较通用的应用软件由专门的软件公司研制开发形成应用软件包，投放市场供用户选用；比较专用的应用软件则由用户组织力量研制开发使用。

综上所述，计算机系统的组成如图 1-5 所示。硬件系统和软件系统是相辅相成、缺一不可的。计算机硬件构成了计算机系统的物理实体，而各种软件充实了它的智能，使得计算机能够完成各种工作任务。用户通过软件系统与硬件系统发生关系，软件系统是人与计算机硬件系统交换信息、通信对话、按人的思维对计算机系统进行控制与管理的工具。只有在完善的硬件结构基础上配以先进的软件系统，才能充分发挥计算机的效能，构成一个完整的计算机系统。

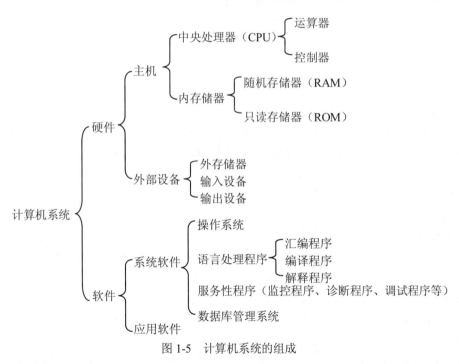

图 1-5　计算机系统的组成

任务 7　认知微型计算机的硬件组成

【任务描述】

本任务通过解剖一台微型计算机的主机，熟练掌握微型计算机主机的硬件组成，掌握各组成部分的功能与作用。

【相关知识与技能】

微型计算机是大规模集成电路技术与计算机技术相结合的产物。从外观看，微型计算机由主机箱、显示器、键盘和鼠标等组成。根据需要还可以增加打印机、扫描仪、音箱等外部设备。主机机箱有卧式和立式两种，主机箱中有系统主板、外存储器、输入/输出接口电路、电源等。

微型计算机使用大规模集成电路技术将运算器和控制器集成在一个体积小但功能强大的微处理器芯片上，主机的各部件之间通过总线相连接，而外部设备则通过相应的接口电路再与总线相连。图 1-6 从总线结构的角度表示微型计算机硬件系统的逻辑结构。

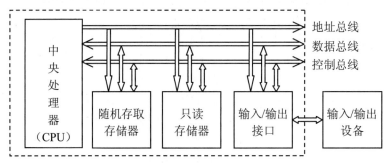

图 1-6　微型机硬件系统的逻辑结构

1. 总线

计算机由若干功能部件组成，各功能部件通过总线连接起来，组成一个有机的整体。各种总线通过总线控制器控制其使用。

总线是整个微型计算机系统的"大动脉"，采用总线结构可简化系统各部件之间的连接，使接口标准化，便于系统的扩充（如扩充存储器容量、增加外部设备等）。总线是计算机系统中传送信息的通路，由若干条通信线构成，对微型计算机系统的功能和数据传送速度有极大的影响。在一定时间内可传送的数据量称作总线的带宽，数据总线的宽度与计算机系统的字长有关。

2. 系统主板

系统主板（Mainboard）又称系统板、母板等，是微型计算机的核心部件。主板安装在主机机箱内，是一块多层印刷电路板，外表两层印刷信号电路，内层印刷电源和地线。主板上布置各种插槽、接口、电子元件，系统总线也集成在主板上。主板的性能好坏对微机的总体指标将产生重要的影响。

微型计算机主板一般都集成了串行口、并行口、键盘与鼠标接口、USB 接口，以及软驱接口和增强型（EIDE）硬盘接口，用于连接硬盘、IDE 光驱等 IDE 设备，并设有内存插槽等，如图 1-7 所示。

主板上有 CPU 插座。除 CPU 以外的主要功能一般都集成到一组大规模集成电路芯片上，这组芯片的名称也常用来作为主板的名称。芯片组与主板的关系就象 CPU 与整机一样，芯片组提供了主板上的核心逻辑，主板使用的芯片组类型直接影响主板甚至整机的性能。

主板上一般有多个扩展插槽，这些扩展插槽是主机通过总线与外部设备联接的部分。扩展插槽的多少反映了微机系统的扩展能力。

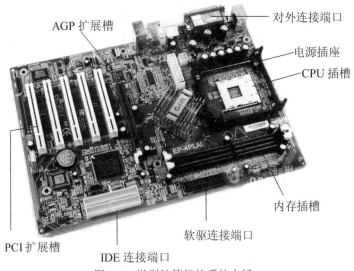

图 1-7　微型计算机的系统主板

3. 微处理器

微处理器又称中央处理器（CPU），如图 1-8 所示。微处理器是微型计算机的核心部件，负责完成指令的读出、解释和执行。CPU 主要由运算器、控制器、寄存器组等组成，有的还包含了高速缓冲存储器。

图 1-8　微处理器

美国 Intel 公司是世界上最大的 CPU 制造厂家，其他较著名的微处理器生产厂家还有 AMD 公司、Cyrix 公司、IBM 公司等。

4. 内存储器

内存储器简称内存，用来存放 CPU 运行时需要的程序和数据。内存分为只读存储器（ROM）和随机存取存储器（RAM）两类，人们平时所说的内存一般指 RAM。RAM 中保存的数据在电源中断后将全部丢失。由于内存直接与 CPU 进行数据交换，所以内存的存取速度要求与 CPU 的处理速度相匹配。

目前微型计算机的主板大多采用内存条（SIMM）结构，如图 1-9 所示。采用该结构的主板上提供有内存插槽。

图 1-9　微机内存条

5. 高速缓冲存储器

高速缓冲存储器（Cache Memory）为内存与 CPU 交换数据提供的缓冲区。Cache 与 CPU 之间的数据交换速度比内存与 CPU 之间的数据交换速度快得多。为了解决内存与 CPU 速度的不匹配问题，在 CPU 与内存之间增加了 Cache。

6. 输入/输出接口

输入/输出接口是微型计算机中 CPU 和外部设备之间的连接通道。由于微型机的外设品种繁多且工作原理不尽相同，同时 CPU 与外设之间存在着信号逻辑、工作时序、速度等不匹配问题，因而输入/输出设备必须通过输入/输出接口电路与系统总线相连，然后才能通过系统总线与 CPU 进行信息交换。输入/输出接口在系统总线和输入/输出设备之间传输信息，提供数据缓冲，以满足接口两边的时序要求。

微型计算机的输入/输出接口一般采用大规模、超大规模集成电路技术，以电路板的形式插在主机板的扩展槽内，常称作适配器或"卡"，如显示卡、声卡等。

7. 机箱（Case）和电源（Power）

机箱是微型机的外壳，用于安装微型机系统的所有配件，一般有卧式和立式两种。机箱内有安装、固定软盘驱动器和硬盘驱动器的支架和一些紧固件。机箱面板上有电源开关（Power）、变速开关（Turbo）、复位开关（Reset）、键盘锁（Lock）等按钮和 LED 指示灯（硬盘、电源）。机箱内的电源安装在用金属屏蔽的方形盒内，盒内装有通风用的电风扇。电源将220V 交流电隔离和转换成微型机需要的低电压直流电，负责给主板、软盘驱动器、硬盘驱动器、键盘等部件供电。

【知识拓展】

1. BIOS

所谓 BIOS，实际上是微机的基本输入输出系统（Basic Input-Output System），其内容集成在主板上的一个 ROM 芯片上，主要保存有关微机系统最重要的基本输入输出程序、系统信息设置、开机上电自检程序和系统启动自检程序等。主要功能是为计算机提供最底层的、最直接的硬件设置和控制。BIOS 设置程序存储在 BIOS 芯片中，只有在开机时才可以进行设置。

BIOS ROM 安装在主板上，BIOS 的管理功能很大程度上决定了主板性能。

2. CMOS

CMOS 是主板上一块可读写的 RAM 芯片，主要保存当前系统的硬件配置和操作人员对某些参数的设定。CMOS RAM 芯片通过一块后备电池供电，无论关机状态或遇到系统掉电，CMOS 信息都不会丢失。由于 CMOS ROM 芯片是一块存储器，只具有保存数据的功能，因而对其中各项参数的设定要通过专门的程序。CMOS 设置程序一般放置在 BIOS 芯片中，开机时根据屏幕提示按某个键进入 CMOS 设置程序，可方便地对系统进行设置。因此，CMOS 设置通常又称 BIOS 设置。

3. BIOS 设置和 CMOS 设置的区别与联系

BIOS 是主板上一块 EPROM 或 EEROM 芯片，里面装有系统的重要信息和系统参数的设置程序（BIOS Setup）；CMOS 是主板上一块可读写的 RAM 芯片，里面装有系统配置的具体参数，其内容可通过设置程序进行读写。CMOS RAM 芯片靠后备电池供电，即使系统掉电信息也不会丢失。BIOS 与 CMOS 既相关又不同：BIOS 中的系统设置程序是完成 CMOS 参数设置的手段；CMOS RAM 是 BIOS 设定系统参数的结果。因此，完整的说法是"通过 BIOS 设置程序对 CMOS 参数进行设置"。

4. 何时需要对 BIOS 或 CMOS 进行设置

（1）新购微机。即使系统带有 PnP（即插即用）功能，也只能识别一部分外设。软硬盘参数、日期、时钟等基本数据，必须由操作人员进行设置。

（2）新增设备。系统不一定都能认识新增的设备，必须通过 CMOS 设置来告诉它。另外，一旦新增设备与原有设备发生了 IRQ、DMA 冲突，也需要通过 BIOS 设置进行排除。

（3）CMOS 数据意外丢失。系统后备电池失效、病毒破坏了 CMOS 数据程序、意外清除了 CMOS 参数等情况下，常常会造成 CMOS 数据意外丢失。此时，需通过 BIOS 设置程序重新完成 CMOS 参数设置。

（4）系统优化。BIOS 中的预置对系统不一定是最优的，往往需要经过多次试验才能找到系统优化的最佳参数组合。

【思考与练习】

（1）到电脑市场去观察经销商组装微型计算机的过程，认识主机中的各个部件。
（2）启动微型计算机，观察屏幕提示如何进入 BIOS 设置程序。

任务 8　微型计算机的存储设备

【任务描述】

本任务通过学习微型计算机的存储设备，进一步熟悉微型计算机系统的硬件组成，掌握主要存储设备的功能与作用。

【相关知识与技能】

外存储器不能被 CPU 直接访问，其中存储的信息必须调入内存后才能为 CPU 使用。外存储器的存储容量比内存大得多，目前常见的有硬盘、光盘和优盘（U 盘）等。

1. 硬磁盘存储器

（1）普通硬盘（机械硬盘）。简称硬盘（HDD），全名温彻斯特式硬盘，是微型计算机主要的存储媒介之一，由硬质合金材料构成的多张盘片组成，被永久性地密封固定在硬盘驱动器中，合称为硬盘。硬盘通常固定在主机箱内。硬盘具有使用寿命长、容量大、存取速度快等优点。硬盘由多个同样大小的盘片组成，盘片的每一面都有一个读写磁头。硬盘经过格式化后，盘片的每一面都被划分成若干磁道，每个磁道划分成若干扇区，每个扇区存储空间为 512 字节，每个存储表面的同一磁道形成一个圆柱面，称为柱面。硬盘容量的计算公式为：

$$硬盘容量=每扇区字节数（512）×磁头数×柱面数×每磁道扇区数$$

影响存取速度的因素有盘片旋转速度、数据传输率、平均寻道时间等。

（2）固态硬盘。固态硬盘是由控制单元和存储单元组成，简单的说就是用固态电子存储芯片阵列支撑的硬盘，最初使用高速的 SLC（Single Layer Cell，快闪单元）快闪存储器（简称"闪存"）来制造。由于读写闪存不需要传统硬盘的机械式移动，因此，用闪存制造的固态硬盘具有低功耗、零工作噪声和高速反应时间的优点。固态硬盘受 SLC 闪存容量小的限制，造价比普通硬盘高。

2．光盘存储器

光盘存储器由光盘和光盘驱动器组成，光盘驱动器使用激光技术实现对光盘信息的写入和读出。光盘具有体积小、容量大、信息保存长久等特点，是多媒体技术获得快速推广的重要因素。光盘按读/写方式分为只读型光盘、一次写入型光盘和可重写型光盘三类。

3．优盘（U 盘）

优盘（闪存盘）是一种移动存储产品，可用于存储任何格式数据文件和在电脑间方便地交换数据，如图 1-10 所示。优盘采用闪存（Flash Memory）技术和通用串行总线（USB）接口，可以使数据存储到只有拇指大小的存储盘中，具有轻巧精致、使用方便、便于携带、容量较大、安全可靠等特征。

图 1-10　优盘（闪存盘）

优盘采用 USB（Universal Serial Bus，通用串行总线）接口直接连接计算机，不需要驱动器，没有机械设备，抗震性能强。优盘在 Windows 2000 及以上版本（或 Linux 2.4.x 及以上版本）操作系统上不需要安装驱动程序，可以实现即插即用。

提示：闪存是一种新型的 EEPROM 内存（电可擦可写可编程只读内存），存储的数据在主机掉电后不会丢失，记录速度非常快，广泛应用用于数码相机、MP3 与移动存储设备。

4．移动硬盘

移动硬盘是以硬盘为存储介质，强调便携性的存储产品，主要用于计算机之间交换数据或进行大量数据备份。图 1-11 是爱国者（USB+IEEE1394）双接口移动硬盘。

图 1-11　爱国者（USB+IEEE1394）双接口移动硬盘

随着计算机技术的发展，各种文件数据的体积也变的越来越大，体积较小的优盘已远不能胜任动辄几 GB 的文件存储和交换任务。各种刻录光盘使用起来比较烦琐和复杂。因此，相对于其他移动存储方式，移动硬盘以其使用方便，存储容量大等优势成为用户的首选移动存储方式。

5. 磁盘驱动器接口

磁盘驱动器通过一根扁平电缆线连接到磁盘驱动器接口上，再通过磁盘驱动器接口与系统主板相连。

【知识拓展】

计算机系统的主要技术指标如下：

1. 字长

字长是指计算机能直接处理的二进制数据的位数。首先，字长决定了计算机运算的精度，字长越长，运算精度越高。其次，字长决定了计算机的寻址能力，字长越长，存放数据的存储单元越多，寻找地址的能力越强。不同计算机系统内的字长是不同的，如字长为 32 位和 64 位的微机。

2. 存储器容量

容量是衡量存储器所能容纳信息量多少的指标，度量单位是 B、KB 或 MB。

寻址能力是衡量微处理器允许最大内存容量的指标。内存容量的大小决定了可运行的程序大小和程序运行效率。外存容量的大小决定了整个微机系统存取数据、文件和记录的能力。存储容量越大，所能运行的软件功能越丰富，信息处理能力也就越强。

3. 时钟频率（主频）

时钟频率又称为主频，在很大程度上决定了计算机的运算速度。时钟频率的单位是兆赫兹（MHz）。各种微处理器的时钟频率不同。时钟频率越高，运算速度越快。

4. 运算速度

运算速度是衡量计算机进行数值计算或信息处理的快慢程度，用计算机 1 秒钟所能执行的运算次数来表示，度量单位是"次/秒"。

5. 存取周期

存储器完成一次读（取）或写（存）信息所需的时间称为存储器的存取（访问）时间。连续两次读（或写）所需的最短时间，称为存储器的存取周期。存取周期越短，则存取速度越快。

存取周期是反映内存储器性能的一项重要技术指标，直接影响微机运算的速度。

此外，微型计算机经常用到的技术指标还有兼容性（Compatibility），可靠性（Reliability），可维护性（Maintainability），输入/输出数据的传输率等。综合评价微型计算机系统性能的一个指标是性能/价格比，其中性能是包括硬件、软件的综合性能，价格是指整个系统的价格。

【思考与练习】

电脑市场调查：观察市场上销售的各种微机存储设备，了解主流存储设备的品牌、型号、功能和外观，认识微型计算机常用的存储设备。

任务 9　微型计算机的输入/输出设备

【任务描述】

本任务通过学习微型计算机的输入/输出设备，进一步熟悉微型计算机系统的硬件组成，掌握常见输入/输出设备的功能与作用。

【相关知识与技能】

1．输入设备

输入设备是将程序和数据送入计算机进行处理的外部设备。键盘和鼠标器是微型计算机中使用的最基本的输入设备，常见的输入设备还有图形扫描仪、光笔、触摸屏等。

2．输出设备

微型计算机的主机通过输出设备将处理结果打印出来或存储到外存磁盘中。微型机最基本的输出设备是显示器和打印机，此外，常见的输出设备还有绘图仪、音箱等。

（1）显示器。显示器分为阴极射线管（CRT）显示器和液晶（LCD）显示器两类。目前，LCD 显示器已成为市场的主流，液晶显示技术日趋成熟。

LCD 的主要技术指标是亮度、对比度、可视角度和响应时间。

- 可视角度：指能观看到可接收失真值的视线与屏幕法线的角度，数值越大越好。
- 亮度和对比度：亮度以 cd/m^2 为单位，亮度值越高，画面越亮丽。对比度是液晶显示器能否体现丰富色阶的参数，对比度越高，还原的画面层次感越好，即使在观看亮度很高的照片时，黑暗部位的细节也可以清晰体现。
- 响应时间：反应液晶显示器各像素点对输入信号反应的速度，愈小愈好。响应时间越小，运动画面不会使用户有尾影拖拽的感觉。

显示器通过显示卡与系统主板相连接。不同的显示器、不同的显示模式要求有不同的显示卡。显示卡的主要性能指标有分辨率、颜色数、刷新频率（指影像在显示器上更新的速度）等。另外，显示卡中显示内存的多少也对显示卡性能有直接影响。

（2）打印机。打印机是一种利用色带、墨水或碳粉，将电脑中的数据输出至纸张的设备。连接微机打印机的种类很多，常见的有：点阵打印机、喷墨打印机和激光打印机。

1）点阵打印机。点阵打印机打印的字符或图形以点阵的形式构成。打印机的打印头排列有很多钢针，钢针击打色带而在纸上打印出字符/图形。点阵打印机又名针式打印机，如图 1-12 所示。

图 1-12　针式打印机

2）喷墨打印机。喷墨打印机如图 1-13 所示。喷墨打印机的印字原理是使墨水在压力的作用下，从孔径或喷嘴喷出，成为飞行速度很高的墨滴。根据字符点阵的需要，对墨滴进行控制，使其在记录纸上形成文字或图形。

3）激光打印机。激光印字机是激光技术与半导体电子照相技术相结合的产物，如图 1-14 所示。其成像原理与静电复印机相似，复印机的光源是用灯光，而激光打印机用的是激光。

图 1-13　喷墨打印机

图 1-14　激光打印机

【思考与练习】

电脑市场调查：观察市场上销售的各种微机输入/输出设备，了解主流显示器、扫描仪、打印机的品牌、型号、功能和外观，认识微型计算机常用的输入/输出设备。

1.4　计算机信息安全

任务 10　认识计算机病毒

【任务描述】

随着计算机技术的发展和广泛应用，计算机病毒如同瘟疫对人的危害一样侵害计算机系统。计算机病毒会导致存储介质上的数据被感染、丢失和破坏，甚至使整个计算机系统完全崩溃。计算机病毒严重地威胁着计算机信息系统的安全，有效地预防和控制计算机病毒的产生、蔓延，清除入侵到计算机系统内的计算机病毒，是用户必须关心的问题。本任务帮助读者初步认识计算机病毒。

【相关知识与技能】

计算机病毒是一种为了某种目的而蓄意编制的，可以自我繁殖、传播，具有破坏性的计算机程序。计算机病毒通过不同途径潜伏或寄生在存储介质（如磁盘、内存）或程序中，当某种条件或时机成熟时，会自动复制并传播，使计算机系统受到严重的损害以至破坏。

计算机病毒一般具有以下特点：

（1）隐蔽性。计算机病毒为不让用户发现，都用尽一切手段将自己隐藏起来，一些广为流传的计算机病毒都隐藏在合法文件中。一些病毒以合法的文件身份出现，如电子邮件病毒，当用户接收邮件时，同时也收下病毒文件，一但打开文件或满足发作的条件，将对系统造成影响。当计算机加电启动时，病毒程序从磁盘上被读到内存常驻，使计算机染上病毒并有传播的条件。

（2）传染性。计算机病毒能够主动地将自身的复制品或变种传染到系统其他程序上。当用户对磁盘进行操作时，病毒程序通过自我复制而很快传播到其他正在执行的程序中，被感染的文件又成了新的传染源，再与其他计算机进行数据交换或是通过网络接触，计算机病毒会继续进行传染，从而产生连锁反应，造成了病毒的扩散。

（3）潜伏性。计算机病毒程序侵入系统后，一般不会马上发作，它可长期隐藏在系统中，不会干扰计算机的正常工作，只有在满足其特定条件时才执行其破坏功能。

（4）破坏性。计算机病毒只要入侵系统，都会对计算机系统及应用程序产生不同程度的影响。轻则降低计算机工作效率，占用系统资源，重则会破坏数据，删除文件或加密磁盘，格式化磁盘，系统崩溃，甚至造成硬件的损坏等。病毒程序的破坏性会造成严重的危害，因此不少国家包括我国都把制造和有意扩散计算机病毒视为一种刑事犯罪行为。

（5）寄生性。每一个计算机病毒一般不单独存在，它必须寄生在合法的程序上，这些合法程序包括引导程序、系统可执行程序、一般应用文件等。

【知识拓展】

通过网络获取和交换信息已成为当前信息沟通的主要方式之一，与此同时，网络提供的方便快捷服务也被不法分子利用在网络上进行犯罪活动，使信息的安全受到严重的威胁。例如，邮件炸弹、网络病毒、特洛伊木马、窃取存储空间、盗用计算资源、窃取和篡改机密数据、冒领存款、捣毁服务器等。人们日益担忧计算机信息的安全。

1. 计算机信息安全面临的威胁

主要指信息资源的保密性、完整性、可用性在合法使用时可能面临的危害。影响信息安全的因素来自多方面，有意或是无意的，人为或是偶然的。归纳起来，主要来自以下几个方面：

（1）非授权访问：指非授权用户对系统的入侵。即没有预先经过同意就使用网络或计算机资源；有意避开系统访问控制机制，对网络设备及资源非正常使用；或擅自扩大权限，越权访问信息。主要表现为几种形式：假冒身份攻击、非法用户进入系统违法操作、合法用户以未授权方式操作等。

（2）信息泄露：指有价值的和高度机密的信息泄露给了未授权实体。信息在传输过程中，黑客利用电磁泄露或搭线窃听等方式截获机密信息，或通过对信息流向、流通、通信频度和长度等参数的分析，推出用户口令、账号等重要信息。

（3）拒绝服务攻击：对系统进行干扰，改变其正常的作业信息流程，执行无关程序，使系统响应减慢甚至瘫痪，用户的合法访问被无条件拒绝和推迟。

（4）破坏数据完整性：以非法手段窃取对数据的使用权，使数据的一致性受到未授权的修改、创建、破坏而损害。

（5）利用网络传播病毒：通过网络传播病毒的破坏性远远高于单机系统，对信息安全造成的威胁极大，而且用户很难防范。

2. 信息安全的实现

要实施一个完整的网络安全系统，必须从法规政策、管理方法、技术水平三个层次上采取有效措施，通过多个方面的安全策略来保障信息安全。

建立局域网防病毒安全体系包括以下几个方面：

- 增加安全意识。用户应当提高安全意识，安装网络版杀毒软件，定时更新病毒库，利用补丁程序修补系统漏洞，对来历不明的文件运行前杀毒，定期对系统进行全面查毒，减少共享文件夹的数量，文件共享时尽量控制权限和增加密码。这些措施都可以有效的抑止病毒在网络上的传播。

- 在服务器上使用一些防病毒的技术。电子邮件是病毒的最大携带者，这些受感染的附件进入电子邮件服务器或网关时，将其拦截下来。定期使用新的杀毒软件进行扫描，对服务器所有数据进行全面查杀病毒，确保没有任何受感染的文件蒙混过关。对服务器的重要数据用备份和镜像技术定期存档，这些存档文件可以帮助恢复受感染的文件。

- 终端用户严格防范。严格执行身份鉴别和口令守则，不要随便下载文件，或下载后立即进行病毒检测。不要打开来源不明、可疑或不安全的电子邮件上的任何附件，对接受包含 Word 文档的电子邮件使用能清除宏病毒的软件检测。使用移动存储介质时加上写保护，使用外来磁盘前要进行杀毒处理。安装杀毒软件和个人防火墙定期查杀病毒。

任务 11　计算机病毒的预防、检测与清除

【任务描述】

本任务学习计算机病毒的防治、检测与清除的技能，进而认识计算机信息安全的相关知识。

【相关知识与技能】

1．计算机病毒的预防

防治计算机病毒就好像人类防止传染病一样，堵塞计算机病毒传播渠道是防止计算机病毒传染的最有效方法。

网络时代的信息传送和交换非常频繁，十分容易传播病毒，但同时也便于用户通过网络及时了解新病毒的出现，从网络上更新、下载新的杀病毒软件。对计算机用户而言，预防病毒较好的方法是借助主流的防病毒卡或软件。国内外不少公司和组织研制出了许多防病毒卡和防病毒软件，对抑制计算机病毒的蔓延起很大的作用。在对计算机病毒的防治、检查和清除病毒这三个步骤中，防是重点，查是防的重要补充，而清除是亡羊补牢。

2．计算机病毒的检测

堵塞计算机病毒的传播比较困难，我们应经常检查病毒，及早发现，及早根治。要想正确消除计算机病毒，首先必须对计算机病毒进行检测。一般说来，计算机病毒的发现和检测是一个比较复杂的过程，许多计算机病毒隐藏得很巧妙。不过，病毒侵入计算机系统后，系统常常会有一些外部表现，可以作为判断的依据。

3．计算机病毒的清除

消除计算机病毒一般有两种方法：人工消除方法和软件消除方法。

（1）人工消除方法。一般只有专业人员才能进行。它是利用实用工具软件对系统进行检测，消除计算机病毒，其基本思路是：

① 对传染引导扇区的病毒：用原有正常的分区表信息和引导扇区覆盖被病毒感染的分区表信息和引导扇区。用户可事先将这些信息提取并保存下来。

注意：对不同版本的操作系统和不同容量的磁盘，这些信息是不同的。这种方法需要预先备份原有正常的分区表信息和引导扇区备份。

② 对传染可执行文件的病毒：恢复正常文件，消除链接的病毒。一般来说，攻击.COM文件和.EXE 文件的病毒在传染过程中，要么链接于文件的头部，要么链接于文件的中部。编制链接于文件中部的病毒比较困难，所以也不常见。因此，删除可执行文件中链接的病毒，可以使程序恢复正常。

当一种病毒刚刚出现，而又没有相应的病毒清除软件能将其消除时，人工消除病毒方法是必要的。但是，用人工消除病毒容易出错，如果操作不慎会导致系统数据的破坏和丢失，而且这种方法要求用户对计算机系统非常熟悉。因此，只要有相应的病毒处理软件，应尽量地采用软件自动处理。

（2）软件消除方法。利用专门的防治病毒软件，对计算机病毒进行检测和消除。

常见的计算机病毒消除软件有：金山毒霸、瑞星杀毒软件、KV 系列杀毒软件、Norton Antivirus 等。

【知识拓展】

1. 特洛伊木马病毒及其防范

（1）木马病毒的工作原理。

特洛伊木马是一种恶意程序，可以直接侵入用户的计算机并进行破坏。它们悄悄地在用户机器上运行，在用户毫无察觉的情况下，让攻击者获得了远程访问和控制系统的权限。木马程序常被伪装成工具程序、游戏或绑定到某个合法软件上，诱使用户下载运行。带有木马病毒的程序被执行后，计算机系统中隐藏一个可以在 Windows 启动时悄悄执行的程序。当用户连接到 Internet 时，这个程序通知攻击者，并报告用户的 IP 地址以及预先设定的端口。攻击者在收到信息后，利用这个潜伏在其中的程序修改用户计算机的参数设定、复制文件、窥视用户硬盘的内容等，以达到控制用户的计算机的目的。

（2）木马病毒的特点。

① 隐蔽性。木马会隐藏自己的通信端口，即使管理员经常扫描端口也难以发现。

② 伪装性。木马程序安装完成后，自动改变其文件大小或文件名，即使找到木马传播时所依附的文件，也不能轻易找到安装后的木马程序。

③ 自动运行。木马为了随时对服务端进行控制，在系统启动的同时自动启动，因而会修改注册表或启动配置文件。

④ 自动恢复功能。木马程序可以多重备份、相互恢复，删除后会自动恢复。

⑤ 功能的特殊性。木马还具有十分特殊的功能，包括搜索 Cache 中的口令、设置口令、扫描目标机器的 IP 地址、进行键盘记录、远程注册表的操作以及锁定鼠标等。

（3）木马病毒的防范。

对木马的防治要制定出一个有效的策略，通常可以采用以下步骤：

① 不要轻易地下载、运行不安全的程序。

② 定期对系统进行扫描。可以采用专用的木马防治工具，如木马克星。

③ 使用防火墙。对现有硬盘的扫描是不够的，应该从根本上制止木马的入侵。

2. 邮件病毒及其防范

电子邮件是 Internet 上应用十分广泛的一种通信方式。E-mail 服务器向全球开放，很容易受到黑客的袭击。攻击者可以使用一些邮件炸弹软件或 CGI 程序向目标邮箱发送大量内容重复、无用的垃圾邮件，造成邮件系统正常工作缓慢甚至瘫痪。

（1）电子邮件攻击。

电子邮件攻击主要表现为两种方式：

① 邮件炸弹。用伪造的 IP 地址和电子邮件地址向同一信箱发送数以千计、万计甚至无穷多次的内容相同的垃圾邮件，大量占用系统的可用空间、CPU 时间和网络带宽，造成正常用户的访问速度迟缓，使机器无法正常工作，严重时可能造成电子邮件服务器瘫痪。

② 电子邮件欺骗。攻击者佯称自己为系统管理员，给用户发送邮件，要求用户修改口令（口令可能为指定字符串），或在貌似正常的附件中加载病毒或其他木马程序。

（2）清除邮件炸弹的常用方法。

① 取得 ISP 服务商的技术支持，清除电子邮件炸弹。

② 使用邮件工具软件，设置自动删除垃圾邮件。

③ 借用 Outlook 的阻止发件人功能，删除垃圾邮件。

④ 用邮件程序的 email-notify 功能，过滤信件。

任务 12　初步认识信息安全

【任务描述】

本任务学习计算机信息安全的基本概念和基本知识。

【相关知识与技能】

1. 信息安全的概念

信息安全是指为数据处理系统而采取的技术的和管理的安全保护，以保护计算机硬件、软件、数据不因偶然的或恶意的原因而遭到破坏、更改、显露。

2. 信息安全的主要内容

（1）硬件安全。即网络硬件和存储媒介的安全。要保护这些硬设施不受损害，能够正常工作。

（2）软件安全。即计算机及其网络的各种软件不被篡改或破坏，不被非法操作或误操作，功能不会失效，不被非法复制。

（3）运行服务安全。即网络中的各个信息系统能够正常运行，并能正常地通过网络交流信息。通过对网络系统中的各种设备运行状况的检测，发现不安全因素能及时报警并采取措施改变不安全状态，保障网络系统正常运行。

（4）数据安全。即网络中存储及流通数据的安全。要保护网络中的数据不被篡改、非法增删、复制、解密、显示、使用等。这是保障网络安全最根本的目的。

3. 信息安全风险分析

（1）计算机病毒的威胁。随着 Internet 技术的发展、企业网络环境的日趋成熟和企业网络应用的增多。病毒感染、传播的能力和途径也由原来的单一、简单变得复杂、隐蔽，尤其是 Internet 环境和企业网络环境为病毒传播、生存提供了环境。

（2）黑客攻击。黑客攻击已经成为近年来经常出现的问题。黑客利用计算机系统、网络协议及数据库等方面的漏洞和缺陷，采用后门程序、信息炸弹、拒绝服务、网络监听、密码破解等手段侵入计算机系统，盗窃系统保密信息，进行信息破坏或占用系统资源。

（3）信息传递的安全风险。企业和外部单位，以及国外有关公司有着广泛的工作联系，许多日常信息、数据都需要通过互联网来传输。网络中传输的这些信息面临着各种安全风险，例如：①被非法用户截取从而泄露企业机密；②被非法篡改，造成数据混乱、信息错误从而造成工作失误；③非法用户假冒合法身份，发送虚假信息，给正常的生产经营秩序带来混乱，造成破坏和损失。因此，信息传递的安全性日益成为企业信息安全中重要的一环。

（4）身份认证和访问控制存在的问题。企业中的信息系统一般供特定范围的用户使用，信息系统中包含的信息和数据也只对一定范围的用户开放，没有得到授权的用户不能访问。为此，各个信息系统中都设计了用户管理功能，在系统中建立用户、设置权限、管理和控制用户对信息系统的访问。这些措施在一定程度上能够加强系统的安全性，但在实际应用中仍然存在一些问题。例如，部分应用系统的用户权限管理功能过于简单，不能灵活实现更详细的权限控制；各应用系统没有一个统一的用户管理，使用起来非常不方便，不能确保账号的有效管理和使用安全。

4. 信息安全的对策

（1）安全技术。为了保障信息的机密性、完整性、可用性和可控性，必须采用相关的技术手段。这些技术手段是信息安全体系中直观的部分，任何一方面薄弱都会产生巨大的危险。因此，应该合理部署、互相联动，使其成为一个有机的整体。

具体的技术包括：

① 加密和解密技术。在传输过程或存储过程中进行信息数据的加密和解密，典型的加密体制可采用对称加密和非对称加密。

② VPN 技术。VPN 即虚拟专用网，通过公用网络（通常是因特网）建立一个临时的、安全的连接，是一条穿过混乱的公用网络的安全、稳定的隧道。通常，VPN 是对企业内部网的扩展，可以帮助远程用户、公司分支机构、商业伙伴及供应商同公司的内部网建立可信的安全连接，并保证数据的安全传输。

③ 防火墙技术。防火墙在某种意义上可以说是一种访问控制产品。它在内部网络与不安全的外部网络之间设置障碍，防止外界对内部资源的非法访问，以及内部对外部的不安全访问。

④ 入侵检测技术。入侵检测技术 IDS 是防火墙的合理补充，帮助系统防御网络攻击，可扩展系统管理员的安全管理能力，提高信息安全基础结构的完整性。入侵检测技术从计算机网络系统中的若干关键点收集信息，并进行分析，检查网络中是否有违反安全策略的行为和遭到袭击的迹象。

⑤ 安全审计技术。包含日志审计和行为审计。

日志审计协助管理员在受到攻击后察看网络日志，从而评估网络配置的合理性和安全策略的有效性，追溯、分析安全攻击轨迹。并能为实时防御提供手段。

通过对员工或用户的网络行为审计，可确认行为的规范性，确保管理的安全。

（2）安全管理。只有建立完善的安全管理制度。将信息安全管理自始至终贯彻落实于信息系统管理的方方面面，企业信息安全才能真正得以实现。

具体技术包括：

① 开展信息安全教育，提高安全意识。员工信息安全意识的高低是一个企业信息安全体系是否能够最终成功实施的决定性因素。据不完全统计，信息安全的威胁除了外部的（占20%），主要还是内部的（占80%）。在企业中，可以采用多种形式对员工开展信息安全教育，例如：

- 通过培训、宣传等形式，采用适当的奖惩措施，强化技术人员对信息安全的重视，提升使用人员的安全观念；
- 有针对性地开展安全意识宣传教育，同时对在安全方面存在问题的用户进行提醒并督促改进，逐渐提高用户的安全意识。

② 建立完善的组织管理体系。完整的企业信息系统安全管理体系首先要建立完善的组织体系，即建立由行政领导、IT 技术主管、信息安全主管、系统用户代表和安全顾问等组成的安全决策机构，完成制定并发布信息安全管理规范和建立信息安全管理组织等工作，从管理层面和执行层面上统一协调项目实施进程。克服实施过程中人为因素的干扰，保障信息安全措施的落实以及信息安全体系自身的不断完善。

③ 及时备份重要数据。实际的运行环境中，数据备份与恢复是十分重要的。即使从预防、防护、加密、检测等方面加强了安全措施，也无法保证系统不会出现安全故障，应该对重要数据进行备份，以保障数据的完整性。企业最好采用统一的备份系统和备份软件，将所有需要备份的数据按照备份策略进行增量和完全备份。要有专人负责和专人检查，保障数据备份的严格进行及可靠、完整性，并定期安排数据恢复测试，检验其可用性，及时调整数据备份和恢复策略。目前，虚拟存储技术已日趋成熟，可在异地安装一套存储设备进行异地备份，不具备该条件的，则必须保证备份介质异地存放，所有的备份介质必须有专人保管。

5. 信息安全的方法

从信息安全属性的角度来看，每个信息安全层面具有相应的处置方法：

（1）物理安全：是指对网络与信息系统的物理装备的保护，主要的保护方式有干扰处理、电磁屏蔽、数据校验、冗余和系统备份等。

（2）运行安全：是指对网络与信息系统的运行过程和运行状态的保护，主要的保护方式有防火墙与物理隔离、风险分析与漏洞扫描、应急响应、病毒防治、访问控制、安全审计、入侵检测、源路由过滤、降级使用以及数据备份等。

（3）数据安全：是指对信息在数据收集、处理、存储、检索、传输、交换、显示和扩散等过程中的保护，使得在数据处理层面保障信息依据授权使用，不被非法冒充、窃取、篡改、抵赖，主要的保护方式有加密、认证、非对称密钥、完整性验证、鉴别、数字签名和秘密共享等。

（4）内容安全：是指对信息在网络内流动中的选择性阻断，以保证信息流动的可控能力，主要的处置手段是密文解析或形态解析、流动信息的裁剪、信息的阻断、信息的替换、信息的过滤以及系统的控制等。

（5）信息对抗：是指在信息的利用过程中，对信息真实性的隐藏与保护，或者攻击与分析，主要的处置手段是消除重要的局部信息、加大信息获取能力以及消除信息的不确定性等。

6. 信息安全的基本要求

（1）数据的保密性。由于系统无法确认是否有未经授权的用户截取网络上的数据，需要使用一种手段对数据进行保密处理。数据加密是用来实现这一目标的。加密后的数据能够保证在传输、使用和转换过程中不被第三方非法获取。数据经过加密变换后，将明文变成密文，只有经过授权的合法用户使用自己的密钥，通过解密算法才能将密文还原成明文。数据保密是许多安全措施的基本保证，它分为网络传输保密和数据存储保密。

（2）数据的完整性。数据的完整性是指只有得到允许的人才能修改数据，并且能够判断数据是否已被修改。存储器中的数据或经网络传输后的数据，必须与其最后一次修改或传输前的内容形式一模一样，目的是保证信息系统上的数据处于一种完整和未受损的状态，使数据不会因为存储和传输过程而被有意或无意的事件所改变、破坏和丢失。系统需要一种方法来确认数据在此过程中没有改变。这种改变可能来源于自然灾害、人的有意和无意行为。显然，保证数据的完整性仅用一种方法是不够的，应在应用数据加密技术的基础上，综合运用故障应急方案和多种预防性技术，诸如归档、备份、校验、崩溃转储和故障前兆分析等手段实现。

（3）数据的可用性。数据的可用性是可被授权实体访问并按需求使用的特征，即攻击者不能占用所有的资源而阻碍授权者的工作。如果一个合法用户需要得到系统或网络服务时，系统和网络不能提供正常的服务，这与文件资料被锁在保险柜里，开关和密码系统混乱而不能取出一样。

习题

一、简答题

1. 被公认为世界第一台数字电子计算机的"ENIAC"是在何地、何时诞生的？
2. 冯·诺依曼对计算机科学的主要贡献是什么？
3. 图灵在计算机科学领域对人类的重大贡献有哪些？
4. 从世界第一台电子计算机诞生到今天，计算机经过了哪几代的演变？
5. 电子计算机有哪些特点？
6. 电子计算机系统由哪几部分组成？各部分功能是什么？
7. 计算机内存与外存有哪些区别？表示存储器存储容量的单位是什么？
8. 常见的微机系统包含哪些部件？
9. 微型计算机主要技术指标有哪些？各项技术指标的含义是什么？
10. 字长与字节有什么区别？计算机的存储容量是以什么来衡量的？
11. 名词解释：

硬件，软件，字节，字，主机，内存，总线，I/O 接口，微处理器，微型计算机，微型计算机系统，系统软件，应用软件，显示分辨率。

12. 指出以下 ASCII 码表示什么字符。

（1）0110000　　（2）0100100　　（3）1000001　　（4）0111001

二、选择题

1．完整的计算机系统包括（　　　）。
　　A．硬件系统和软件系统　　　　　　　B．主机和外部设备
　　C．主机和实用程序　　　　　　　　　D．运算器、控制器和存储器

2．操作系统是一种（　　　）。
　　A．系统软件　　　B．应用软件　　　C．启动软件　　　D．通用软件

3．微机的内存储器比外存储器（　　　）。
　　A．价格便宜　　　　　　　　　　　　B．存储容量更大
　　C．存取速度快　　　　　　　　　　　D．容易保存信息

4．在微型机中，信息的最小单位是（　　　）。
　　A．位　　　　　　　B．字节　　　　　C．字　　　　　　D．字长

5．若一台微型机的字长为4个字节，意味着（　　　）。
　　A．能处理的字符串最多由4个英文字符组成
　　B．能处理的数值最大为4位十进制数9999
　　C．在微型机中作为一个整体加以传送和处理的二进制代码为32位
　　D．在微型机中运算结果最大为2的32次方

6．在计算机中，通常以（　　　）为单位传送信息。
　　A．字　　　　　　　B．字节　　　　　C．位　　　　　　D．字块

7．在计算机中，1KB等于（　　　）。
　　A．1000个字节　　　　　　　　　　　B．1024个字节
　　C．1000个二进制位　　　　　　　　　D．1024个二进制位

三、填空题

1．微型计算机由＿＿＿＿＿＿、＿＿＿＿＿＿和输入/输出接口组成，若把这三者集成在一片集成电路芯片上，则称为＿＿＿＿＿＿。微型计算机配上＿＿＿＿＿＿、＿＿＿＿＿＿和电源就组成了微型计算机系统。

2．微型计算机的总线有＿＿＿＿＿＿、＿＿＿＿＿＿和＿＿＿＿＿＿三种。

3．内存储器的每一个存储单元都被赋予一个唯一的序号，称作＿＿＿＿＿＿。

4．在微型计算机上用键盘输入一个程序时，首先存于＿＿＿＿＿＿的＿＿＿＿＿＿中，如果希望将这个程序长期保存，就应把它存储于＿＿＿＿＿＿中。

5．内存中，ROM称为＿＿＿＿＿＿，对它只能进行＿＿＿＿＿＿操作；断电后数据＿＿＿＿＿＿；RAM称为＿＿＿＿＿＿，对它可进行＿＿＿＿＿＿和＿＿＿＿＿＿两种操作，断电后数据＿＿＿＿＿＿。

6．微型计算机的外部设备包含＿＿＿＿＿＿、＿＿＿＿＿＿和＿＿＿＿＿＿，外存储器是指＿＿＿＿＿＿，常见的输入设备主要有＿＿＿＿＿＿和＿＿＿＿＿＿。

7．微型机的存储容量一般是以KB为单位，这里1KB等于＿＿＿＿＿＿字节，若内存容量为640KB，则有＿＿＿＿＿＿字节。在容量大的场合，也常用MB为单位，1MB等于＿＿＿＿＿＿字节。

第2章 基于中文 Windows 7 的系统资源管理

2.1 Windows 7 的界面与操作

任务1 桌面的操作

【任务描述】

本任务通过学习中文版 Windows 7 的桌面操作，为进一步应用中文版 Windows 7 系统打好基础。

【案例 2-1】 安装中文 Windows 7 后，第一次登录系统通常看到的是只有一个"回收站"图标的桌面。如果想恢复系统默认的图标，需要如何操作？

【方法与步骤】

（1）右键单击桌面空白处，在弹出的快捷菜单中选择"个性化"选项，弹出"个性化"窗口，如图 2-1 和图 2-2 所示。

图 2-1 桌面右键菜单

图 2-2 个性化设置窗口

（2）在"个性化"窗口，单击"更改桌面图标"，弹出"桌面图标设置"对话框，如图 2-3 所示。

（3）在"桌面图标设置"对话框中，在"计算机""用户的文件""网络"前面的"□"中打"√"，单击"确定"按钮。即可在桌面上看见新增加的"计算机""网络"和"用户的文件"三个图标。

图 2-3　"桌面图标设置"对话框

（4）Windows 7 的"桌面图标设置"中没有"Internet Explorer"选项，可以用其他的方法在桌面上显示出来。用鼠标依次选择"开始"→"所有程序"→"Internet Explorer"选项，用鼠标右键单击，选择"发送到"→"桌面快捷方式"选项，即可在桌面上增加 IE 浏览器的快捷方式。

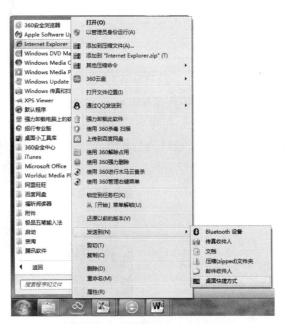

图 2-4　IE 快捷方式的创建

【相关知识与技能】

中文版 Windows 7 操作系统中，各种应用程序、窗口和图标等都可以在桌面上显示和运行。用户可以将常用的应用程序图标、应用程序的快捷方式放在桌面上，以便操作。

通常，桌面上有"计算机""网络""回收站""Internet Explorer"以及"用户的文件"等图标。

1. 桌面风格调整

桌面风格主要包括桌面背景设置、图标排列等。

（1）设置桌面背景：右击桌面空白处，在弹出的快捷菜单中选择"个性化"选项，将打开"个性化"窗口（见图 2-2）。在"个性化"对话框中左击最下面一行中的"桌面背景"选项，在"选择桌面背景"窗口中选择设为桌面背景的图片，单击"保存修改"按钮，如图 2-5 所示。

图 2-5　"选择桌面背景"窗口

（2）图标排列：可以用鼠标左键按住图标并将其拖动到目的位置。如果要将桌面上的所有图标重新排列，可以右击桌面空白处，在弹出的快捷菜单中选择"排序方式"选项，其子菜单中包括 4 个子菜单项：名称、大小、项目类型和修改日期，即提供 4 种桌面图标排列方式，如图 2-6 所示。

图 2-6　"排序方式"子菜单

2. 添加和删除桌面上的图标

单击"更改图标"按钮可以更改应用程序的图标。

在桌面上创建快捷方式的方法：

（1）在桌面空白处右击，在快捷菜单中选择"新建"→"快捷方式"选项，弹出"创建快捷方式"对话框，如图 2-7 所示。

（2）在"请键入对象的位置"文本框中，输入快捷方式指向的应用程序名或文档名（单击"浏览"按钮可查找），单击"下一步"按钮。

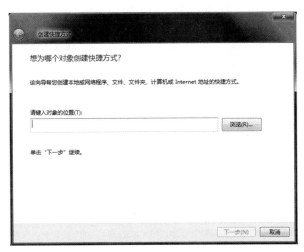

图 2-7　"创建快捷方式"对话框

（3）在"键入该快捷方式的名称"文本框中输入快捷方式的名称，如图 2-8 所示。单击"完成"按钮，即可在桌面上创建该程序或文件的快捷方式图标。

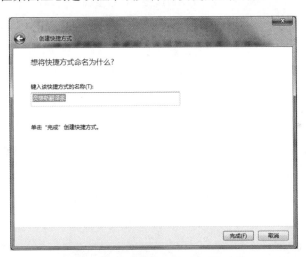

图 2-8　"创建快捷方式"对话框

右击应用程序或文档，在快键菜单选择"发送到"→"桌面快捷方式"选项，同样可以在桌面上生成该应用程序或文档的快捷方式。

删除桌面上的图标或快捷方式图标的方法：在桌面上选择图标并右击，在快捷菜单中选择"删除"选项；或在选取对象后按 Del 键或 Shift+Del 组合键，即可删除选中的图标。

提示：桌面上应用程序图标或快捷方式图标是它们所代表的应用程序或文件的链接，删除这些图标或快捷方式将不会删除相应的应用程序或文件。

【思考与练习】

（1）在桌面上创建"画图"程序的快捷方式图标（"画图"程序的文件名及其位置为

C:\windows\system32\mspaint.exe），将快捷方式图标命名为"画图"。

（2）分别用"排列图标"菜单中的 5 个子菜单项将桌面上的图标进行重新排列，观察这些图标的排列情况。

任务 2　图形界面的构成与操作

【任务描述】

本任务通过案例学习 Windows 7 图形界面的相关操作，为进一步应用 Windows 7 系统打下基础。

【案例 2-2】同时打开"用户的文件夹"和"计算机"两个应用程序的窗口，在桌面上排列并显示这两个窗口。

【方法与步骤】

右击任务栏的空白处，在弹出的快捷方式菜单中选择"层叠窗口"选项，可将已打开的窗口按先后顺序依次排列在桌面上，每个窗口的标题栏和左侧边缘可见，如图 2-9 所示。

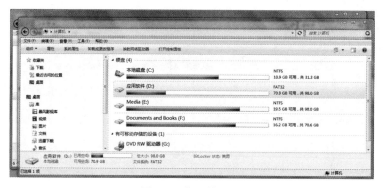

图 2-9　窗口的层叠

若选择"并排显示窗口"选项，可将打开的窗口以相同大小横向排列在桌面上，如图 2-10 所示。

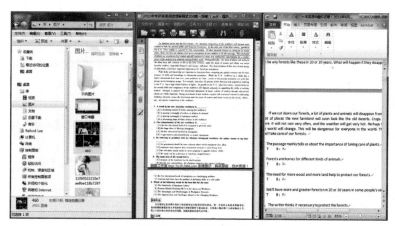

图 2-10　窗口的并排显示

若选择"堆叠显示窗口"选项，就可将打开的窗口以相同大小纵向排列在桌面上，如图 2-11 所示。

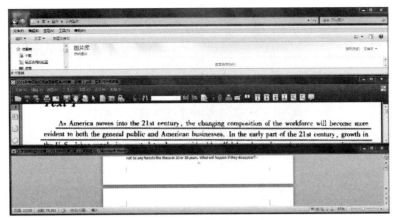

图 2-11　窗口的堆叠显示

【相关知识和技能】

1. 窗口

窗口是用户使用 Windows 7 操作系统的主要工作界面。打开一个文件或者启动一个应用程序时，将打开该应用程序的窗口。用户对系统中各种信息的浏览和文件处理基本上都是在窗口中进行的。中文版 Windows 7 系统有各种应用程序窗口，大部分窗口包含了相同的组件。

关闭一个窗口即终止该应用程序的运行。

2. 对话框

对话框是一种特殊窗口，常用于需要人机对话进行交互操作的场合，如图 2-12 所示的"Internet 选项"对话框。对话框也有一些与窗口相似的元素，如标题栏、关闭按钮等，但对话框没有菜单，对话框的大小不能改变，也不能最大化或最小化。

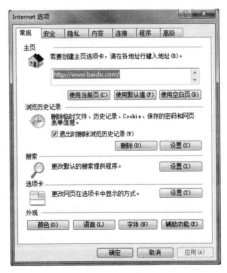

图 2-12　"Internet 选项"对话框

（1）标题栏：位于对话框顶部，左端是对话框名称，右端是"帮助"和"关闭"按钮。

（2）选项卡和标签：对话框可能包含多组内容，每组内容为一个选项卡，用相应的标签标识，单击选项卡的标签即可切换到该选项卡。

（3）文本框：用于输入文本信息。单击文本框，可在光标位置输入文本。有些文本框的右侧有一个向下箭头，单击该箭头打开下拉列表，可以直接从中选择要输入的文本信息。图 2-13 是腾讯 QQ 的应用软件对话框，是具有代表性的对话框范例。

2-13　腾讯 QQ 的登录对话框

（4）列表框：包含所有可供选择的列表项，单击即可选择其中一项。

（5）按钮：对话框一般有多种多样的按钮，如命令按钮、选择按钮、微调按钮和滑动式按钮等。

【思考与练习】

（1）打开"计算机""用户的文件夹""网络"3 个窗口，分别用"层叠窗口""并排显示窗口""堆叠显示窗口"排列窗口，观察窗口的排列情况。

（2）右击桌面，在快捷菜单中选择"个性化"选项，在"个性化设置"窗口中选择左侧的"显示"选项，弹出"显示"对话框；分别选择窗口左侧的各个选项，观察各个选项中都包含哪些组成元素。

任务 3　应用程序的使用

【任务描述】

本任务通过案例学习应用程序的启动与退出操作，进而掌握应用程序的使用。

【案例 2-3】 在桌面上创建应用程序"Microsoft Word 2010"的快捷方式图标，再用快捷方式启动该应用程序。

【方法与步骤】

（1）在桌面空白处右击鼠标，在快捷菜单中选择"新建"→"快捷方式"选项，弹出"创建快捷方式"对话框，如图 2-14 所示。

（2）在"请键入对象的位置"文本框中输入快捷方式要指向的应用程序名或文档名；或通过"浏览"按钮找到应用程序 Word 的准确路径，单击"下一步"按钮。

图 2-14 　"创建快捷方式"对话框

（3）在"键入该快捷方式的名称"文本框中键入"Microsoft Word 2010"，单击"完成"按钮（见图 2-15），即可在桌面上创建该应用程序 Word 的快捷方式图标。

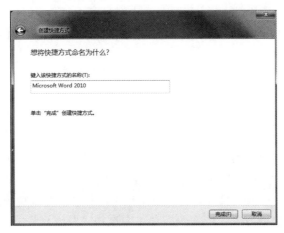

图 2-15 　为快捷方式命名

（4）在桌面上双击"Microsoft Word 2010"的快捷方式图标，启动应用程序 Word。

【相关知识和技能】

附件是中文版 Windows 7 系统自带的应用程序包，其中包括"便签""画图""计算器""记事本""命令提示符""运行"等工具。

1．启动应用程序的方法

方法一：如果已在桌面上创建了应用程序的快捷方式图标，双击桌面上的快捷方式图标即可启动相应的应用程序。

方法二：在系统中安装应用程序时，安装程序为应用程序在"开始"菜单的"程序"选项组中创建了一个程序组和相应的程序图标，单击这些程序图标即可运行应用程序。

方法三：用"开始"菜单中的"运行"选项启动应用程序。

方法四：在"我的电脑"或"Windows 资源管理器"中找到应用程序文件后，双击该应用程序图标，即可打开相应的应用程序。

打开应用程序的方法有多种，这里不一一列举。

2. 应用程序的快捷方式

用快捷方式可以快速启动相应的应用程序、打开某个文件或文件夹、在桌面上建立快捷方式图标，实际上就是建立一个指向该应用程序、文件或文件夹的链接指针。

【知识拓展】

1. 应用程序切换的方法

（1）单击应用程序窗口中的任何位置。

（2）按 Alt+Tab 组合键在各应用程序之间切换。

（3）在任务栏上单击应用程序的任务按钮。

使用 Alt+Tab 组合键可以实现从一个全屏运行的应用程序切换到其他应用程序。

2. 关闭应用程序的方法

（1）在应用程序的菜单中选择"关闭"选项。

（2）左键双击应用程序窗口左上角的控制菜单图标。

（3）右键单击应用程序窗口左上角的控制菜单图标，在弹出的控制菜单中选择"关闭"选项。

（4）单击应用程序窗口右上角的"×"按钮。

（5）按 Alt+F4 组合键。

退出应用程序时，如果文档修改的数据没有保存，系统将弹出对话框，提示用户是否保存修改，用户单击"确定"按钮后退出。

3. 在文件夹中创建快捷方式

（1）可以在任意一个文件夹中创建快捷方式。方法：在"计算机"窗口中选择需要建立快捷方式的应用程序、文件或文件夹，在快捷菜单中选择"创建快捷方式"选项，可以在当前目录下创建一个相应的快捷方式；或在快捷菜单中选择"发送到"→"桌面快捷方式"选项，在桌面上创建选定应用程序、文件或文件夹的快捷方式。

（2）用快捷方式启动应用程序：双击快捷方式图标。

（3）删除快捷方式：单击快捷方式图标，按 Del 键；或右击快捷方式图标，选择"删除"选项。实际上，删除某个快捷方式只是删除了与原项目链接的指针，因此，删除快捷方式不会使原项目被删除。

任务 4　剪贴板的使用

【任务描述】

剪贴板是内存中的一个临时存储区，用来在 Windows 各应用程序之间传递和交换信息。剪贴板不但可以存储文字，还可以存储图片、图像、声音等其他信息。通过剪贴板可以把各文件中的文字、图像、声音粘贴在一起，形成图文并茂、有声有色的文档。通过案例学习剪贴板的使用方法。

本任务通过一个简单的案例了解剪贴板的使用方法。

【案例 2-4】打开"计算机"窗口，将窗口的大小调整为屏幕大小的四分之一左右；制作一张图片，其内容为"计算机"窗口，然后保存为文件 PC.bmp。

【方法与步骤】

（1）打开"计算机"窗口，使其成为活动窗口，调整窗口的大小约为屏幕的四分之一。

（2）按 Alt+PrintScreen 组合键，将活动窗口复制到剪贴板中。

（3）在"开始"菜单中选择"所有程序"→"附件"→"画图"选项，打开"画图"窗口。

（4）在"画图"窗口的菜单栏中选择"编辑"→"粘贴"选项（或用 Ctrl+V 组合键），将复制到剪贴板中的"计算机"窗口粘贴到"画图"窗口。

（5）选择"文件"→"另存为"选项（或用 Ctrl+S 组合键），将"画图"窗口中饭的内容以 PC.bmp 为文件名保存。

（6）退出"画图"应用程序。

【相关知识和技能】

在 Windows 应用程序中，几乎所有应用程序都可以利用剪贴板来交换数据。通过"剪切""复制""粘贴"操作，可以向剪贴板复制数据，或从剪贴板中接收数据进行粘贴。

1. 使用剪贴板的一般步骤

先将信息"复制"或"剪切"到剪贴板（临时存储区）中，在目标应用程序中将插入点定位在需要放置信息的位置，再将剪贴板中的信息"粘贴"（传送）到目标位置。

使用复制和剪切命令前，必须先选定要复制或剪切的内容（"对象"）。对于文字，可以通过鼠标选定对象（选中的文字将反相显示）；对于图形和图像对象，可将鼠标指向对象并单击左键（选中的对象四周出现一个包含八个黑色控制点的矩形框）。

2. 将信息复制到剪贴板

复制对象的不同，将信息复制到剪贴板的操作略有不同。

（1）把选定信息复制到剪贴板。

● 选定文本：移动光标到一个字符处，用鼠标拖动到最后一个字符；或者按住 Shift 键，用方向键或鼠标移动光标到最后一个字符，选定的信息反相显示。

● 将选定信息"剪切"或"复制"到剪贴板上。

其中，"剪切"命令将选定信息复制到剪贴板上，同时在源文件或磁盘中删除被选定的内容；"复制"命令将选定信息复制到剪贴板上，选定内容仍保留在源文件或磁盘中。

（2）复制整个屏幕或窗口到剪贴板。

● 复制整个屏幕：按 PrintScreen 键。

● 复制活动窗口：先将窗口激活，然后按 Alt+PrintScreen 组合键。

提示：按 Alt+PrintScreen 组合键也可以复制对话框。

3. 从剪贴板中粘贴信息

（1）确认剪贴板上已有要粘贴的信息。

（2）切换到要粘贴信息的应用程序。

（3）将光标定位到放置信息的位置上。

（4）执行"粘贴"命令。

信息粘贴到目标程序后，剪贴板中的内容保持不变，可以进行多次粘贴。既可以在同一文件中多处粘贴，也可以在不同文件中粘贴。可见，剪贴板提供了在不同应用程序间传递信息的一种方法。

提示：

- "复制""剪切"和"粘贴"命令对应的快捷键分别是 Ctrl+C、Ctrl+X 和 Ctrl+V。
- 快捷键 PrintScreen 将当前屏幕上的所有信息以位图（.BMP）格式复制到剪贴板中。
- 快捷键 Alt+PrintScreen 将当前活动窗口或对话框的所有信息以位图格式复制到剪贴板中。

【思考与练习】

（1）在任意一个盘符（C、D、E 等）根目录下创建启动"记事本"的快捷方式图标。

（2）在"开始"菜单中选择"所有程序"→"附件"→"运行"选项，在"运行"对话框中单击"浏览"按钮，在"打开"窗口中选择 c:\windows\system32\notepad 来运行记事本。

（3）分别用不同的方法启动和退出应用程序"截图工具"和"便签"。

（4）分别用计算器中的科学型和统计信息两种功能来求 470、182、285、369 四个数的和。

（5）用"写字板"创建一篇图文并茂的文档。

（6）用"画图"工具应用程序画一张图画。

（7）用"便签"在桌面创建一张便签，并将自己当天的上课时间写到便签上。

（8）试一试：用"数学输入面板"编辑一个常用的数学计算公式。

（9）试用"截图工具"截取一个图片，并将截取的图片放在剪贴板中，在打开其他应用程序（比如 Word 或 Power Point）时，从剪贴板中将图片复制到应用程序中去。

2.2　文件和文件夹的管理

任务 5　用"资源管理器"管理信息资源

【任务描述】

本任务通过案例学习资源管理器的使用方法，进而掌握文件与文件夹的概念。

【案例 2-5】 在计算机的磁盘中建立如图 2-16 所示的文件夹结构。

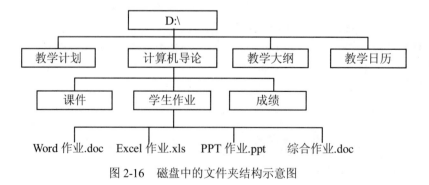

图 2-16　磁盘中的文件夹结构示意图

【方法与步骤】

（1）在"开始"菜单中选择"所有程序"→"附件"→"Windows 资源管理器"选项，打开"Windows 资源管理器"窗口，如图 2-17 所示。

图 2-17　"Windows 资源管理器"窗口

（2）在左侧窗格中单击"计算机"，在右侧窗格中双击"本地磁盘 D"，进入 D 盘的根目录下。

（3）在右侧窗格中右击空白处，在快捷菜单中选择"新建"→"文件夹"选项，即可在右侧窗格中生成一个"新建文件夹"。

（4）右击"新建文件夹"，在快捷菜单中选择"重命名"选项，在文件夹图标下方的空白栏中输入"教学计划"，再单击该文件夹的图标，在 D 盘的根目录下创建文件夹"教学计划"。

（5）重复操作步骤（4），分别创建文件夹"计算机导论""教学大纲""教学日历""课件""学生作业""成绩"。

（6）双击"学生作业"文件夹，进入"学生作业"文件夹下；在右侧窗格中右击空白处，在快捷菜单中选择"新建"→"Microsoft Word 文档"，在新建文档图标的下方空白栏中输入"Word 作业"，单击文档图标完成创建。用类似方法创建"Excel 作业.xls""PPT 作业.ppt""综合作业.doc"。

（7）选择"课件""学生作业""成绩"三个文件夹，用"剪切""粘贴"操作将这三个文件夹放在"计算机导论"文件夹下。

【相关知识和技能】

1. 文件和文件夹的概念

信息资源的主要表现形式是程序和数据。在中文版 Windows 7 系统中，所有的程序和数据都是以文件的形式存储在计算机中的。计算机中的文件和我们日常工作中的文件很相似，这些文件可以存放在文件夹中；计算机中的文件夹又很像日常生活中用来存放文件资料的包夹，一个文件夹中能同时存放多个文件或文件夹。

在计算机系统中，文件是指存储在外部存储介质（如磁盘等）上的、用文件名标识的相关信息的集合，是最基本的存储单位。文件可以是用户创建的文档，也可以是一个应用程序、一些图片、一首歌曲或其他一切能使计算机接受并处理的一组信息。文件可以压缩、扩充、编辑、修改以及删除，也可以从一张磁盘复制到另一张磁盘上。

文件夹由文件组成。文件夹是计算机系统中存储、管理文件的一种形式，可以将不同的文件分组、归类放入相应的文件夹中。用户可以自行建立文件和文件夹，还可以在文件夹中建立子文件夹，将文件分门别类地存储在不同的文件夹或子文件夹中。我们可以将整个磁盘看作一个大文件夹，并称为"根文件夹"或"根目录"。磁盘的这种目录结构称为"树型结构"或"层次结构"。

在 Windows 7 系统中，主要是利用"计算机"和"Windows 资源管理器"查看和管理计算机中的信息资源。计算机资源通常采用树型结构对文件和文件夹进行分层管理。用户根据文件某方面的特征或属性把文件归类存放，因而文件或文件夹就有一个隶属关系，从而构成有一定规律的存储结构。

本案例在 D 盘上创建多个文件夹，其中"计算机导论"文件夹下有几个文件夹，这些文件夹下面还有子文件夹和文件，用图 2-16 所示文件夹的结构可以方便浏览和理解。

2．文件和文件夹的命名

文件是计算机系统中基本的存储单位，计算机以文件名来区分不同的文件。文件和文件夹是计算机中最重要的资源，它们都通过文件名来管理。

文件的命名规则：

（1）一个完整的文件名称由文件名和扩展名两部分构成，两者中间用一个圆点（分隔符）分开。Windows 7 支持长文件名，文件名长度可多达 255 个字符。命名文件时，文件名中的字符可以是汉字、字母、数字、空格和特殊字符，但不能是？* \　/ ："\<\>和|。

（2）最后一个圆点后的名字部分是文件的扩展名（可以省略），前面的名字部分是主文件名。通常扩展名由 3 个字母组成，用于标识不同的文件类型和创建该文件的应用程序。主文件名一般用描述性的名称帮助用户记忆文件的内容或用途。

在 Windows 7 系统中，窗口中显示的文件包括一个图标和文件名，同一种类型的文件具有相同的图标。

文件夹的命名规则：与文件名相似，一般不需要加扩展名。用户双击某个文件夹图标即可打开该文件夹，查看其中的所有文件及子文件夹。

存储在磁盘中的文件或文件夹，具有相对固定的位置，即路径。路径由磁盘驱动器符号（或称盘符）、文件夹、子文件夹和文件名组成。

注意：同一文件夹中不能有名称相同的两个文件，即文件名具有唯一性，Windows 系统通过文件名来存储和管理文件和文件夹。与 Windows XP 系统略有不同的是，Windows 7 系统遇到同一文件夹下有两个相同文件时，自动弹出一个对话框，提示用户选择下一步操作，如图 2-18 所示。用户可以根据需要对这两个相同的文件做适当的处理，避免误操作造成的文件丢失或损坏。

图 2-18　同一文件夹下有两个相同文件时的对话框

例如"D:\教学计划\2008 年计划.DOC",表示 D 盘"教学计划"文件夹中的一个名为"2008年计划.DOC"的文件（反斜杠"\"表示的是磁盘根目录）。

3."资源管理器"的使用

计算机系统中存放的文件采用树型结构存储在磁盘中。Windows 7 主要利用"计算机"和"资源管理器"来查看和管理这些文件。

资源管理器是 Windows 操作系统中的一个重要的文件管理工具。在资源管理器窗口中,以分层的方式详细显示计算机系统中所有磁盘、文件和文件夹,同时显示映射到计算机上的驱动器号和网络驱动器名称。用户可以利用 Windows 资源管理器浏览、复制、移动、删除、重命名以及搜索文件和文件夹。例如,可以打开某个文件夹,选择其中要复制或者移动的文件,然后将文件复制或拖动到另一个文件夹或驱动器中。

资源管理器窗口的左边窗格以树型结构展示磁盘和文件夹的层次结构,用户可以清楚地查看存放在磁盘中的文件夹;右边窗格显示了用户选定的磁盘或文件夹中的内容。

在左边的窗格中,如果磁盘驱动器或文件夹的图标前面有 图标,表示该驱动器或文件夹有下一级文件夹,称为子文件夹,点击 图标后,图标变成 ,表示展开其所包含的子文件夹。再单击图标 ,可折叠已展开的文件夹。

由图 2-17 左边窗口可以看到计算机系统中的各个逻辑磁盘。其中,"库"呈高亮度,表示正被选中,同时可以在右侧窗口看到"库"根目录下的文件夹和文件。

思考:总结 Windows 7 有哪几种启动"资源管理器"的方法。

4."计算机"的使用

在桌面上双击"计算机"图标,即可打开"计算机"窗口,如图 2-19 所示。该窗口可以显示硬盘、CD-ROM 驱动器、移动磁盘以及网络驱动器中的内容;可以搜索和打开文件及文件夹;也可以访问控制面板中的选项以修改计算机的设置。

5.文件和文件夹的显示方式

利用"我的电脑"和"资源管理器",可以浏览文件和文件夹,并可根据用户需求对文件及文件夹的显示和排列格式进行设置。

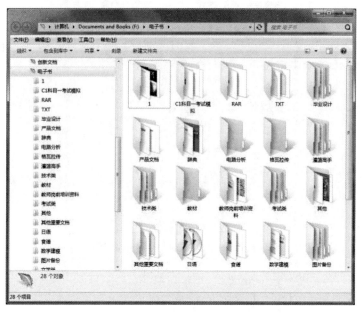

图 2-19　"计算机"窗口

在"计算机"和"资源管理器"中，文件或文件夹的显示方式有"缩略图""平铺""图标""列表"和"详细信息"等五种。

① "缩略图"：可以预览图像或 Web 页文件中的内容。

② "平铺"和"图标"：分别以多列大图标或小图标的格式排列显示文件。

③ "列表"：以单列小图标的格式排列显示文件。

④ "详细资料"：可以显示文件的名称、大小、类型、修改日期和时间。

用户可根据自己的需要和习惯，选择文件显示的方式。

6. 文件和文件夹的排序

中文 Windows 7 提供了按文件（夹）属性进行排列的方式。所谓文件（夹）属性，是指文件（夹）的名称、大小、类型、修改时间以及在磁盘上的位置等。

通常文件的排序方式是以文件名默认排列的，用户可以设置按文件的大小、类型、可用空间或名称等方式重新排序。"排序方式"子菜单如图 2-20 所示。

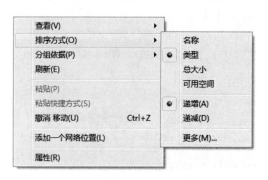

图 2-20　"排序方式"子菜单

【知识拓展】

1. 文件的类型

在 Windows 7 系统中，文件按照文件中的内容类型进行分类，主要类型如表 2-1 所示。文件类型一般以扩展名来标识。

表 2-1 常见的文件类型

文件类型	扩展名	描述
可执行文件	.exe、.com、.bat	可以直接运行，例如应用程序文件、系统命令文件和批处理文件等
文本文件	.txt、.doc	是用文本编辑器生成的，如纯文本文件、Word 文档等
音频文件	.mp3、mid、.wav、wma	以数字形式记录存储的声音、音乐信息的文件
图形图像文件	.bmp、.jpg、.jpeg、.gif、.tiff	通过图像处理软件编辑生成的文件，如画图文件、Photoshop 文档等
影视文件	.avi、.rm、.asf、.mov	记录存储动态变化的画面，同时支持声音的文件
支持文件	.dll、.sys	在可执行文件运行时起辅助作用，如链接文件和系统配置文件等
网页文件	.html、.htm	网络中传输的文件，可用 IE 浏览器打开
压缩文件	.zip、.rar	由压缩软件将文件压缩后形成的文件，不能直接运行，解压后可以运行

2. 用户的文件

Windows 7 操作系统为用户设置了一个个人文件夹——"用户的文件"，该文件夹包含两个特殊的个人文件夹，即"我的图片"和"我的音乐"。这些文件夹不能删除，并且在"开始"菜单中查找很方便。"用户的文件"窗口如图 2-21 所示。

图 2-21 "用户的文件"窗口

"用户的文件"是一个便于存取的文件夹，许多应用程序默认的保存位置就是"用户的文件"文件夹。例如，在"记事本"或"画图"程序中创建的文档，如果保存义件时没有指定其他路径及位置，则该文件自动保存在"用户的文件"文件夹中。

"我的图片"和"我的音乐"文件夹提供协助管理图片和音乐文件的任务链接。其中，"我的图片"文件夹可以存放用户的照片、图片，在"我的图片"窗口中双击某个文件夹（如 123文件夹），常用命令栏中有一个"放映幻灯片"选项，可以让用户很方便地欣赏图片，如图 2-22所示。

图 2-22　"我的图片"文件夹中 123 文件夹的内容

单击"放映幻灯片"选项，系统将该文件夹内的所有图片组织成一个放映幻灯片并播放出这些图片。图片是自动播放的，不需要用户控制。在播放过程中，若将鼠标移动到图片边缘以外的黑色区域，在右击后弹出的快捷菜单执行相应的命令。单击"退出"按钮或按下 Esc键可以停止播放并恢复到正常窗口状态。

【思考与练习】

打开"计算机"或"Windows 资源管理器"窗口，分别选择上述 5 种显示方式浏览文件或文件夹，观察、比较显示结果。

任务 6　文件、文件夹的组织与管理

【任务描述】

本任务通过案例掌握文件或文件夹的基本操作，进而掌握对磁盘中的文件或文件夹进行分类和管理的方法。

【案例 2-6】假设在 D 盘上已创建多个文件夹，如图 2-23 所示。

图 2-23　文件、文件夹管理实例

（1）将"计算机导论"下的所有文件和文件夹复制到 D 盘新建的文件夹"教学 ABC"中。

（2）删除文件夹"教学日历"和文件"综合作业.doc"。

【方法与步骤】

1. 文件复制操作

（1）打开"Windows 资源管理器"窗口。

（2）单击"本地磁盘 D"，右击右侧窗格中空白处，在快捷菜单中选择"新建"→"文件夹"选项，在右侧窗格生成一个"新建文件夹"，输入文件夹名"教学 ABC"。

（3）单击左侧窗格中的"计算机导论"文件夹，右侧窗格中将显示该文件夹下的文件和文件夹。选择"组织"→"全选"选项，选中所有文件和文件夹（或同时按住 Ctrl+A 键）。

（4）选择"组织"→"复制"选项，或是右击右侧窗格中任意一个文件或文件夹，然后选择"复制"（或使用 Ctrl+C 组合键），将选中的内容复制到剪贴板上。

（5）单击左侧窗中的"教学 ABC"文件夹，右侧窗格切换到"教学 ABC"文件夹下，右击右侧窗格中的空白处，在快捷菜单中选择"粘贴"选项（或按 Ctrl+V 组合键），将剪贴板上的内容粘贴到该文件夹中。

2. 删除文件夹的操作

（1）在"Windows 资源管理器"窗口的左侧窗格中，选定文件夹"教学日历"（D:\教学日历）。

（2）右击窗口右侧框中的空白处，在弹出的快捷菜单中选择"删除"选项，弹出"确认文件夹删除"对话框，单击"是"按钮，即可删除"教学日历"文件夹。

3. 删除文件的操作

（1）在"Windows 资源管理器"窗口的左侧窗格中选定"学生作业"文件夹。

（2）在右侧窗格中选择文件"综合作业.doc"并右击，在快捷菜单中选择"删除"选项，弹出"删除文件"对话框，如图 2-24 所示），单击"是"按钮。

图 2-24　"删除文件"对话框

【相关知识和技能】

在 Windows 7 操作系统中，除了可以创建文件夹、打开文件和文件夹外，还可以对文件或文件夹进行移动、复制、发送、搜索、还原和重命名等操作。利用"Windows 资源管理器"和"计算机"可以组织和管理文件。

为了节省磁盘空间，应及时删除无用的文件和文件夹、被删除的文件或文件夹放到"回收站"中，用户可以将"回收站"中的文件或文件夹彻底删除，也可以将误删的文件或文件夹从回收站中还原到原来的位置。

Windows 7 系统中，"回收站"是硬盘上的一个有固定空间的系统文件夹，其属性为隐藏，而且不能删除。

【知识拓展】

1. 文件和文件夹的选定

对文件与文件夹进行操作前，首先要选定被操作的文件或文件夹，被选中对象高亮显示。Windows 7 中选定文件或文件夹的主要方法如下：

● 选定单个对象：单击需要选定的对象。

● 选定多个连续对象：单击第一个对象，然后按住 Shift 键，单击选取范围内的最后一个对象。

● 选取多个不连续对象：按住 Ctrl 键，用鼠标逐个单击对象。

● 在文件窗口中按住鼠标左键不放，从右下到左上拖动鼠标，在屏幕上拖出一个矩形选定框，选定框内的对象即被选中。

● 组合键 Ctrl+A，可以选定当前窗口中的全部文件和文件夹。

● 选择"编辑"→"全选"命令，可以选定当前窗口中的全部文件和文件夹；选择"编辑"→"反向选择"命令，可以选定当前窗口中未选的文件或文件夹。

2. 文件与文件夹的复制、移动和发送

复制是将选定的文件或文件夹复制到其他位置，新的位置可以是不同的文件夹、不同的磁盘驱动器，也可以是网络上不同的计算机。复制包括"复制"与"粘贴"两个操作。复制文件或文件夹后，原位置的文件或文件夹不发生任何变化。

移动是将选定的文件或文件夹移动到其他位置，新的位置可以是不同的文件夹、不同的磁盘驱动器，也可以是网络上不同的计算机。移动包含"剪切"与"粘贴"两个操作。移动文件和文件夹后，原位置的文件或文件夹将被删除。

为防止丢失数据，可以对重要文件做备份，即复制一份存放在其他位置。

（1）复制操作。

● 用鼠标拖动：选定对象，按住 Ctrl 键的同时推动鼠标到目标位置。

● 用快捷菜单：右击选定的对象，在快捷菜单中选择"复制"选项；选择目标位置，然后右击窗口中的空白处，在快捷菜单中选择"粘贴"选项。

● 用组合键：选定对象，按 Ctrl+C 组合键进行"复制"操作；再切换到目标文件夹或磁盘驱动器窗口，按 Ctrl+V 组合键完成"粘贴"。

● 用菜单命令：选定对象后，在"开始"功能区的"剪贴板"组中单击"复制"按钮；切换到目标文件夹位置，单击"粘贴"按钮，在打开的列表中选择"粘贴"选项。

（2）移动操作。

● 用鼠标拖动：选定对象，按住左键不放拖动鼠标到目标位置。

● 用快捷菜单：右击选定的对象，在快捷菜单中选择"剪切"选项；切换到目标位置，然后右击窗口中的空白处，在快捷菜单中选择"粘贴"选项。

● 用组合键：选定对象，按 Ctrl+X 组合键进行"剪切"操作；再切换到目标文件夹或磁盘驱动器窗口，按 Ctrl+V 组合键完成"粘贴"。

● 用菜单命令：选定对象后，在"开始"功能区的"剪贴板"组中单击"剪切"按钮；切换到目标文件夹位置，单击"粘贴"按钮，在打开的列表中选择"粘贴"选项。

（3）发送。

发送文件或文件夹到其他磁盘（如软盘、U 盘或移动硬盘），实质上是将文件或文件夹复制到目标位置。

操作方法：选定对象并右击，在快捷菜单中选择"发送到"→"可移动磁盘（I:）"，如图 2-25 所示。文件或文件夹的发送目标位置有可移动磁盘、DVD RW 驱动器、邮件收件人、桌面快捷方式和压缩文件夹等。

图 2-25 "发送到"子菜单

3．文件与文件夹的重命名

选择要重命名的文件或文件夹，在"组织"菜单中选择"重命名"选项；或者右击要重命名的文件或文件夹，在快捷菜单中选择"重命名"选项。文件或文件夹的名称处于编辑状态（蓝色反白显示），直接键入新的文件或文件夹名。输入完毕按 Enter 键。

　　提示：在"Windows 资源管理器"窗口中直接单击两次文件（或文件夹）名（两次单击间隔时间应稍长一些，以免造成双击运行），使其处于编辑状态，键入新的文件名并回车即可重命名。

　　4．搜索

Windows 7 的"搜索"功能可以快速找到某一个或某一类文件和文件夹。在计算机中搜索任何已有的文件或文件夹，首先要知道文件名或文件类型。用户如果记不住完整的文件名，可使用通配符进行模糊搜索。常用的通配符有两个：星号"*"和问号"?"，星号代表一个或多个字符，问号只代表一个字符。

　　操作步骤如下：

　　单击"开始"菜单，在最下方的文本框（空白）中输入要查找的文件或文件夹名，然后单击右侧的"🔍"，弹出一个新的窗口，显示查找结果，如图 2-26 所示。

图 2-26　"搜索结果"窗口

　　5．删除操作

删除文件或文件夹时，首先选定要删除的对象，然后用以下方法执行删除操作：

● 　右击，在快捷菜单中选择"删除"选项。

● 　按 Del 键。

● 　选择"组织"菜单中选择"删除"选项。

● 　按组合键 Shift+Del 直接删除，被删除对象不再放到"回收站"中。

● 　用鼠标直接将对象拖到"回收站"。

　　要彻底删除"回收站"中的文件和文件夹，可打开"回收站"窗口，选定文件或文件夹并右击，在弹出的快捷菜单中选择"删除"选项或"清空回收站"选项。

6. 还原操作

用户删除文档后，被删除的内容移到"回收站"中。在桌面上双击"回收站"图标，可以打开"回收站"窗口查看回收站中的内容。"回收站"窗口列出了用户删除的内容，并且可以看出它们原来所在的位置、被删除的日期、文件类型和大小等。

若需要把已经删除到回收站的文件恢复，可以使用"还原"功能，操作方法如下：

- 双击"回收站"图标，在"回收站任务"栏中单击"还原所有项目"选项，系统把存放在"回收站"中的所有项目全部还原到原位置。
- 双击"回收站"图标，选取还原的项目，在"回收站任务"栏中单击"还原此项目"选项，系统将还原所选的项目。

【思考与练习】

（1）将"学生作业"文件夹中的所有文件和文件夹移动到 D 盘新建的文件夹"学生ABC"中。

（2）将案例 2-5 文件结构中的"成绩"文件夹改名为"计算机 071 班成绩"。

（3）将案例 2-5 文件结构中的"学生作业"文件夹以及其中的所有文件都复制到 D 盘的根目录中，然后删除该文件夹。

（4）在"搜索助理"任务窗格中，试一试各选项的功能与使用方法。

2.3 Windows 7 系统设置

任务 7 设置显示属性

【任务描述】

本任务通过案例学习显示属性的设置方法，进而掌握系统设置的基本方法。

【案例 2-7】使用计算机进行文字处理时，如果显示器屏幕抖动得很厉害，或感觉屏幕在闪烁，如何解决？

分析：引起以上现象的主要原因是屏幕的刷新率过低，只要设置较高的刷新频率即可解决问题。

【方法与步骤】

（1）鼠标指向桌面的空白位置并右击，在快捷菜单中选择"个性化"选项，弹出"个性化"窗口（见图 2-2）。

（2）设置显示主题。显示主题是桌面背景、声音、窗口颜色和屏幕保护程序等设置的一个综合。在"主题"下拉列表框中选定一种主题后单击"确定"按钮。

（3）选择"显示"选项卡，进入"显示"窗口以后，再选择"调整分辨率"选项卡，进入"调整分辨率"窗口，如图 2-27 所示。单击"高级设置"按钮，弹出"通用即插即用监视器"对话框，如图 2-28 所示。

图 2-27　"调整分辨率"窗口　　　　　图 2-28　"通用即插即用监视器"对话框

提示： "调整分辨率"窗口主要用来设置显示器的技术参数，如分辨率、颜色质量等。

选择"监视器"选项卡，如图 2-28 所示。在"监视器设置"区域中的"屏幕刷新频率"下拉列表框中选择屏幕支持的较高刷新频率（如 60 赫兹），单击"确定"按钮。

【相关知识和技能】

CRT 显示器的一个重要技术指标是显示器的刷新频率。一般显示器的扫描频率可以设置在 60 赫兹到 100 赫兹之间。刷新频率设置太低，有些人会感到显示器在闪烁，因此，如果在使用时觉得显示器有闪烁感，可以将显示器的刷新频率适当设置得高一点。其实，显示器的技术指标并不只有刷新频率一项。Windows 7 系统的桌面外观、背景、屏幕保护程序、窗口的外观、显示器的分辨率、显示器的色彩质量等都可以进行设置。

【知识拓展】

Windows 7 的"调整分辨率"对话框除可以设置显示器的刷新频率外，还能对显示器的屏幕分辨率、颜色位数等参数进行设置。

1. 设置显示器的屏幕分辨率

屏幕分辨率是指显示器将屏幕中的一行和一列分别分割成多少像素点。分辨率越高，屏幕的点就越多，可显示的内容越多；反之，分辨率越低，屏幕的点就越少，可显示的内容越少。

在"调整分辨率"对话框中单击"分辨率"下拉菜单右方三角形，在"分辨率"下拉菜单中选择需要的分辨率。显示器的最低分辨率为 640×480 像素，常用的分辨率为 800×600 或 1024×768（屏幕比例为 4:3），较高的可以达到 1280×1024。分辨率越高，屏幕上的图像相对清晰些，显示的信息也越多。但分辨率与显示适配器有密切的关系，适配器能支持的最高分辨率影响屏幕分辨率的取值。

2. 设置颜色位数

颜色位数是指屏幕能够显示的颜色数量。能够显示的颜色数量越多，图像显示的颜色层次越丰富、越清晰，显示效果越好。

设置颜色位数的方法：在"调整分辨率"窗口中单击"高级设置"按钮，弹出"通用即插即用监视器"对话框。在下方的"颜色"选项下拉菜单中，选择在一种颜色设置，单击"确定"按钮，其中包含一般的"增强色"（16 位）和较好的"真彩色"（32 位）两种。真彩色已远远超过真实世界中的颜色数量。

3. 将自己喜欢的图片设置为桌面背景

Windows 7 系统允许用户修改桌面背景，是桌面更加美观、更具个性。由于设置桌面背景及桌面图标的方法在前面的案例之中已经有了详细介绍，这里不再赘述。

4. 设置桌面外观

设置桌面外观是对桌面上菜单的字体大小、窗口边框颜色等属性。在"个性化"窗口的"窗口颜色"选项卡中（如图 2-29 和图 2-30 所示），还可以设置桌面的外观，操作步骤如下：

图 2-29 "窗口颜色和外观"窗口

图 2-30 "窗口颜色和外观"对话框

（1）在"个性化"窗口中选择"Aero 主题"或"基本或高对比度主题"两种外观样式之一，"Aero 主题"中的"Windows 7"样式是系统默认的外观样式。

（2）在"窗口颜色和外观"窗口中选择自己想要选择的颜色，并且可以拖动"颜色浓度"右边的滑动按钮，单击保存修改完成设置。

（3）单击"高级外观设置"按钮，在"窗口颜色和外观"对话框中对桌面元素进行设置，如图 2-30 所示。

【思考与练习】

屏幕保护是对显示器寿命和显示内容的一种保护措施。若用户在一定时间内没有操作计算机，系统启动"屏幕保护程序"，屏幕上显示一个背景为黑色的不断变化的图像，从而尽可能使显示器处于黑屏状态，既保护了屏幕，又增强了对工作内容的保密性。为计算机设置"三维文字"屏幕保护程序：文字为"欢迎使用中文版 Windows 7"，旋转类型为滚动，表面样式为纯色，旋转速度为较慢，字体为楷体，字形为粗体，倾斜，等待时间为 15 分钟。

任务 8 　认识控制面板

【任务描述】

本任务以打印机的安装与设置为案例，初步认识控制面板的使用，为进一步学习控制面板的使用打下基础。

【案例 2-8】为计算机安装一台打印机，并进行相应的设置。

【方法与步骤】

1．安装打印机

（1）打开"设备和打印机"窗口，双击"添加打印机"选项，弹出"添加打印机"对话框。

（2）单击"添加本地打印机"，就自动转入到"选择打印机端口"对话框，如图 2-31 所示。

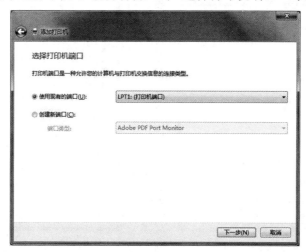

图 2-31 　"选择打印机端口"对话框

（3）选择打印机的生产商和型号，单击"下一步"按钮，如图 2-32 所示。

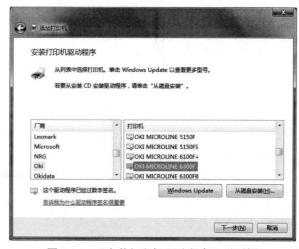

图 2-32 　"安装打印机驱动程序"对话框

（4）安装打印机软件，单击"下一步"按钮。

（5）在"打印机名称"右侧的空白栏中为要安装的打印机命名，单击"下一步"按钮。

（6）在"打印机共享"对话框中，选择是否共享这台打印机，如需共享打印机，则在"共享名称"右侧的空白栏中输入要设置的共享名、位置以及注释信息，然后单击"下一步"按钮。

（7）最后，勾选"设置为默认打印机"，单击"完成"按钮，完成一台打印机的安装，如需测试安装的打印机是否运行正常，还可以单击"打印测试页"按钮进行测试。

2．设置默认打印机

在"设备和打印机"窗口中选择打印机右击，在快捷菜单中选择"设置为默认打印机"选项。

3．打印文档

如果文档已经用某个应用程序打开，在应用程序中执行"打印"命令；如果文档未打开，用鼠标拖动文档到"设备和打印机"窗口中的打印机图标上，释放鼠标。打印文档时，任务栏上出现打印机图标，待打印作业完成后，该图标会自动消失。

4．设置打印机属性

在选定打印机的"打印机属性"对话框中对打印机参数进行设置。

【相关知识和技能】

打开"打印机"窗口的方法：

（1）在"开始"中选择"设备和打印机"选项。

（2）在"计算机"或"Windows 资源管理器"左侧窗格中单击"控制面板"图标。

（3）在"控制面板"窗口中双击"查看设备和打印机"图标，如图 2-33 所示。

本案例采用在"控制面板"中打开"设备和打印机"窗口的方法。打开"设备和打印机"窗口后，可以在其中看到"添加打印机"的选项及已安装的打印机图标，如图 2-34 所示。若要安装的打印机是"即插即用"型（常见品牌的打印机都是"即插即用"型），启动 Windows 7 时能自动安装；若是非"即插即用"型打印机，可以用"添加打印机"选项安装。

图 2-33　"控制面板"窗口

图 2-34　"设备和打印机"窗口

当我们在 Windows 7 中安装多个打印机时，需要指定一台打印机为默认打印机。打印文档时，如果未指定其他打印机，Windows 7 自动使用默认打印机进行打印。默认打印机的图标带有"√"标记。

在"设备和打印机"窗口中双击要选的打印机，进入到打印作业窗口，如图 2-35 所示。选择"打印机"→"属性"，弹出选定的打印机属性的对话框，其中包括 7 个选项卡，可对打印机参数进行设置，如图 2-36 所示。

图 2-35　"打印作业列表"窗口　　　　　　图 2-36　"打印机属性"对话框

【知识拓展】

"控制面板"提供了丰富的工具，可以帮助用户调整计算机设置。中文版 Windows 7 的控制面板采用了类似于 Web 网页的方式，并且将 20 多个设置按功能分为 8 个类别，如图 2-37 所示。

图 2-37　"控制面板"分类视图

1. 打开"控制面板"窗口的方法

单击"开始"→"控制面板"命令，或是在"计算机"窗口中左击"控制面板"按钮，都可以打开"控制面板"窗口。

图 2-37 是"控制面板"的分类视图，在窗口右上方单击"大图标"或"小图标"选项，即可转换为经典视图，如图 2-38 所示。在"大图标"和"小图标"两种视图模式下可以看到全部设置项目。双击某个项目的图标，可以打开该项目的窗口或对话框。

图 2-38　"控制面板"小图标视图

2. "控制面板"中几个主要功能的使用

（1）鼠标设置。在"鼠标属性"对话框（见图 2-39）中，可以对鼠标的工作方式进行设置，设置内容包括鼠标主次键的配置、击键速度和移动速度、鼠标指针形状方案、鼠标移动踪迹等属性。

图 2-39　"鼠标属性"对话框

（2）电源设置。电源管理功能不但继承了 Windows Vista 系统的特色，还在细节上更加贴近用户的使用需求。用户可根据实际需要，设置电源使用模式，让移动计算机用户在使用电池续航的情况下，依然能最大限度发挥功效。延长使用时间，保护电池寿命。使用户更快、更好、更方便的设置和调整电源属性。

（3）添加、删除程序。用户向系统中添加和删除各种应用程序时，它们的一些安装信息会写入到系统的注册表。因此，不应该用简单的删除文件夹的办法来删除软件。因为简单的删除并不能删除软件在注册表中的信息，而且可能会影响其他软件的正常运行。因此，需要添加和删除程序时，应该使用系统提供的"添加/删除程序"功能。

① 添加或删除系统组件。在安装 Windows 7 系统时，往往不会安装所有的系统组件，以节省硬件空间。如果需要使用未安装的组件，可以利用 Windows 7 系统盘进行安装。对于不用的组件，可以将其删除。

添加或删除组件的操作方法如下：

●　双击"程序"图标，在"程序"窗口（见图 2-40）中单击"程序和功能"下的"打开或关闭 Windows 功能"按钮，将弹出"Windows 功能"窗口，如图 2-41 所示。

图 2-40　"程序"窗口

●　在"打开或关闭 Windows 功能"列表框中勾选要添加的组件；如果要删除原来安装过的组件，就将组件名称前面"□"内的"√"取消掉，确认完自己的选择以后，单击右下角的"确定"，系统将按照用户的选择执行组件的安装或是删除操作。

② 删除应用程序。在"卸载或更改程序"窗口中右击要删除的程序图标，在弹出的菜单中选择"卸载/更改"命令，系统就将运行与该程序相关的卸载向导，引导用户卸载相应的应用程序。

③ 添加新程序。从安装向导上可以看到，添加新程序分两类：

图 2-41 "打开或关闭 Windows 功能"窗口

● 从 CD 或 DVD 安装程序。

将光盘插入计算机，然后按照屏幕上的说明操作。如果系统提示您输入管理员密码或进行确认，请键入该密码或提供确认。

● 从 Internet 安装程序。

在 Web 浏览器中，单击指向程序的链接。执行下列操作之一：

● 若要立即安装程序，单击"打开"或"运行"，然后按照屏幕上的指示进行操作。如果系统提示您输入管理员密码或进行确认，键入该密码或提供确认。

● 若要以后安装程序，请单击"保存"，然后将安装文件下载到自己的计算机上。做好安装该程序的准备后，双击该文件，并按照屏幕上的指示进行操作。这是比较安全的选项，因为可以在继续安装前扫描安装文件中的病毒。

提示：从 Internet 下载和安装程序时，应确保该程序的发布者及提供该程序的网站是值得信任的。

任务 9   操作系统的备份与恢复

【任务描述】

为防止操作系统受到破坏而使系统数据资料丢失，需要对操作系统进行备份。操作系统备份是一件重要的工作。本任务通过两个案例学习操作系统的备份与恢复的操作方法。

【案例 2-9】关闭 Windows 7 操作系统自带的备份与还原工具。

【方法与步骤】

（1）启动系统，进入桌面，右击"计算机"图标，在快捷菜单中选择"属性"选项，在"控制面板"主页中选择"系统保护"选项，弹出"系统属性"对话框，在"系统保护"选项卡的"保护设置"中选择要关闭保护的分区，单击"配置"按钮，如图 2-42 所示。

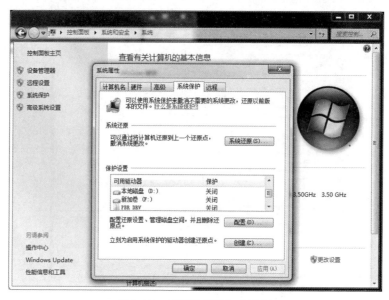

图 2-42　"系统属性"对话框

（2）弹出"系统保护本地磁盘"对话框，选择"关闭系统保护"单选按钮，单击"删除"按钮，删除前备份文件以释放硬盘空间，如图 2-43 所示。

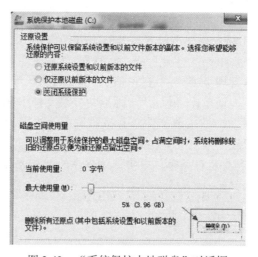

图 2-43　"系统保护本地磁盘"对话框

（3）单击"确认"按钮，关闭系统自带的备份与还原功能，并且删除默认自动备份的备份文件并释放空间。

【相关知识和技能】

操作系统本身有系统备份与还原功能，但系统自带的备份与还原工具使用起来不是很方便，如果自带的备份与还原工具保持开启状态，随着系统使用时间的推移，会导致系统内保存的备份文件越来越大，造成硬盘空间的大量浪费。因此，建议用户关闭系统自带的还原工具。

【案例 2-10】使用 Ghost 备份系统进行备份与恢复。

【方法与步骤】

（1）启动 Ghost，打开 Ghost 窗口，如图 2-44 所示。

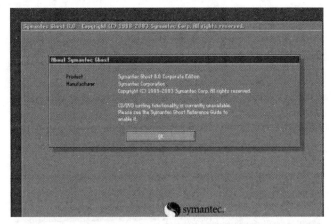

图 2-44　PE 工具中自带的 Ghost 工具界面

Ghost 窗口提示一个 Ghost 相关版本信息，按回车键确认，即可进入 Ghost 操作界面。

（2）选择左下角的操作菜单，依次选择 Local→Partition→To Image 选项，如图 2-45 所示。

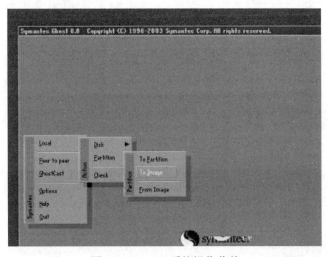

图 2-45　Ghost 系统操作菜单

（3）根据提示，选择将备份系统保存的硬盘。如果计算机中只有一个硬盘，直接确认即可，如图 2-46 所示。

注意：如果计算机中有几个硬盘，则显示几个硬盘选项，正确选择要备份保存的硬盘。一般选择备份安装有系统的硬盘。

（4）系统提示要备份哪个盘，这里必须选择 C 盘（即备份系统盘），如图 2-47 所示。为何在图中显示的多个磁盘中选择 C 盘？一般是选择第一项，并且可以看到 Type 下面有个"primary（主要的）"字样，说明这个是主盘系统盘。

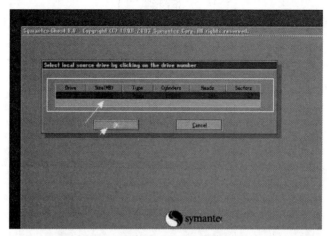

图 2-46　选择将 Ghost 备份文件存放在磁盘

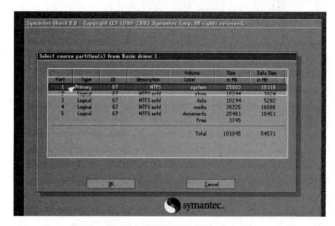

图 2-47　选择要备份的区（选主盘）

（5）系统提示将备份的文件放置在哪个盘。一般不建议放置在主盘，建议放 D 盘或其他盘均可，只需空间稍大一些即可。需要记住位置，以便系统还原时查找，如图 2-48 所示。

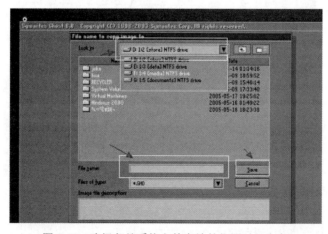

图 2-48　选择备份系统文件存放的位置以及命名

假设选择放在 F 盘,在下面的名字处写上备份的名字,例如 winxp,单击右侧的保存(Save)按钮,系统自动进入备份,如图 2-49 所示。

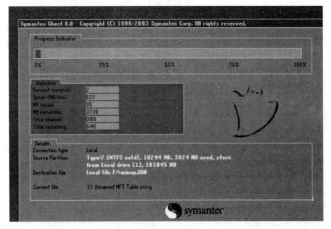

图 2-49　Ghost 系统备份进行中(需等待完成)

所有进度结束后,弹出两个选择的提示,单击左面按钮进入 PE 继续操作;单击后面一个按钮重新启动。默认选择为重新启动。我们只要按下回车键,即可重新启动,进入系统后,可以在 F 盘看到系统备份文件为 winxp.gho。至此,系统备份工作完成。

【相关知识和技能】

Ghost 备份系统相比系统自带的工具操作更简单,并且可以有选择地备份自己所需要的文件部分,系统还原也十分方便。

以下是 Ghost 操作中用到的英文解释:

● Local:本地操作,对本地计算机上的硬盘进行操作;
● Peer to peer:通过点对点模式对网络计算机上的硬盘进行操作;
● GhostCast:通过单播/多播或者广播方式对网络计算机上的硬盘进行操作;
● Option:使用 Ghost 时的一些选项,一般使用默认设置即可;
● Quit:退出 Ghost;
● Help:一个简洁的帮助。

习题

一、简答题

1. 在 Windows 7 系统中,为什么要设置屏幕保护程序?如何设置屏幕保护程序?
2. 常见的文件类型主要有哪些?
3. 简述 Windows 7 的文件命名规则。
4. 快捷方式的优点主要有哪些?如何创建和使用快捷方式?
5. 在 Windows 系统中,文件的基本操作有哪些?

6．如何在系统中搜索文件或文件夹？

7．打开"写字板"程序，需要输入：{、？、……、%、￥、§、√、∈、⊥、±等符号，如何操作？

8．举例说明如何在"写字板"与"画图"这两个程序之间实现信息交换，写出操作步骤。

9．Windows 7 系统中控制面板的主要功能有哪些？

10．在 Windows 7 系统中添加新硬件一般可采用哪些方法？

11．如果想要删除程序组中的某个应用程序，可用哪些方法来实现？

12．如何用"控制面板"调整显示器中的分辨率和显示的颜色位数？

13．在硬盘中搜索某个文件，但不知道在哪个文件夹中，用什么方法实现较快？

14．举例分别说明本地打印机和网络打印机应该如何添加到系统当中。

二、上机操作题

1．在 Windows 7 系统中利用"截图工具"应用程序截取桌面背景上的一部分，并以.jpeg 的格式保存截图，再利用"画图"工具对截图的文件进行编辑，制作成一张卡片，将它放在系统桌面上作为墙纸。

2．利用"搜索"功能查找 D 盘上所有以.cpp 为扩展名的文件，并将找出的文件彻底删除（提示：彻底删除即不可在回收站内还原）。

3．使用"资源管理器"在选定的一个文件夹中新建一个文件夹，并命名为 MF，使用"命令提示符"工具查看该文件夹的名称。

4．调整系统的时间、日期、时区。

5．删除 D 盘上的某些文件，再从回收站中进行恢复。

6．试用写字板输入下面的短文，并设置标题为二号、黑体、加粗、居中，正文为五号、宋体，段落的第一行缩进 0.75cm，左右无缩进，左对齐，将页面设置为 A4 纸张大小，页边距选取默认值。操作结束后，保存该文件，命名为 Mfile1，在把该文件保存在 D 盘上。

单场 5 球！梅西秒杀 5 大传奇！再创欧冠历史新神迹

西甲联赛 3 场进 5 球含一次大四喜，国家队比赛首度戴帽，欧冠淘汰赛 2 场进 6 球，首次单场进 5 球，梅西 21 天 5 场比赛打进 14 个球，是整个欧洲状态最火的球员。欧冠 1/8 次回合决赛对于梅西具有特殊意义，这是他职业生涯首次单场打进 5 球，梅西成为 1992 年欧冠改

制以来首位单场比赛打进 5 球的球员，这场比赛的用球和梅西穿过的球衣足以在梅西退役后陈列在他的博物馆，勒沃库森球员很友好地没有再追着梅西交换球衣。

在 2 月 15 日欧冠 1/8 首回合淘汰赛中，梅西进球帮助巴萨客场 3-1 战胜勒沃库森，从那场比赛开始，梅西进入今年状态最疯狂阶段，也是他职业生涯进球最疯狂阶段。2 月 20 日对巴伦西亚上演大四喜，2 月 27 日对马德里竞技打进锁定胜局之球，上周阿根廷队比赛首度上演国家队帽子戏法，再加上今天单场打进 5 球，21 天 5 场比赛打进 14 球，几乎场均 3 球，纵观全欧洲，再难找到第二位在同一时期能与梅西进球效率相比的球员。

梅西单场进 5 球，不但填补了他个人职业生涯空白，也改写了欧冠历史纪录。在改制前的欧冠和联盟杯（欧联杯前身）历史上，曾经有 10 位球员单场打进 5 球；在改制后的欧冠历史中，单场进球最多的是 4 球，随着今天的比赛结束，范巴斯滕、范尼斯特鲁伊、普尔绍、因扎吉和舍甫琴科这些传奇巨星在欧冠联赛的单场进球纪录都排梅西身后，梅西成为欧冠改制后首位单场打进 5 球的球员。

第3章　基于 Word 2010 的文字处理

3.1　文档的建立与编辑

任务 1　制作第一个 Word 文档

【任务描述】

要使用 Word 开始写作或处理文档，必须先"启动"Word，Word 窗口相当于写作用纸，而且是在屏幕上的"纸"。Word 启动后，系统自动建立一个名字为"文档 1.docx"的空文档，用户可以在文本区输入文字，可以将文字保存在磁盘，建立一个新文档。

本任务创建一个 Word 文档，掌握 Word 的基本操作。

【案例 3-1】用 Word 创建一个文档，以文件名 W3-1.docx 保存（文件保存位置为 D:\USER）。文档的内容如下：

人要指挥计算机运行，就要使用计算机能"听懂"、能接受的 Language。这种 Language 按其发展程度，使用范围可以区分为机器 Language 与程序 Language（初级程序 Language 和高级程序 Language）。

【方法与步骤】

1. 启动 Word，创建新文档

在"开始"菜单中选择"所有程序"→Microsoft Office→Microsoft Word 2010 选项，启动 Word 2010。

启动后，Word 2010 自动建立一个空白文档（见图 3-1）。工作窗口标题栏中显示的"文档 1"是新建空白文档的临时文件名。

2. 输入文字

按题目样文输入汉字、英文单词和标点符号。

注意： 当输入的文字到达文档的右边界时，不要用回车键换行，Word 会自动换行。

提示： 如果输入出错，可按退格键删除光标前面的一个字符，或按 Del 键删除光标所在位置的字符。

3. 保存文档

单击快速访问工具栏中的"保存"按钮 ![保存图标] （或在"文件"选项卡中选择"保存"选项，或直接按快捷键 Ctrl+S），在"另存为"对话框的"保存位置"列表框中选择文档保存位置 D:\USER，在"文件名"文本框中输入新建文档的文件名 W3-1（可以省略扩展名".docx"），单击"保存"按钮。

文档保存后，Word 窗口的标题栏显示用户输入的文件名 W3-1.docx，操作结果如图 3-2 所示。

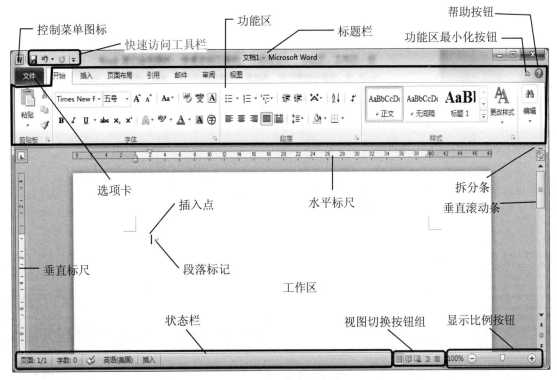

图 3-1　Word 2010 工作窗口

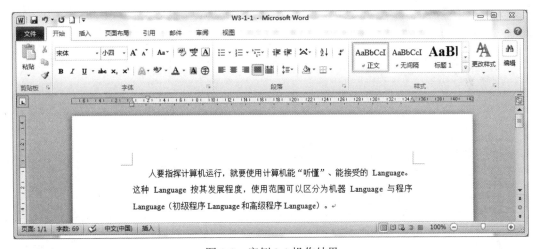

图 3-2　案例 3-1 操作结果

4. 关闭文档

在"文件"选项卡中选择"退出"选项，或单击 Word 窗口右上角的"关闭"按钮 ▢Ｘ▢，退出 Word 2010。

如果当前文档在编辑后没有保存，关闭前将弹出提问框，询问是否保存对文档所作的修改，如图 3-3 所示。单击"是"按钮保存；单击"否"按钮放弃保存；单击"取消"按钮不关闭当前文档，继续编辑。

图 3-3　系统提问框

【相关知识与技能】

1．Word 2010 的窗口组成

Word 窗口的组成与 Windows 其他应用程序大同小异。Word 窗口由标题栏、快速访问工具栏、选项卡、工作区、状态栏、文档视图工具栏、显示比例控制栏、滚动条、标尺等部分组成。在 Word 窗口的工作区中可以对创建或打开的文档进行各种编辑、排版操作。Word 窗口组成见图 3-1。

（1）标题栏。标题栏位于 Word 窗口的顶端，标题栏中含有 Word 控制菜单按钮、Word 文档名（例如，文档1）、最小化、最大化（或还原）和关闭按钮。

（2）快速访问工具栏。快速访问工具栏默认位于 Word 窗口标题栏的左边、选项卡上方，用户可以根据需要修改设置，使其位于选项卡下方。快速访问工具栏的作用是使用户能快速启动经常使用的命令。默认情况下，快速访问工具栏中只有数量较少的命令，用户可以根据需要，单击"自定义快速访问工具栏"按钮添加或定义常用命令。

Word 默认的快速访问工具栏从左到右分别是"保存""撤消""恢复"和"自定义快速访问工具栏命令"按钮。

（3）"文件"选项卡。Word 2010 的"文件"选项卡取代了以前版本中的"文件"菜单，并增加了一些新功能，如图 3-4 所示，该界面又称 Backstage 视图。

图 3-4　"文件"选项卡（Backstage 视图）

"文件"选项卡中提供了一组文件操作命令，例如"新建""打开""关闭""另存为""打印"等。"文件"选项卡的另一个功能是提供关于文档、最近使用过的文档等相关信息，可以通过执行"文件"选项卡中的相关命令实现。另外，"文件"选项卡还提供了 Word 帮助。

（4）选项卡+功能区。Word 2010 与 Word 2003 及以前的版本相比，一个显著的不同是用各种"选项卡+功能区"取代了传统的菜单操作方式。Word 选项卡的上方有选项卡名（看起来像菜单名），单击选项卡名时不会打开菜单，而是切换到对应的选项卡面板。每个选项卡根据功能的不同分为若干个功能区（子选项卡），这些选项卡及其命令组涵盖了 Word 的各种功能。用户可以根据需要，在"文件"选项卡中选择"选项"→"自定义功能区"选项定义自己的选项卡。Word 默认的选项卡分别是"开始""插入""页面布局""引用""邮件""审阅"和"视图"。

① "开始"选项卡。"开始"选项卡包括剪贴板、字体、段落、样式和编辑等功能区，包含了有关文字编辑和排版格式设置的各种功能。

② "插入"选项卡。"插入"选项卡包括页、表格、插图、链接、页眉和页脚、文本、符号和特殊符号等功能区，主要用于在文档中插入各种元素。

③ "页面布局"选项卡。"页面布局"选项卡包括主题、页面设置、稿纸、页面背景、段落、排列等功能区，用于帮助用户设置文档页面样式。

④ "引用"选项卡。"引用"选项卡包括目录、脚注、引文与书目、题注、索引和引文目录等功能区，用于实现在文档中插入目录、引文、题注等索引功能。

⑤ "邮件"选项卡。"邮件"选项卡包括创建、开始邮件合并、编写和插入域、预览结果和完成等功能区，该选项卡专门用于在文档中进行邮件合并操作。

⑥ "审阅"选项卡。"审阅"选项卡包括校对、语言、中文简繁转换、批注、修订、更改、比较和保护等功能区，主要用于对文档进行审阅、校对和修订等操作，适用于多人协作处理大文档。

⑦ "视图"选项卡。"视图"选项卡包括文档视图、显示、显示比例、窗口和宏等功能区，主要用于帮助用户设置 Word 操作窗口的查看方式、操作对象的显示比例等，以便于用户获得较好的视觉效果。

（5）工作区。工作区是水平标尺以下、状态栏以上的一个屏幕显示区域。在 Word 窗口的工作区中，可以打开一个文档，并对它进行文本键入、编辑或排版等操作。Word 可以打开多个文档，每个文档有一个独立窗口，并在 Windows 任务栏中有一对应的文档按钮。一般情况下，Word 窗口上显示标题栏、快速访问工具栏、"文件"选项卡、状态栏、文档视图工具栏、显示比例控制栏、滚动条、标尺等。显然，这样会缩小窗口工作区的面积。单击选项卡右上角的"功能区最小化/展开功能区"按钮（见图 3-1），可实现选项卡最小化或展开，以扩大/缩小工作区。

（6）状态栏。状态栏位于 Word 窗口的底端左侧（见图 3-1），用来显示当前文档的状态，如当前页、页数、字数；状态栏还有用于发现校对错误的图标 以及对应校对的语言图标 中文(中国) 、"插入"图标（将输入的文字插入到插入点，单击可变为"改写"）。

（7）视图切换按钮。"视图"即查看文档的方式。同一个文档可以在不同的视图下查看，虽然文档的显示方式不同，但是文档的内容是不变的。Word 有 5 种视图：页面视图、阅读版式视图、Web 版式视图、大纲视图和草稿视图，用户可以根据不同的操作需求使用不同的视图。视图之间的切换可以使用"视图"选项卡中的命令，使用状态栏右端的视图切换按钮更简便，如图 3-5 所示（其中，带方框的图标为当前的视图状态）。

图 3-5　视图切换按钮

（8）显示比例控制栏。显示比例控制栏由"缩放级别"按钮和"缩放滑块"组成，用于调节正在编辑文档的显示比例。

（9）标尺。标尺有水平标尺和垂直标尺两种。在草稿视图下只能显示水平标尺，只有在页面视图下才能显示水平和垂直两种标尺。标尺除了显示文字所在的实际位置、页边距尺寸外，还可以用来设置制表位、段落、页边距尺寸、左右缩进、首行缩进等。

有两种方法可以隐藏/显示标尺：

方法一：单击"视图"选项卡"显示"功能区中的"标尺"复选按钮。

方法二：单击位于滚动条滑块上方的"标尺"按钮。

隐藏选项卡和标尺后，窗口的工作区可达到最大。

（10）滚动条。滚动条分水平滚动条和垂直滚动条。使用滚动条中的滑块或按钮可滚动工作区内的文档内容。

（11）插入点。Word 启动后，自动创建一个名为"文档1"的文档，其工作区是空的，只是在第一行第一列处有一个闪烁着的黑色竖条（或称光标），称为插入点。每输入一个字符，插入点自动向右移动一格。编辑文档时，可以移动"I"状的鼠标指针并单击鼠标左键来移动插入点的位置，也可以使用光标移动键移动插入点到所希望的位置。

2. 退出 Word 2010

建立新的文档并完成操作后，应及时关闭文档，即关闭当前文档的窗口，清除文档编辑区内容。退出 Word 有以下常用方法：

（1）执行"文件"→"退出"命令。

（2）执行"文件"→"关闭"命令。

（3）单击 Word 窗口右上角的"关闭"按钮。

（4）双击 Word 窗口左上角的控制按钮。

（5）单击任务栏中的 Word 文档按钮（或将光标移至该按钮并停留片刻），在展开的文档窗口缩略图中单击"关闭"按钮。

（6）按快捷键 Alt+F4。

【技能拓展】模板应用

【案例 3-2】利用样本模板"基本简历"创建文档。

Word 模板是指 Microsoft Word 中内置的包含固定格式设置和版式设置的模板文件，用于帮助用户快速生成特定类型的 Word 文档。在 Word 2010 中，除了通用型的空白文档模板之外，还内置了多种文档模板，如博客文章模板、书法模板等等。另外，Office 网站还提供了证书、奖状、名片、简历等特定功能模板。借助这些模板，用户可以创建比较专业的 Word 2010 文档。

【方法与步骤】

（1）打开 Word 2010，选择"文件"→"新建"选项，弹出图 3-6 所示窗口。

（2）根据需要选择：空白文档、博客文章、书法字帖、最近打开的模版、样本模板、我的模板，或者根据现有内容新建。这里选择"样本模板"，弹出图 3-7 所示窗口。

图 3-6　"新建"窗口

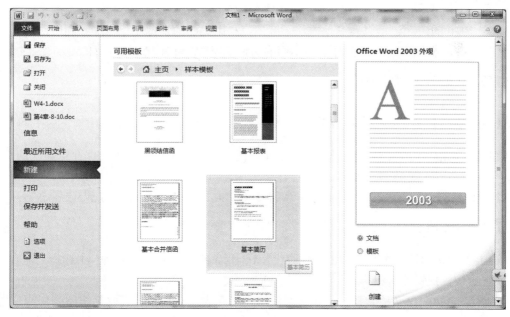

图 3-7　"样本模板"窗口

（3）选择"基本简历"模板，单击"创建"按钮，打开"基本简历"模板，如图 3-8 所示。

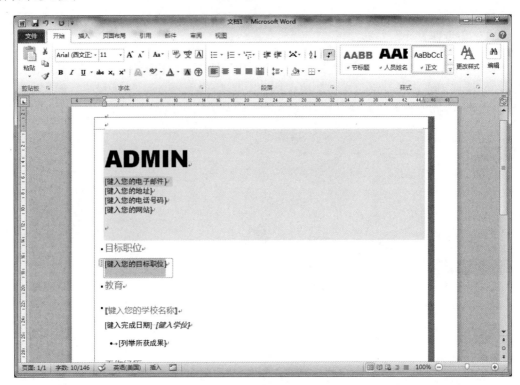

图 3-8　用"基本简历"模板创建的"文档 1"

（4）在图 3-8 所示的编辑区中输入内容。

【思考与练习】

Word 2010 的启动还可以有其他方法，例如：利用桌面的快捷图标启动；利用快捷菜单启动；利用已有的文档启动等。试分别用不同的方法启动 Word 2010。

任务 2　文档的打开与保存

【任务描述】

文档输入完后，此文档的内容还驻留在计算机的内存之中。为了永久保存所建立的文档，在退出 Word 前应将它保存起来。

【案例 3-3】将案例 3-2 创建文档保存到 D:\USER 文件夹，文件名为 W3-2.docx。

【方法与步骤】

（1）单击快速访问工具栏中的"保存"按钮 ![保存图标]（或在"文件"选项卡中选择"保存"选项，或直接按快捷键 Ctrl+S）。

（2）第一次保存文档会弹出图 3-9 所示的"另存为"对话框，在对话框中与保存位置有关的列表框中选定要保存文档的驱动器（D:）和文件夹（USER），在"文件名"栏中输入新的文件名 W3-2，单击"保存"按钮，即可将当前文档保存到指定的驱动器和文件夹。

（3）单击 Word 窗口右上角的"关闭"按钮 ![关闭按钮] ，退出 Word 2010。

图 3-9 "另存为"对话框

【相关知识与技能】

1. 打开文档

要查看、修改、编辑或打印已存在的 Word 文档时，首先应该打开它。文档的类型可以是 Word 文档，也可以是经过转换打开的非 Word 文档（如 WPS 文件、纯文本文件等）。

打开文档的操作方法：

（1）打开一个或多个 Word 文档。

方法一：在资源管理器中双击带有 Word 文档图标的文件名。

方法二：在"文件"选项卡选择"打开"选项（或按快捷键 Ctrl+O），弹出"打开"对话框，可打开一个或多个已存在的 Word 文档。

选定文件的方法：

① 选定多个连续排列的文件：先单击第一个文件名，按住 Shift 键再单击最后一个文件名；

② 选定多个分散排列的文件：先单击第一个文件名，按住 Ctrl 键逐个单击要打开的文件名。

选定文件名后，单击对话框中的"打开"按钮，选定的文件被逐个打开，最后打开的文件成为当前活动文档。

每打开一个文档，任务栏中有一个文档按钮与其对应。当打开的文档数量多于一个时，这些文档按钮以叠置的按钮组形式出现。将光标移至按钮（或按钮组）上停留片刻，按钮（或按钮组）便会展开为各自的文档窗口缩略图，单击文档窗口缩略图可实现文档间的切换。单击"视图"选项卡"窗口"功能区的"切换窗口"按钮，在下拉列表中单击文件名，可以进行文档切换。

（2）打开最近使用过的文档。

常用操作方法：在"文件"选项卡中选择"最近所用文件"选项，在弹出的"最近所用文件"列表（见图 3-10）中分别在"最近的位置"和"最近使用的文档"栏目中单击需要选择的文件夹和 Word 文档名，打开指定的文档。

图 3-10 "最近所用文件"列表

注意： 若选中图 3-10 所示窗口底部的"快速访问此数目的'最近使用的文档'"复选框，则在"文件"选项卡的列表框中列出 10 个最近使用过的 Word 文档名。

2. 保存文档

（1）保存已有的文档。已有的文件打开和修改后，可以直接将文档以原文件名保存在原文件夹中，不会弹出"另存为"对话框。

注意： 输入或编辑一个文档时，最好随时保存文档，以免计算机意外故障引起文档内容的丢失。

（2）以新文档名保存文档。在"文件"选项卡中选择"另存为"选项，可以把一个正在编辑的文档以另一个文件名保存，原文件依然存在。执行"另存为"命令后，弹出"另存为"对话框。操作方法与保存新建文档类似。

（3）保存多个文档。如果要一次操作保存多个已编辑的文档，按住 Shift 键的同时单击"文件"选项卡，这时选项卡的"保存"命令改变为"全部保存"命令，单击"全部保存"命令可以一次性保存多个文档。

（4）自动保存。Word 提供定时自动保存文档的功能，可以防止意外情况发生时丢失对文档的编辑。

设置"自动保存"功能的方法：在"文件"选项卡选择"选项"→"保存"选项，弹出"Word 选项"对话框，如图 3-11 所示。选中"保存自动恢复信息时间间隔"复选框（系统默认为选中状态），表示使用"自动保存"功能。在复选框后的微调控制项中设置自动保存的时间间隔，单击"确定"按钮。

Word 把自动保存的内容存放在一个临时文件中，如果在用户对文档进行保存前出现了意外情况（如断电），再次进入 Word 后，最后一次自动保存的内容被恢复在窗口中。这时，用户应该立即进行存盘操作。

图 3-11 "Word 选项"对话框

【思考与练习】

（1）将【案例 3-3】创建的文档保存到 D 盘的"WORD 示例"文件夹中，文件名为"我的简历.docx"。

（2）将文档 W3-1.docx 另存一个名为 W1-BAK.docx 的文档，保存到 D 盘的"WORD 示例"文件夹中。

（3）试将三个文档"W3-1.docx""W3-2.docx"和"我的简历.docx"同时打开。

任务 3 文档的输入

【任务描述】

输入文本是 Word 文字处理中最基本的操作。本任务学习在 Word 中输入汉字、标点符号、特殊符号的操作。

【案例 3-4】 录入以下文档，以文件名 W3-3.DOCX 保存在 D:\USER 文件夹中。

> 📖机器 Language 和程序 Language
> 机器 Language 是 CPU 能直接执行的指令代码组成的。这种 Language 中的"字母"❶最简单，只有 0 和 1。最早的程序是用机器 Language 写的，这种 Language 的缺点是：（1）机器 Language 写出的程序不直观，没有任何助记的作用，使得编程人员工作繁琐、枯燥、乏味，又易出错。（2）由于它不直观，也就很难阅读。这不仅限制了程序的交流，而且使编程人员的再阅读都变得十分困难。（3）机器 Language 是严格依赖于具体型号机器的，程序难于移植。（4）用机器 Language 编程序，编程人员必须具体处理存储分配、设备使用等等繁琐问题。

【方法与步骤】

（1）输入符号"📖"。在"插入"选项卡"符号"功能区中单击"符号"按钮，打开下拉列表框，上方列出最近插入过的符号，下方是"其他符号"按钮，如图 3-12 所示。若需要插入的符号位于列表框中，单击该符号即可；否则，单击"其他符号"按钮，打开"符号"对话框，如图 3-13 所示。在对话框中选取所需符号即可。

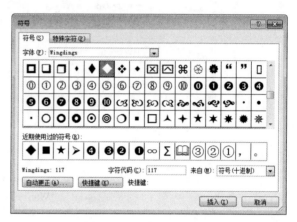

图 3-12　"符号"按钮的下拉列表框　　　　　图 3-13　"符号"对话框

用同样方法输入文档中的另一符号"❶"。

（2）输入文字。按题目样文输入汉字、英文单词和标点符号。

（3）保存文档。单击快速访问工具栏中的"保存"按钮 🖫（或在"文件"选项卡选择"保存"选项，或按快捷键 Ctrl+S），以文件名 W3-3.docx 保存在 D:\USER 文件夹中。

【相关知识与技能】

1．输入汉字

若需要在 Word 中输入汉字，必须先切换到中文输入状态。中文 Windows 系统中，按 Ctrl+空格键可在英文输入和中文输入之间切换；按 Ctrl+Shift 组合键在各种输入法之间切换。

2．输入标点符号

单击输入法状态条中的中英文标点切换按钮，显示 按钮时表示处于"中文标点输入"状态，显示 按钮时表示处于"英文标点输入"状态；也可以按 Ctrl+.（句号）组合键进行转换。

3．输入符号

（1）在"插入"选项卡"符号"功能区中单击"符号"按钮，在下拉列表框（见图 3-12）单击"其他符号"按钮，打开"符号"对话框，如图 3-13 所示。

（2）在"符号"对话框中选择"符号"选项卡，在"字体"列表框中选择相应选项（如"Wingdings"），在符号框中选取所需符号，单击"插入"按钮；或双击所需符号，将选中符号插入到文档中。如果要在文档中插入特殊字符（如版权所有符号©），应在"符号"对话框中选择"特殊字符"选项卡。

输入文本是 Word 文字处理中最基本的操作，要点归纳如下：

（1）文档的输入总是从插入点处开始，即插入点显示了输入文本的插入位置。

（2）输入文字到达右边界时不要使用回车键换行，Word 根据纸张的大小和设定的左右缩进量自动换行。

（3）当一个自然段文本输入完毕时，按回车键，插入点光标处插入一个段落标记（↵）以结束本段落，插入点移到下一行新段落的开始，等待继续输入下一自然段的内容。

（4）一般情况下，不使用插入空格符来对齐文本或产生缩进，可以通过格式设置操作达到指定的效果。

（5）输入出错时，按退格键删除插入点左边的字符，按 Del 键删除插入点右边的字符。

【技能拓展】插入文件

若要在当前文档中插入另一个文件（例如一个已建好的文档），在"插入"选项卡的"文本"功能区中单击"对象"下拉按钮，在下拉列表中选择"文件中的文字"选项（见图 3-14），弹出"插入文件"对话框（见图 3-15），按要求在对话框中输入或选定有关项目后，单击"插入"按钮，即可在插入点插入指定的磁盘文件。

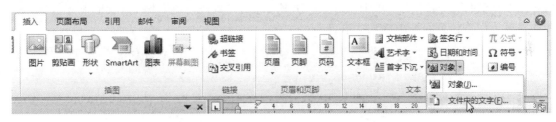

图 3-14　"插入"选项卡"文本"功能区

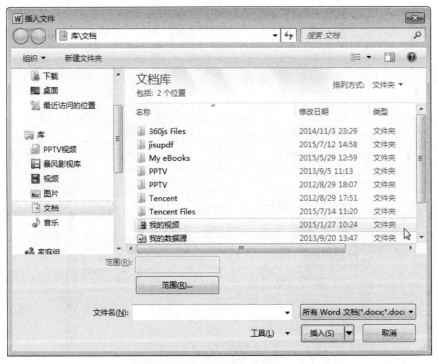

图 3-15　"插入文件"对话框

任务 4　文本的查找、替换

【任务描述】

在文档的编辑过程中，有时需要找出重复出现的某些内容并修改，用 Word 提供的查找替换功能，可以快捷、轻松地完成该项工作。

【案例 3-5】 打开文件 W3-1.docx（文件位置为 D:\USER），把文档中所有的"Language"替换为"语言"，操作结果另存为 D:\USER\W3-5.docx。

【方法与步骤】

（1）启动 Word，打开文档 W3-1.docx。

（2）把文档 W3-1.docx 中所有的"Language"替换为"语言"。

1）在"开始"选项卡"编辑"功能区单击"替换"按钮，打开"查找和替换"对话框，该对话框默认打开"替换"选项卡，如图 3-16 所示；在"查找内容"下拉列表框中输入"L*e"，在"替换为"下拉列表框中输入"语言"。

图 3-16　"查找和替换"对话框的"替换"选项卡

2）单击"更多"按钮，对话框变为图 3-17 所示，选中"搜索选项"区域中的"使用通配符"复选框。

图 3-17　"查找和替换"对话框的更多选项

单击"替换"区域中的"格式"按钮，可以指定"替换为"的格式，如字体为"Times New Roman（西文)"、字号为"小四号"、颜色为红色的文本等；单击"特殊字符"按钮，可以替换为特殊字符，如段落标记、分节符等。

3）单击"替换"按钮，系统替换选中的文本并自动查找下一处；如果不替换，则单击"查找下一处"按钮；如果确定文档中所查找的文本都要替换，可直接单击"全部替换"按钮，完成后 Word 报告替换的结果。

注意：查找内容中可以使用通配符"*"或"？"。"*"匹配所在位置任意个字符，"？"匹配所在位置的一个字符，如"L*e"表示查找以"L"开始以"e"结束的字符串。如果使用通配符查找，"使用通配符"复选框应该为选中状态。

（3）将文档另存为 D:\USER\W3-5.docx。

【相关知识与技能】

1. 查找/替换的搜索选项

如果对查找/替换范围有具体的限定，可在图 3-17 所示对话框进行以下设置：

（1）在"搜索选项"区域中的"搜索"下拉列表框设置查找范围（以当前插入点光标为基准，"向上""向下"或"全部"）。

（2）选中"搜索选项"区域中的复选框，限制查找的形式，如"区分大小写"等。

（3）单击"格式"按钮，指定"查找内容"或"替换为"的格式，如字体为"Times New Roman（西文)"、字号为"小四号"、颜色为红色的文本等。

（4）单击"特殊字符"按钮，查找或替换特殊字符，如段落标记、分节符等。

2. 撤消与恢复

在编辑文档的过程中，可能会发生一些错误操作，如输入出错，误删了不该删除的内容等；也可能对已进行的操作结果不满意。这时，可以使用 Word 提供的撤消与恢复功能。其中，"撤消"是取消上一步的操作结果，"恢复"是将撤消的操作恢复。

（1）"撤消"操作：单击快速访问工具栏上的"撤消"按钮，或按组合键 Ctrl+Z。

（2）"恢复"操作：单击快速访问工具栏上的"恢复"按钮，或按组合键 Ctrl+Y。

注意：使用"撤消"按钮提供的下拉列表时，可以一次撤消连续多步操作，但不允许任意选择一个操作来撤消。

任务 5　文本的删除、移动或复制

【任务描述】

在文档的编辑过程中，有时需要将选定的文本删除、移动或复制到指定的位置上，将段落合并或拆分。

【案例 3-6】打开文档 W6.docx（见图 3-18），将文档中的第 6 段与第 7 段合并为一段；将第 4 段移到文档末尾，作为最后一段；最后以文件名 W3-6.docx 保存到 D:\USER。

【方法与步骤】

（1）将文档中的第 6 段与第 7 段合并为一段。

将插入点定位到第 6 段的段落标记（↵）的左边，按 Del 键，即可将第 6 段与第 7 段合并为一段，且后面段落序号"（3）""（4）"自动更新为"（2）""（3）"。

（2）将第 4 段移到文档末尾，作为最后一段。

1）选定文档的第 4 段，单击"开始"选项卡"剪贴板"功能区的"剪切"按钮，该段内容从屏幕上消失。

2）将插入点定位到最后一段的段落标记（↵）的左边，按回车键。

3）在"开始"选项卡"剪贴板"功能区单击"粘贴"按钮，将原文的第 4 段成为最后一段。

4）将插入点定位到最后一段的段落序号"（4）"之后，按两次 Backspace 键（删除段落自动编号）。

注意：选定段落时，应包括最后的段落标记（↵）；如果看不到段落标记，可以在"开始"选项卡"段落"功能区单击"显示/隐藏编辑标记"按钮 ✻，使其显示。

3．将修改后的文档以文件名 W3-6.docx 保存到 D:\USER，操作结果见图 3-19。

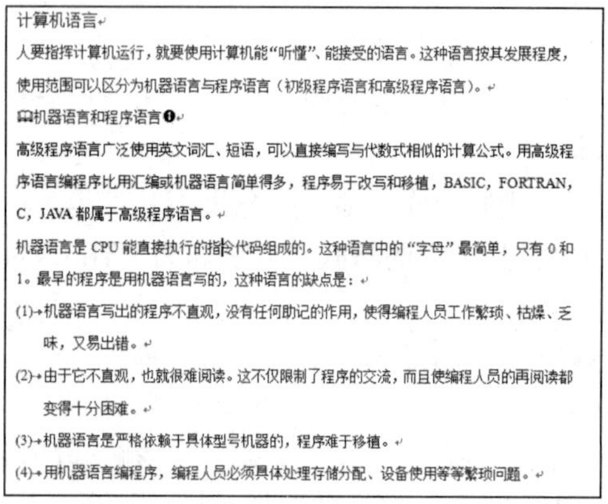

图 3-18 文档 W6.docx

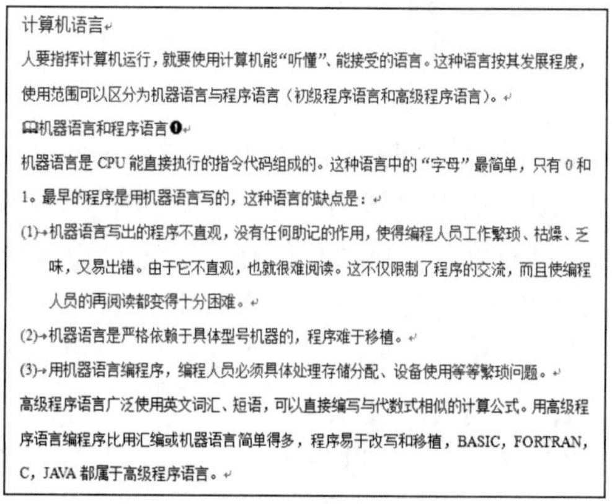

图 3-19 文档 W3-6.docx

【相关知识与技能】

1．选定文本

Word 中的许多操作都遵循"选定→执行"的原则，即在执行操作之前，必须指明操作的对象，然后执行具体的操作。"选定的文本"即选定操作对象，被选取的文本以黑底白字高亮形式显示在屏幕上。用户可用鼠标或键盘选定文本。

（1）用鼠标选定文本。

用鼠标选定文本的最基本操作是"拖曳"，即按住鼠标左键拖过所要选取的文本，松开左键，所选区域的文字以黑底白字的高亮形式显示。

根据不同的文本对象，用鼠标还可完成以下"选定"的操作：

① 选定一个单词：双击该单词。

② 选定一个句子（句号、感叹号、问号或段落标记间的一段文本）：按住 Ctrl 键，在该句的任何地方单击。

③ 选定一行文字：把鼠标移动到该行左侧选定列，鼠标指针形状从"I"变为指向右上方的空心箭头 ⇗ 时，单击左键。

④ 选定若干行文字（见图 3-20）：鼠标移到这几行文字左侧选定列，鼠标指针形状为指向右上方的空心箭头 ⬁，按下鼠标左键不放，沿竖直方向拖动鼠标，即可选定若干行。

⑤ 选定矩形文字块（见图 3-21）：鼠标指针形状为"I"，按下 Alt 键不放开，再按住鼠标左键从要选定的矩形文字块的一角拖到对角。

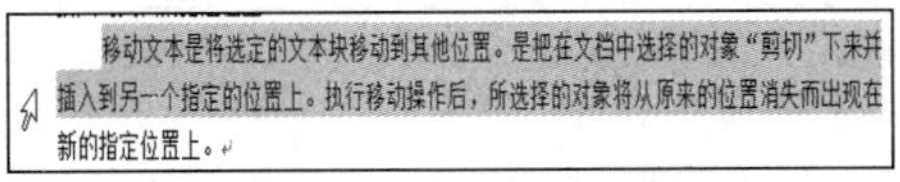

⬁ 移动文本是将选定的文本块移动到其他位置。是把在文档中选择的对象"剪切"下来并插入到另一个指定的位置上。执行移动操作后，所选择的对象将从原来的位置消失而出现在新的指定位置上。

编排文档时，在某些段落前加上编号或某种特定的符号(称为项目符号)，这样可以提高文档的可读性。手工输入段落编号或项目符号不仅效率不高，而且在增、删段落时还需修改编号顺序，容易出错。在 Word 中，可以在键入时自动给段落创建编号或项目符号，也可以

图 3-20　选定若干行 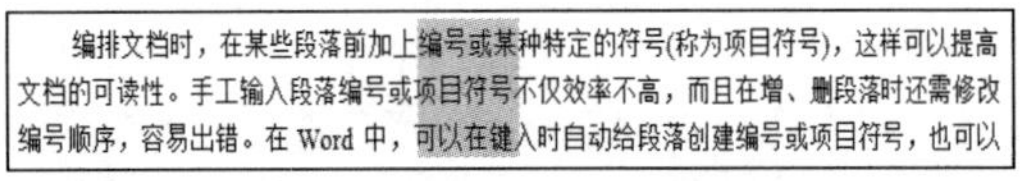　　　　　　　　　　　图 3-21　选定矩形文字块

⑥ 选定一个段落：鼠标移到要选定段落左侧，指针形状为 ⬁，双击鼠标左键。

⑦ 选定一块文字：单击被选内容的开始位置，按住 Shift 键不放，单击被选内容的结尾处。

⑧ 选定不连续的文本块：先选定一块文本，按下 Ctrl 键，同时单击鼠标左键；再逐个选择其他的文本块。

⑨ 选定整个文档：在选定行连击三下；或按住 Ctrl 键的同时，单击选定行；或按 Ctrl+A 组合键。

（2）用键盘选定文本。

光标移动到要选定的文字内容首部（或尾部），按住 Shift 键不放，同时按←键、↑键、→键或↓键，移动光标一直到要选定的文字内容尾部（或首部），放开按键即可。

若要取消所做的选定操作，只需用鼠标单击文档中任意位置。

2. 文本的删除、移动和复制

（1）删除。

输入出错时，可以用退格键（BackSpace）或删除键（Del）删除字符。当需要删除较多字符时，用"选定→删除"方法可提高工作效率。

① 选定要删除的文本，按 Del 键，把选定的文本一次性全部删除。

② 选定要删除的文本后，单击"开始"选项卡"剪贴板"组中的"剪切"按钮（或使用组合键 Ctrl+X），选定的文本将一次性全部被删除。与①不同的是，剪切后被删除的内容移至剪贴板中。

（2）复制和移动文本。

复制文本操作是把选定的文本（"原件"）复制到剪贴板中（"副本"），并将"副本"插入到文档的指定位置。

移动文本是将选定的文本块移动到其他位置。是把在文档中选择的对象"剪切"下来并插入到另一个指定的位置上。执行移动操作后，所选择的对象将从原来的位置消失而出现在新的指定位置上。

① 利用剪贴板复制（移动）。

方法1：选定要复制的对象，在"开始"选项卡"剪贴板"功能区单击"复制"按钮（"剪切"按钮），或按组合键 Ctrl+C（按组合键 Ctrl+X），"原件"被复制到剪贴板中；

方法2：把插入点定位在需要插入"副本"的位置，在"开始"选项卡"剪贴板"功能区中单击"粘贴"按钮（或按组合键 Ctrl+V），把剪贴板中的"副本"粘贴到指定位置。

② 用鼠标拖曳复制（移动）文本。

方法1：选定要复制（移动）的内容，将鼠标指针指向所选内容的任意位置，鼠标指针变

为指向左上方的空心箭头 ；

　　方法 2：按下 Ctrl 键的同时按下鼠标左键，鼠标形状为 （空心箭头右下出现加号），拖动虚线插入点到需要插入"副本"的位置（见图 3-22），松开鼠标左键和 Ctrl 键，复制工作完成（拖曳时不按下 Ctrl 键，则为移动）。

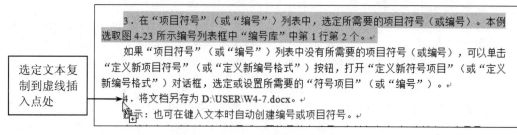

图 3-22　用鼠标拖曳复制选定文本

3.2　文档的格式设置

任务 6　字符的格式设置

【任务描述】

　　在文档中，文字、数字、标点符号及特殊符号统称为字符。对字符的格式设置包括选择字体、字形、字号、字符颜色以及处理字符的升降、间距等。

　　【案例 3-7】按以下要求设置文档 W7.docx 字符的格式，设置完毕以文件名 W3-7.docx 保存在原位置。字符格式设置的要求如下：

　　（1）设置第 1 段文字字体为"华文彩云"，"字形"为"加粗"，"字号"为"三号"，"字符间距"为"加宽"、"2 磅"，"缩放"150%；

　　（2）设置第 3 段文字（不包括❶）字体为"幼圆"，"字形"为"加粗"，"字号"为"小四"，并将其中的❶，设为"上标"。

　　【方法与步骤】

　　（1）打开文档 W7.docx。

　　（2）选定第 1 段文字，在"开始"选项卡单击"字体"功能区右下角的箭头按钮 ，弹出"字体"对话框（见图 3-23 左图）。在"中文字体"下拉列表框中选择"华文彩云"，"字号"选择"三号"；单击"高级"选项卡（见图 3-23 右图），在"缩放"组合框中选择 150%，"间距"选择"加宽"，"磅值"选择"2 磅"。

　　（3）选定第 3 段文字，在"开始"选项卡"字体"功能区"字体"下拉列表框中选择"幼圆"，在"字号"下拉列表框中选择"小四"；选定第 3 段中的❶，单击"字体"功能区的"上标"按钮 。

　　（4）以文件名 W3-7.docx 保存在原位置，操作结果如图 3-24 所示。

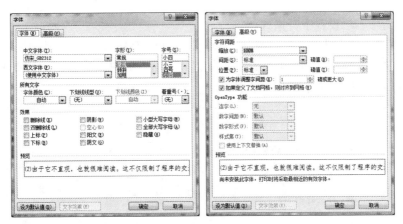

图 3-23　"字体"对话框

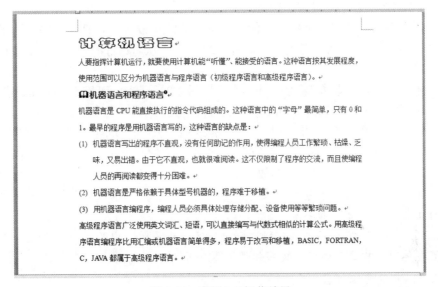

图 3-24　案例 3-7 操作结果

【相关知识与技能】

　　用户可以先录入文本，再对录入的字符设置格式；也可以先设置字符格式，再录入文本，这时所设置的格式只对设置后录入的字符有效。如果要对已录入的字符设置格式，则必须先选定需要设置格式的字符。

　　下面是 Word 2010 提供的几种字符格式示例：

五号宋体**四号黑体****三号隶书****宋体加粗**

倾斜<u>下划线</u>波浪线^上标_下标

字 符 间 距 加 宽 字符间距紧缩字符加底纹 字符加边框

字符提升字符降低字符缩 90%放 150%

可用以下两种方法设置字符格式。

（1）使用"开始"选项卡的"字体"功能区设置字符格式。

"字体"功能区包括最常用的字符格式化工具按钮，如图 3-25 所示。将鼠标指针移到不同的按钮停顿一下，即可显示该按钮的名称。

图 3-25 "字体"功能区中的按钮

（2）用"字体"对话框设置字符格式。

在"开始"选项卡单击"字体"功能区右下角的箭头按钮，打开"字体"对话框，对话框中有"字体""高级"两个选项卡，如图 3-23 所示。从对话框的"预览"框中可以看到格式设置的效果。

在"字体"对话框中选择"字体"选项卡（见图 3-23 左图），可以设置字体、字形、字号、字体颜色、下划线线型、下划线颜色及效果等字符格式。

在"字体"对话框"高级"选项卡（见图 3-23 右图），对"间距"及"位置"列表框中作相应选择，可调整 Word 默认的标准字符间距，或调整字符在所在行中相对于基准线的高低位置。"缩放"组合框可以调整字符的缩放大小。

注意：字符缩放和改变字号都能改变字符的大小，但字符缩放只是在水平方向的缩放，而字号是对于整个字符而言的。

提示：用"格式"组的字体下拉列表框进行字体设置时，中西文一起设置；用"字体"对话框设置字体时，中文字体与西文字体的设置分开。

任务 7 段落的格式设置

【任务描述】段落的格式设置主要包括段落的对齐、段落的缩进、行距与段距、段落的修饰等，通过案例掌握段落格式的设置方法。

【案例 3-8】打开文档 W8.docx，将其全文行间距为 1.2 倍行距，并按图 3-26 所示要求设置各段格式，设置完毕以文件名 W3-8.docx 保存在原位置。

【方法与步骤】

（1）打开文件 W8.docx。段落的格式设置既可在"开始"选项卡中的"段落"功能区（见图 3-27）中完成，也可利用"段落"对话框（见图 3-28）中完成。

（2）按组合键 Ctrl+A，选定全文；在"开始"选项卡单击"段落"功能区右下角的箭头按钮（或单击"段落"功能区中的"行和段落间距"下拉按钮，在下拉列表选择"行距选项…"），弹出"段落"对话框，如图 3-28 所示；在"缩进和间距"选项卡的"行距"下拉列表框中选择"多倍行距"，在"设置值"中输入"1.2"（单位默认为"倍"）。

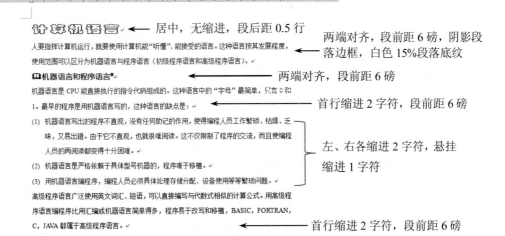

图 3-26　"字体"对话框

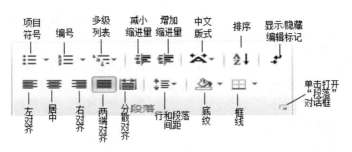

图 3-27　"段落"功能区中的按钮

图 3-28　"段落"对话框

（3）把插入点定位于第 1 段，在"开始"选项卡单击"段落"组右下角的箭头按钮，弹出"段落"对话框，如图 3-28 所示；在"缩进和间距"选项卡的"对齐方式"下拉列表框中选择"居中"；"段后"微调控制框的值调整为 0.5 行。

注意：如果微调控制框中设置值的单位不是"行"，则删去原单位并输入"行"。

（4）把插入点定位于第 2 段，在"开始"选项卡单击"段落"组右下角的箭头按钮 ，弹出"段落"对话框（见图 3-28）；在"缩进和间距"选项卡的"对齐方式"下拉列表框中选择"两端对齐"；删去"段前"微调控制框中的"0 行"，输入"6 磅"。

（5）在"开始"选项卡"段落"功能区单击"边框"按钮右侧的下三角箭头，在下拉列表选择"边框和底纹…"，弹出"边框和底纹"对话框，在"边框"选项卡中单击单选按钮"阴影"，在"应用于"下拉列表框中选择"段落"；在"底纹"选项卡的"填充"区域中选择"白色 15%"颜色，在"应用于"下拉列表框中选择"段落"。

（6）其他段落的格式设置与步骤（3）、（4）类似，只是"首行缩进"与"悬挂缩进"在"段落"对话框的"特殊格式"下拉列表中选取。

（7）以文件名 W3-8.docx 保存在原位置 D:\USER。

【相关知识与技能】

在 Word 中，段落是一定数量的文本、图形、对象（如公式和图片）等的集合，以段落标记"↵"（也称"回车符"）结束。

与字符格式设置一样，用户可以先录入，再设置段落格式；也可以先设置段落格式，再录入文本，这时所设置的段落格式只对设置后录入的段落有效。如果要对已录入的某一段落设置格式，只要把插入点定位在该段落内的任意位置，即可进行操作；如果对多个段落设置格式，则应先选择被设置的所有段落。

1. 段落的对齐与缩进

段落的对齐方式有"左对齐""居中对齐""右对齐""两端对齐"和"分散对齐"五种。段落的缩进方式分为左缩进、右缩进、首行缩进和悬挂式缩进，图 3-29 结合左/右对齐方式列举了这四种缩进方式。

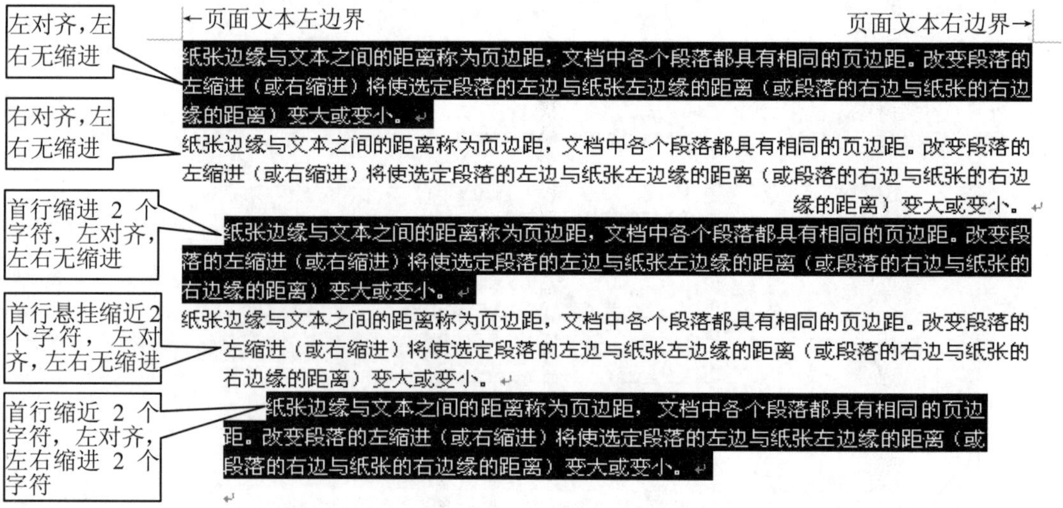

图 3-29   缩进方式示例

纸张边缘与文本之间的距离称为页边距，文档中各个段落都具有相同的页边距。改变段落的左缩进（或右缩进）将使选定段落的左边与纸张左边缘的距离（或段落的右边与纸张的右边缘的距离）变大或变小。排版中，为了突出显示某段或某几段，可以设置段落的左、右缩进。

"首行缩进"表示段落中只有第一行缩进，比如中文文章一般都采用"首行缩进"两个汉字。"悬挂式缩进"则表示段落中除第一行外的其余各行都缩进。

在"段落"对话框的"缩进和间距"选项卡中（见图 3-28），可以指定段落缩进的准确值：

● 在"缩进"选项区域的"左"、"右"微调控制框中设置段落的左、右缩进。

● 在"特殊格式"下拉列表框中设置首行缩进和悬挂缩进。

● "段落"组也有两个产生缩进的按钮："增加缩进量"和"减少缩进量"按钮，但只能改变段落的左缩进。

2. 间距

在"段落"对话框"缩进和间距"选项卡中，"间距"选项区域可设置段落之间的距离，以及段落中各行间的距离。当"行距"设置为"固定值"时，如果某行中出现高度超出行距的字符，则字符的超出部分被截去。

单击"段落"组的"行和段落间距"按钮 ，也可以设置段落中各行间的距离。

注意：1 行=12 磅，2 字符 ≈ 0.75~0.8 厘米，1 厘米 ≈ 28.3 磅，1 磅 ≈ 0.0353357 厘米。

3. 段落分页的设置

"段落"对话框中，"换行和分页"选项卡的"分页"区域可处理分页处段落的安排，如图 3-30 所示，用户可以根据文档内容的需要进行选择。

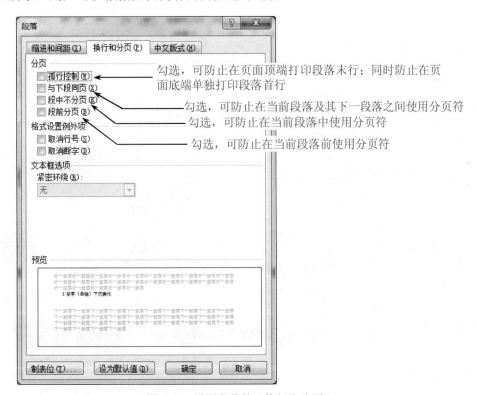

图 3-30　设置段落的"换行和分页"

4. 底纹与边框格式设置

为了强调某些内容或美化页面，可以对选定的文字或段落添加上各种边框和底纹。

选定要设置边框或底纹的文字或段落，在"开始"选项卡"段落"功能区单击"框线"下拉按钮，在下拉列表选取框线，单击"边框和底纹"选项，可打开"边框和底纹"对话框，如图 3-31 所示。

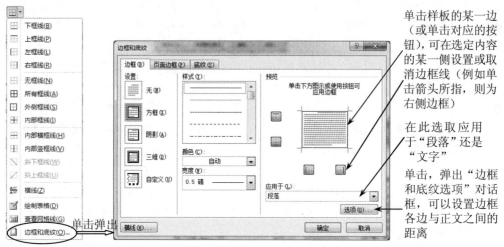

图 3-31　设置文字或段落的边框

该对话框的"边框"选项卡可为选定的文字或段落添加边框。单击"页面边框"选项卡，可以为页面添加边框（但不能添加底纹），该选项卡与图 3-31 所示相似，只是在"应用于:"下拉列表的选项不同，可选取"整篇文档""本节"等选项。

如图 3-32 所示，在"底纹"选项卡中可为选定的文字或段落添加底纹，设置背景的颜色和图案。

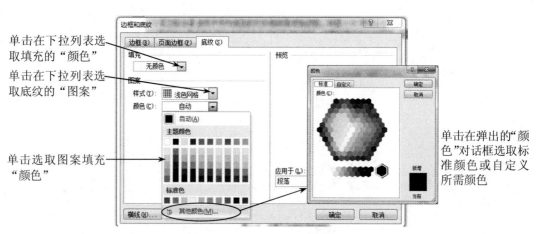

图 3-32　设置文字或段落的底纹

【知识拓展】

为方便修饰，相同文字格式及段落格式，可以通过"格式刷"进行快速格式复制，从而简化重复操作。格式刷的使用方法如下：

（1）选定要复制的格式的文本。

（2）单击或双击"剪贴板"功能区的"格式刷"按钮 格式刷，光标变为刷子形状。若单击"格式刷"，格式刷只能应用一次；双击"格式刷"，则格式刷可以连续使用多次。

（3）将光标移到要改变格式的文本处，按住鼠标左键选定要应用此格式的文本，即可完成格式复制。

（4）要取消格式刷方式，可再次单击"格式刷"（或按 Esc 键）或进行其他编辑工作。

任务8　页面的格式设置与打印

【任务描述】

页面格式主要包括纸张大小、页边距、页面的修饰（设置页眉、页脚和页码）等操作。Word 允许按系统的默认页面设置先录入文档，用户随后可以随时对页面重新进行设置。

【案例 3-9】 打开 W9.docx，在文档中页脚居中位置插入页码，起始页码为 400，并在页面顶端居中的位置输入页眉，内容为：程序语言；将页面纸张大小设为 B5（18.2 厘米高×25.7 厘米宽），页面方向为横向，上、下页边距均为 2.5 厘米，左、右页边距均为 3.0 厘米，并在左边预留 1 厘米的装订线位置。完成后以文件名 W3-9.docx 保存在原位置。

【方法与步骤】

（1）打开 W9.docx，在"插入"选项卡"页眉和页脚"功能区单击"页码"按钮，打开图 3-33 所示下拉菜单，选择"页面底端"→"普通数字 1"选项。

（2）在"设计"选项卡"页眉和页脚"功能区单击"页码"按钮，在下拉菜单选择"设置页码格式"选项，打开"页码格式"对话框，如图 3-34 所示，在"页码编号"区单击"起始页码"单选按钮，在其右侧的组合框输入"400"，单击"确定"按钮，关闭"页码格式"对话框。

图 3-33　"页码"按钮的下拉菜单　　　　图 3-34　"页码格式"对话框

（3）在"设计"选项卡"页眉和页脚"功能区单击"页眉"按钮，在下拉列表单击"编辑页眉"按钮，进入页眉编辑状态，如图 3-35 所示，在页眉中输入"程序语言"；在"开始"选项卡"段落"功能区单击"居中"按钮。

（4）在"页面布局"选项卡单击"页面设置"功能区右下角的箭头按钮，打开"页面设置"对话框，如图 3-36 所示。

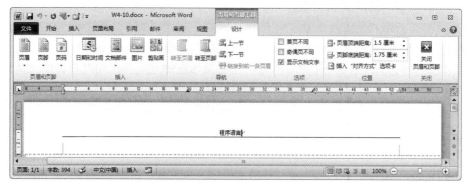

图 3-35　页眉和页脚编辑状态

图 3-36　"页边距"选项卡

（5）在"纸张方向"区中单击"横向"单选按钮；将"页边距"选项区下的"上"和"下"组合框的值均设置为"2.5 厘米"，"左"和"右"组合框的值均设置为"3 厘米"；"装订线"的值设置为"1 厘米"，在"装订线位置"下拉列表中选择"左"选项。单击"确定"，退出"页面设置"对话框。

（6）以文件名 W3-9.docx 保存在原位置 D:\USER。

注意：在进行页边距设置之前，一定要先明确页面方向的设置，先设置页面方向，再设置页边距。否则选择了页面方向之后，之前设置的页边距上下和左右的值会交换，又需要重新设置。

【相关知识与技能】

1. 设置页眉与页脚

页眉和页脚是在每一页顶部或底部加入的文字或图形，其内容可以是文件名、章节标题、日期、页码、单位名等。只有在"页面视图"和"打印预览"中才能显示页眉和页脚。

双击页眉（页脚）；或在"插入"选项卡"页眉和页脚"功能区单击"页眉"（"页脚"）按钮，在下拉列表中选择"页眉"（"页脚"）类型；或单击"编辑页眉（页脚）"按钮，进入页眉（页脚）编辑状态。此时显示"页眉和页脚工具/设计"选项卡，如图 3-35 所示，可以对页眉和页脚进行格式编排，如插入页码、插入日期和时间、改变文字格式、插入图形和图片、添加边框和底纹等；使用"位置"功能区中的按钮，可设置对齐方式、页眉或页脚与页边的距离；如果文档的其他节具有不同的页眉或页脚，可以单击"导航"功能区的"上一节"或"下一节"按钮进入其他节查看。

单击"页眉"和"页脚"按钮，可以在页眉和页脚之间转换。单击"关闭"按钮（或双击文档编辑区），返回文档编辑区。

2. 页面设置

在"页面布局"选项卡单击"页面设置"功能区右下角的箭头按钮，弹出"页面设置"对话框，如图 3-36 所示。"页面设置"对话框中有四个选项卡："页边距""纸张""版式"和"文档网格"。各选项卡的作用如下：

（1）"页边距"选项卡：设置文本与纸张的上、下、左、右边界距离，如果文档需要装订，可以设置装订线与边界的距离。还可以在该选项卡上设置纸张的打印方向，默认为纵向。

操作：在"页面布局"选项卡单击"页面设置"功能区的"页边距"按钮，在下拉列表中选取所需设置，单击"自定义边距"选项，可打开图 3-36 所示对话框。

（2）"纸张"选项卡（见图 3-37）：设置纸张的大小（如 A4）。如果系统提供的纸张规格都不符合要求，可以选择"自定义大小"，并输入宽度和高度。设置打印时纸张的进纸方式（选择"纸张来源"）。

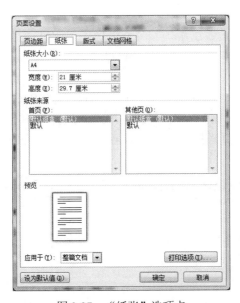

图 3-37　"纸张"选项卡

操作：在"页面布局"选项卡单击"页面设置"功能区的"纸张大小"按钮，在下拉列表中选取所需设置，单击"其他页面大小"选项，可打开如图 3-37 所示对话框。

（3）"版式"选项卡（见图 3-38）：设置页眉与页脚的特殊格式（首页不同或奇偶页不同）；为文档添加行号；为页面添加边框；如果文档没有占满一页，可以设置文档在垂直方向的对齐方式（顶端对齐、居中对齐或两端对齐）。

（4）"文档网格"选项卡（见图 3-39）：设置每页固定的行数和每行固定的字数，可以只设置每页固定的行数；可以设置在页面上显示字符网格，文字与网格对齐；这些设置主要用于一些出版物或特殊要求的文档。

图 3-38 "版式"选项卡

图 3-39 "文档网格"选项卡

设置完毕，单击"确定"按钮。

3. 文档的打印

打印文档前，应先确定是否已正确安装并选定了打印机，打印机的电源是否已经打开。一般来说，打印机类型及打印机端口在安装 Windows 时已设置好。必要时，可在 Windows 的"控制面板"中进行更改。

在"文件"选项卡选择"打印"选项，打开"打印"的 Backstage 视图，如图 3-40 所示。该视图右侧为打印页的预览，左侧可设置打印的份数，选择打印机，选择打印范围（整篇文章、打印当前页、打印指定的几页或打印文档中的某一部分），还可调整页面设置。设置完毕，单击"打印"按钮即可实施文档打印。

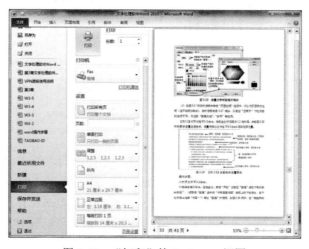

图 3-40 "打印"的 Backstage 视图

任务 9　分页控制和分节控制

【任务描述】在 Word 文档中插入分节符，可以把文档划分为若干节，每节可设置不同的格式。即不同的节可有独自的页边距、纸张大小或方向、打印机纸张来源、页面边框、页眉和页脚、分栏、页码编排、行号、脚注和尾注。

【案例 3-10】打开文档 W10.DOCX，设置第 1 页纸张大小为 A5，上、下页边距为 2 厘米，左、右页边距为 1.5 厘米，页眉、页脚距边界为 1 厘米；设置第 2 页页眉右对齐。完成后以文件名 W3-10.docx 保存在原位置。

【方法与步骤】

（1）打开文档 W10.DOCX，将该文档设置为两节。

1）在"开始"选项卡"段落"功能区单击"显示/隐藏编辑标记 ![] "按钮，在第 1 页文本结束处看到分页符，单击分页符，按 Del 键删除；

2）在"页面布局"选项卡单击"页面设置"功能区中的"分隔符"按钮，在下拉列表中选择"下一页"，如图 3-41 所示，光标即位于新页开始处。

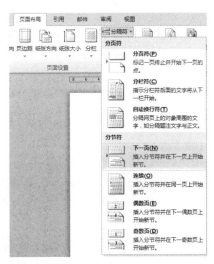

图 3-41　"分隔符"按钮的下拉列表

（2）设置第 1 页（第 1 节）页面格式。

光标定位在第 1 页，在"页面布局"选项卡单击"页面设置"功能区右下角的箭头按钮 ![] ，按题目要求设置纸张大小、页边距和页眉页脚距边界的距离（参见【案例 3-9】）。

（3）设置第 2 页（第 2 节）页眉格式。

1）双击第 2 页页眉，进入页眉和页脚编辑状态，第 2 页页眉右边显示"与上一节相同"。

2）在"页眉和页脚工具/设计"选项卡单击"导航"功能区的"链接到前一条页眉"按钮（见图 3-42），页眉右边的"与上一节相同"文字消失。

3）在"位置"功能区单击"插入'对齐方式'选项卡"（见图 3-44），在弹出的"对齐制表位"对话框中选中"右对齐"单选按钮，如图 3-43 所示。单击"确定"，第 2 页页眉文字右对齐。

图 3-42　"页眉和页脚工具/设计"选项卡

图 3-43　"对齐制表位"对话框

4）在"页眉和页脚工具/设计"选项卡"关闭"功能区单击"关闭页眉和页脚"按钮（见图 3-42），返回文本编辑状态。

（4）以文件名 W3-10.docx 保存在原位置 D:\USER

【相关知识与技能】

1．分页控制

当页面充满文本或图形时，Word 自动插入分页符并生成新页。在普通视图中，自动分页符是一条单点的虚线。

根据文档内容的需要，可用"人工分页"强制换页，也可以用分页选项控制自动分页，例如：避免"孤行"，避免在段落内部或段落之间分页等，可参见图 3-30（段落分页的设置）。

人工分页时，只需在换页处插入"分页符"即可。把插入点定位到要分页的位置，按以下任一操作方法可实现人工分页：

（1）在"插入"选项卡单击"页"功能区中"分页"按钮，光标位于新页开始处。

（2）按 Ctrl+Enter 组合键，光标位于新页开始处。

（3）在"页面布局"选项卡单击"页面设置"功能区中"分隔符"按钮，在下拉列表（见图 3-41）选择"分页符"选项，光标位于新页开始处。

在页面视图中，在"开始"选项卡单击"段落"功能区中"显示/隐藏"按钮，可显示或隐藏人工分页符（单点虚线中间有"分页符"字样）。把插入点定位到人工分页符处，按 Del 键或单击"剪贴板"功能区中的"剪切"按钮，可删除人工分页符。

2．分节控制

"创建一个节"即在文档中的指定位置插入一个分节符。将插入点定位在要建立新节的位置，在"页面布局"选项卡单击"页面设置"功能区中"分隔符"按钮，在下拉列表（见图 3-41）选择"分节符"选项，可插入分节符（双点线，中间有"分节符"字样，见图 3-44）。

在 Word 文档中插入分节符，即把文档划分为若干节，可根据需要设置不同的节格式。节格式包括：页边距、纸张大小或方向、打印机纸张来源、页面边框、页眉和页脚、分栏、页码编排、行号、脚注和尾注等。

单击分节符标记处，按 Del 键，可删除分节符。由于所有节的格式设置均存放在分节符中，删除分节符意味着删除该分节符之前文本所应用的格式，这部分文本成为后面一节的一部分，并应用后面一节的格式，如图 3-44 所示，若删除第 1 个分节符，则第 1 节和第 2 节合为一个节，使用原来第 2 节的格式。

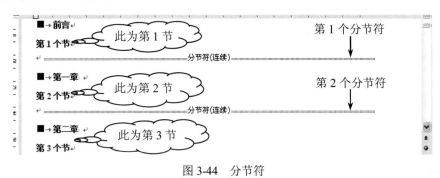

图 3-44　分节符

任务 10　分栏操作

【任务描述】Word 提供编排多栏文档的功能，既可以将整篇文档按同一格式分栏，也可以为文档的不同部分创建不同的分栏格式。

【案例 3-11】打开 W11.docx，将第 8 段（即最后一段）分成两栏、栏宽相等。完成后以文件名 W3-11.docx 保存在原位置。

【方法与步骤】

（1）打开文档 W11.docx。

（2）选定第 8 段（包括段落标记），在"页面布局"选项卡单击"页面设置"功能区中"分栏"按钮，在下拉列表中选择"更多分栏…"按钮，打开"分栏"对话框，如图 3-45 所示。选择"预设"区域中的"两栏"，选中"栏宽相等"，单击"确定"按钮，第 8 段文本全部在左栏中，如图 3-46 所示。

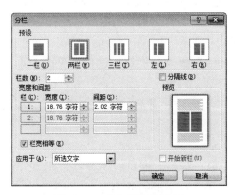

图 3-45　"分栏"对话框

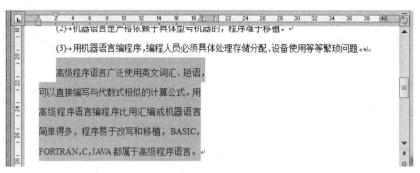

图 3-46　分栏排版

（3）将插入点定位在文档结束处，在"页面布局"选项卡单击"页面设置"功能区中"分隔符"按钮，在下拉列表选择"分节符"区域中的"连续"按钮，如图 3-41 所示，可在文档最后插入分节符，并可均衡栏长，如图 3-47 所示。

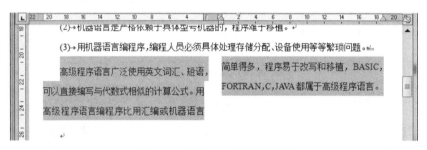

图 3-47　案例 3-11 的操作结果

（4）以文件名 W3-11.docx 保存在原位置 D:\USER。

注意：如果是给选定文本分栏，则 Word 自动在分栏文本的前后插入分节符。分栏文本如果包含文档最后一段，则可能栏长不相等，甚至最后一栏为空的情况，使分栏版面不美观。为了均衡各栏的长度，除了在文本的结尾处插入类型为"连续"分节符，再进行分栏；还可以通过插入"分栏符"进行调整。

【相关知识与技能】

1. 分栏调整

在已分栏情况下，强制截段本栏文字内容，使本栏插入点之后的内容转入下一栏显示，可以在需要分栏处插入分栏符。

将光标移到需要开始下一栏的位置，在"页面布局"选项卡单击"页面设置"功能区中"分隔符"按钮，在下拉列表中选择"分栏符"选项（见图 3-41），则光标后的文本移入下一栏（如图 3-48）。

注意：在无分栏情况下，插入分栏符后，插入点后的文字内容会自动转入下一页，功能等同于分页符。

2. 取消分栏

将原来的多重分栏设置为单一分栏，即可取消分栏。在"分栏"对话框中单击"预设"区域中的"一栏"选框，或将"栏数"数字框的值改为 1，则选定文本或光标所在节的分栏被取消。

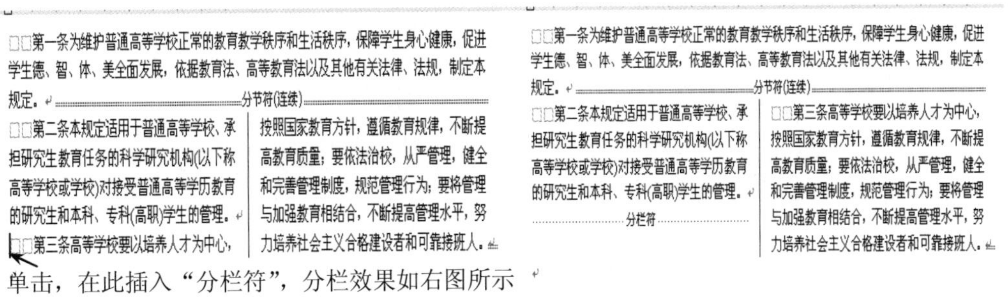

□□第一条为维护普通高等学校正常的教育教学秩序和生活秩序，保障学生身心健康，促进学生德、智、体、美全面发展，依据教育法、高等教育法以及其他有关法律、法规，制定本规定。

————————分节符(连续)————————

□□第二条本规定适用于普通高等学校、承担研究生教育任务的科学研究机构(以下称高等学校或学校)对接受普通高等学历教育的研究生和本科、专科(高职)学生的管理。

按照国家教育方针，遵循教育规律，不断提高教育质量；要依法治校，从严管理，健全和完善管理制度，规范管理行为；要将管理与加强教育相结合，不断提高管理水平，努力培养社会主义合格建设者和可靠接班人。

□□第三条高等学校要以培养人才为中心，

单击，在此插入"分栏符"，分栏效果如右图所示

□□第一条为维护普通高等学校正常的教育教学秩序和生活秩序，保障学生身心健康，促进学生德、智、体、美全面发展，依据教育法、高等教育法以及其他有关法律、法规，制定本规定。

————————分节符(连续)————————

□□第二条本规定适用于普通高等学校、承担研究生教育任务的科学研究机构(以下称高等学校或学校)对接受普通高等学历教育的研究生和本科、专科(高职)学生的管理。

————————分栏符————————

□□第三条高等学校要以培养人才为中心，按照国家教育方针，遵循教育规律，不断提高教育质量；要依法治校，从严管理，健全和完善管理制度，规范管理行为；要将管理与加强教育相结合，不断提高管理水平，努力培养社会主义合格建设者和可靠接班人。

图 3-48　插入"分栏符"

3.3　表格处理

在工作和生活中常用表格的形式来表达某一事物，如考试成绩表、职工工资表等。Word 提供了丰富的表格功能，不仅可以快速创建表格，而且还可以对表格进行编辑、修改，表格与文本间的相互转换和表格格式的自动套用等。这些功能大大方便了用户，使得表格的制作和排版变得比较容易、简单。

任务 11　创建表格

【任务描述】

本任务在 Word 文档中创建表格，完成本任务可掌握用多种方法创建表格。

【案例 3-12】按表 3-1 所示，用 Word 创建一个学生成绩表，以文件名 B1.docx 保存到 D:\USER。

表 3-1　学生成绩表

学号	姓名	英语	高等数学	计算机基础
12001	陈立玲	76	67	71
12002	王一平	81	85	90
12003	林军	90	88	94
12004	张大民	65	56	70

【方法与步骤】

（1）启动 Word，把插入点移到需要插入表格的位置，在"插入"选项卡单击"表格"功能区中的"插入表格"按钮，在"插入表格"下拉列表中选择"插入表格"选项（见图 3-49），弹出"插入表格"对话框，如图 3-50 所示。

（2）在"列数""行数"框中键入或选择表格包含的行数和列数（本例将"列数"和"行数"都设置为"5"）。

（3）选中"固定列宽"单选按钮，在其右边的数字框中键入或选择所需的列宽（本案例选择默认值"自动"）。如果在数字框中选择默认值"自动"，则在设置的左右页面边界之间插

入列宽相同的表格，即不管定义的列数是多少，表格的总宽度总是与文本宽度一样。

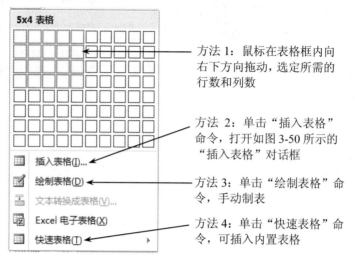

图 3-49   "插入表格"下拉列表框

图 3-50   "插入表格"对话框

提示： 如果选择"根据窗口调整表格"单选按钮，其效果与选择"固定列宽"中的"自动"一样。如果选择"根据内容调整表格"，则所建表格的列宽将随输入内容的变化而变化。

（4）单击"确定"按钮，新建立的空表格出现在插入点处；按表 3-1 所示，在表格各单元格中输入文本。

（5）把文件保存为 D:\USER\B1.docx。

【相关知识与技能】

1. 插入表格

将光标移至要插入表格的位置，在"插入"选项卡单击"表格"组中的"插入表格"按钮，打开图 3-49 所示的"插入表格"下拉列表框。

方法 1：鼠标在表格框内向右下方向拖动，选定所需的行数和列数。松开鼠标，表格自动插到当前的光标处。

方法 2：选择"插入表格"选项，弹出"插入表格"对话框，如图 3-50 所示，在"行数"和"列数"框中分别输入表格的行数和列数，"自动调整"操作中默认选中"固定列宽"单选按钮，单击"确定"按钮，即可在插入点处插入一张表格。

方法 3：选择"绘制表格"选项，鼠标指针变成笔状，表明鼠标处在"手动制表"状态。将铅笔形状的鼠标指针移到要绘制表格的位置，按住鼠标左键拖动鼠标绘出表格的外框虚线，松开鼠标左键，得到实线的表格外框。绘制第一个表格框线后，屏幕上会新增一个"表格工具"选项卡，并处于激活状态。拖动鼠标笔形指针，在表格中绘制水平线或垂直线，也可以将鼠标指针移到单元格的一角向其对角画斜线。

在"表格工具/设计"选项卡单击"绘图边框"功能区中"擦除"按钮 ，鼠标变成橡皮形，把橡皮形鼠标指针移到要擦除线条的一端，拖动鼠标到另一端，松开鼠标即可擦除选定的线段。

另外，还可以利用"表格工具/设计"选项卡"绘图边框"功能区中的"线型"和"粗细"列表框选定线型和粗细，利用"笔颜色"按钮设置表格外围线或单元格线的颜色和类型；利用"表格样式"功能区的"边框""底纹"列表框给单元格填充颜色，使表格变得丰富多彩。

方法 4：选择"快速表格"选项，在"内置"列表中选取已经设计好的表格样式，可轻松插入一张表格。

2．创建嵌套表格

嵌套表格即在 Word 的表格中创建新的表格。嵌套表格的创建方法与一般表格相同，只要将插入点定位在需要插入嵌套表格的单元格中，即可创建嵌套表格。嵌套表格的其他操作也与一般表格相同。

3．用表格的"转换"功能快速生成表格

对于按一定规则处理的文本内容，可以通过转换方式快速生成表格。

例如，将表 3-1 所示表格的内容按行输入如下，每行中各数据之间以空格、制表符或逗号分隔：

　　　学号 姓名 英语 高等数学 计算机基础

　　　12001 陈立玲 76 67 71

　　　……

操作方法：选定输入的文本，在图 3-49 所示的列表中选择"文本转换成表格"选项，弹出"将文字转换成表格"对话框；选择表格列数和文字分隔符，单击"确定"按钮，即可将输入的文本转换为规则表格。

注意：对话框中的分隔符"逗号"指的是英文逗号，若要以中文逗号作为分隔符，应在其他符号中指定。

任务 12　表格的输入与编辑

【任务描述】

本任务通过案例掌握表格内容的输入与编辑、表格的修改（插入行、列，合并单元格等操作。

【案例 3-13】按以下要求修改文件 B1.docx 中的表格（不需设置要求以外的格式）并以文件名 B2.docx 保存到 D:\USER，修改后的表格内容如表 3-2 所示。

（1）设置表格的列宽：第 1 列为 1.5 厘米，第 2、6 列为 2 厘米，第 3、4、5 列为 2.5 厘米。

（2）设置表格的行高（最小值）：第 1、7 行为 0.7 厘米，其余行为 0.6 厘米。

（3）表格上方插入一行，输入"学生成绩表"（宋体、四号字）。

（4）修改后的表格以文件名 B2.docx 保存到 D:\USER。

表 3-2　学生成绩表

学号	姓名	英语	高等数学	计算机基础	平均分
12001	陈立玲	76	67	71	
12002	王一平	81	85	90	
12005	陈小霞	60	62	65	
12003	林军	90	88	94	
12004	张大民	65	56	70	
各科总分					

【方法与步骤】

1. 插入行和列

（1）选定表格最右列，在"表格工具/布局"选项卡单击"行和列"功能区的"在右侧插入"按钮。

（2）选定表格最下行，在"表格工具/布局"选项卡单击"行和列"功能区的"在下方插入"按钮。

（3）选定表格中"12003 林军"所在行，在"表格工具/布局"选项卡单击"行和列"功能区的"在上方插入"按钮。

（4）插入点定位于表格左上方第 1 个单元格中"学"字的左边，按回车键，按表 3-2 输入"学生成绩表"并设置格式。

2. 设置行高和列宽

（1）选定表格所有行，在"表格工具/布局"选项卡单击"表"功能区的"属性"按钮，弹出"表格属性"对话框，选择"行"选项卡，设置行高为 0.7 厘米（最小值）。

（2）选定表格 2～6 行，在"表格工具/布局"选项卡单击"表"功能区的"属性"按钮，弹出"表格属性"对话框，选择"行"选项卡，设置行高为 0.6 厘米（最小值）。

（3）参照前面步骤，按要求设置表格的列宽。

3. 合并单元格

选定表格最后一行左边的 2 个单元格，在"表格工具/布局"选项卡单击"合并"功能区的"合并单元格"按钮。

4. 输入文字并保存

按表 3-2 所示，在表格新建单元格中输入文字，以文件名 B2.docx 保存到 D:\USER。

【相关知识与技能】

1. 输入和编辑单元格内容

当单元格中输入的文字到达单元格的右边界时，插入点自动转至下一行（自动换行）。在输入过程中，可以根据需要按 Enter 键换行，在单元格中开始一个新的段落。这两种情况都将增加单元格的高度，与该单元格同一行的其他单元格的高度也会随着增加，但不改变当前单元格的宽度。类似地，如果单元格中的文字减少了，单元格的高度相应降低，但单元格的宽度也不改变。如果用户希望以增加列宽的方式来容纳多出来的文字，可以手工改变列宽，单元格中的文字根据列宽自动重排。

如果要在位于文档开始处的表格上方插入一个空段落，可将插入点定位到第一个单元格内文本的前面，按 Enter 键。

若要删除整个单元格或多个单元格中的内容，可先选取这些单元格，然后按 Del 键。

单元格中，文本的格式与插入表格时插入点所在段落的文本格式一致。用户可以根据需要在单元格中应用样式或格式化操作来改变表格中文本的格式，其方法与在普通文档中格式化操作基本一致。

2. 选择单元格、行、列或表格

方法 1：用鼠标可以很方便地选定表格中的单元格、行或列。

● 选择一个单元格：将鼠标指针移到该单元格左边框，光标为"➚"状时单击左键。

● 选择表格中一行：将鼠标移到该行左边框之外，光标为"⌀"状时单击左键。

● 选择表格中一列：将鼠标移到该列上方，光标为"↓"状时单击鼠标。

● 选择多个单元格或多行或多列：按住鼠标左键拖曳；或先选定开始的单元格，再按住 Shift 键并选定结束的单元格。

● 选定表格：鼠标指针移到表格中，表格的左上角将出现"表格移动手柄"⊞，单击⊞即可选取整个表格。

方法 2：在"表格工具/布局"选项卡单击"表"功能区的"选择"下拉按钮，可以选定行、列或表格。

先在表格中定位插入点，在"表格工具/布局"选项卡单击"表"功能区的"选择"下拉按钮，在下拉列表中选择"选择行"（或"选择列""选择单元格""选择表格"）选项，可选定插入点所在行（或列、单元格、表格）。

3. 插入和删除行或列

在已有的表格中，有时需要增加一些空白行或空白列，也可能需要删除某些行或列。选定行或列（可以多行或多列），在"表格工具/布局"选项卡单击"行和列"功能区的相关按钮，可以实现插入或删除。

（1）单击"在上方插入"或"在下方插入"按钮：在当前行（或选定的行）的上面或下面插入与选定行个数等同数量的行。

（2）单击"在左侧插入"或"在右侧插入"按钮：在当前列（或选定的列）的左侧或右侧插入与选定列个数等同数量的列。

提示：要快捷地插入行，可以单击表格最右边的边框外，按回车键，在当前行的下面插入一行；或光标定位在最后一行最右一列单元格中，按 Tab 键追加一行。

（3）如果需要删除表格中的某些行或列，只要选定要删除的行或列，在"表格工具/布局"选项卡单击"行和列"功能区的"删除"下拉按钮，选取相应的选项。

4. 插入和删除单元格

选定若干单元格；在"表格工具/布局"选项卡单击"行和列"功能区右下角的箭头按钮 ，弹出"插入单元格"对话框（见图 3-51），选择下列操作之一：

（1）活动单元格右移：在选定的单元格的左侧插入新的单元格，新插入的单元格的个数与选定的单元格个数相同。

（2）活动单元格下移：在选定的单元格的上方插入新的单元格，新插入的单元格的个数与选定的单元格个数相同。

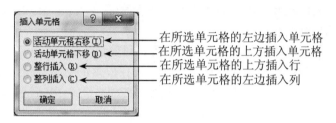

图 3-51　"插入单元格"对话框

（3）选定要删除的单元格，在"表格工具/布局"选项卡单击"行和列"功能区的"删除"下拉按钮，选取"删除单元格"选项，弹出"删除单元格"对话框，按图 3-52 所示操作即可。

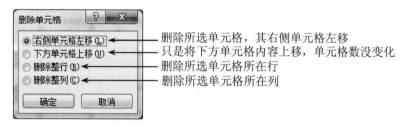

图 3-52　"删除单元格"对话框

5. 合并或拆分单元格

在简单表格的基础上，通过单元格的合并或拆分，可以构成比较复杂的表格。

（1）合并单元格。

单元格的合并是指多个相邻的单元格合并成一个单元格。

操作方法：选定 2 个或 2 个以上相邻的单元格；在"表格工具/布局"选项卡单击"合并"功能区的"合并单元格"按钮，选定的多个单元格合并为 1 个单元格。

（2）拆分单元格。

单元格的拆分是指将单元格拆分成多行多列的多个单元格。

操作方法：选定要拆分的一个或多个单元格；在"表格工具/布局"选项卡单击"合并"功能区的"拆分单元格"按钮，弹出"拆分单元格"对话框，键入要拆分的列数和行数，单击"确定"按钮，选定的单元格按指定行数和列数被拆分。

6. 调整表格行高和列宽

（1）拖动鼠标修改表格的行高和列宽。

调整行高和列宽的方法类似，下面以调整列宽为例。

将鼠标指针移到表格列的竖线上，当指针变成 ◀‖▶ 时，按住鼠标左键，此时出现一条上下垂直的虚线，向左或右拖动该虚线，同时改变左列和右列的列宽（垂直虚线两端的列宽度总和不变），直到宽度合适时松开鼠标左键。拖动鼠标同时按住 Alt 键，可以平滑拖动表格列竖线，并在水平标尺上显示出列宽值。如果按 Shift 键的同时拖动鼠标，只调整左列的列宽，右列的宽度保持不变。

将插入点移到表格中。此时水平标尺上出现表格的列标记▥，当鼠标指针指向列标记时会变成水平的双向箭头⇦⇨，按住鼠标左键拖动列标记也可改变列宽。

（2）用"表格属性"对话框改变列宽。

使用"表格属性"对话框可以设置包括行高或列宽在内的许多表格的属性。这种方法可以使行高和列宽的尺寸得到精确设定。

操作方法：选定要修改列宽的一列或数列；在"表格工具/布局"选项卡单击"表"功能区的"属性"按钮，弹出"表格属性"对话框，选择"列"选项卡（见图3-53）；单击"指定宽度"前的复选框，在数值框中键入列宽的数值；在"度量单位"下拉列表框选定单位。其中，"百分比"是指本列占全表中的百分比；单击"前一列"或"后一列"按钮，可在不关闭对话框情况下设置相邻的列宽；单击"确定"按钮即可。

（3）用"表格属性"对话框改变行高。

选定需要改变高度的一行或数行；在"表格工具/布局"选项卡单击"表"功能区的"属性"按钮，弹出"表格属性"对话框，选择"行"选项卡（见图3-54）。若选定"指定高度"前的复选框（否则行高默认为自动设置），则在文本框中键入行高的数值，并在"行高值是"下拉列表框中选定"最小值"或"固定值"。若选择"最小值"，则当单元格内容超过指定行高时，Word调整行高以适应文本或图片；若选择"固定值"，则当单元格内容超过行高时，超出部分将不显示。

图3-53　设置列宽

图3-54　设置行高

任务 13　表格的格式化

【任务描述】

本任务通过案例掌握表格的格式化操作，包括设置表格在页面的位置、选择表格的框线与底纹格式，以及对表格内容进行格式化等。

【案例3-14】按以下要求对文件 B2.docx 中的表格设置格式，操作结果以 B3.docx 保存到原文件夹中。

（1）表格第1行的底纹颜色为"白色背景1"，第1行下边框线和最后1行的上边框线为

1.5 磅实线，表格外边框线为双线。

（2）表格所有单元格中的文本对齐格式为：水平、垂直方向居中。

（3）表格在页面的水平方向居中。

【方法与步骤】

（1）设置单元格文本对齐方式。

选定整个表格（注意：不要选定表格外右侧的一列段落标记），在"表格工具/布局"选项卡单击"对齐方式"功能区的"水平居中"按钮▣。

（2）设置表格的边框和底纹。

选定整个表格，在"表格工具/设计"选项卡"绘图边框"功能区的"笔样式"中选择"双线"，在"表格样式"功能区单击"边框"右侧的下拉按扭，在下拉列表中选择"外侧框线"；选定表格 2~6 行，在"表格工具/设计"选项卡"绘图边框"功能区的"笔样式"下拉列表中选择"单实线"，在"笔划粗细"下拉列表中选择 1.5 磅，在"表格样式"功能区单击"边框"右侧的下拉按扭，在下拉列表中分别选择"上框线""下框线"；选定表格第 1 行，在"表格样式"功能区单击"底纹"右侧下拉按钮，在颜色选择框中选择"白色背景 1"。

（3）设置表格在页面上水平方向居中。

选定整个表格（注意：除选定表格所有列外，还必须选定表格右侧的一列段落标记），在"表格工具/布局"选项卡单击"表"功能区的"属性"按钮，弹出"表格属性"对话框，选择"表格"选项卡，在"对齐方式"选项区中选择"居中"。

（4）以文件名 B3.docx 保存到 D:\USER。

【相关知识与技能】

1. 表格格式的设置

（1）表格自动套用格式。

表格创建后，可以使用"表格工具/设计"选项卡"表格样式"功能区内置的表格样式对表格进行排版。该功能可修改表格样式，且预定义了许多表格的格式、字体、边框、底纹、颜色供选择，使表格的排版变得轻松、容易。

操作方法：将插入点移到要排版的表格内；在"表格工具/设计"选项卡"表格样式"功能区单击内置的"其他"按钮▾，打开图 3-55 所示的表格样式列表框；选定所需的表格样式即可。

（2）设置表格的边框与底纹。

除表格样式外，还可以使用"表格工具/设计"选项卡"表格样式"功能区的"底纹"和"边框"按钮设置表格边框线的线型、粗细和颜色、底纹颜色、单元格中文本的对齐方式等。

● 单击"边框"按钮右侧的下拉按钮，打开边框列表，可以设置所需的边框以及单元格中的斜线。

● 单击"底纹"按钮右侧的下拉按钮，打开底纹颜色列表，可选择所需的底纹颜色。

（3）设置表格在页面中的位置。

设置表格在页面中的对齐方式和文字环绕的操作方法：将插入点移至表格任意单元格内；在"表格工具/布局"选项卡单击"表"功能区的"属性"按钮，弹出"表格属性"对话框，选择"表格"选项卡（见图3-56），在"尺寸"功能区选择"指定宽度"复选框，可以设定具体的表格宽度；在"对齐方式"功能区选择表格对齐方式；在"文字环绕"功能区选择"环绕"；单击"确定"按钮。

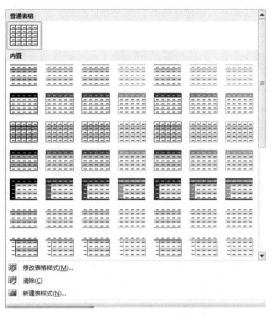

图 3-55　表格样式列表框

图 3-56　设置表格在页面中的位置

（4）设置表格中文字的文本格式。

表格中的文字可以用文档文本排版的方法进行诸如字体、字号、字形、颜色和左、中、右对齐方式等设置。此外，在"表格工具/布局"选项卡单击"对齐方式"功能区的对齐按钮，选择一种对齐方式（可选择九种对齐方式）。

（5）表格与文本的转换。

将表格转换成文本的操作方法：把插入点置于表格中，或选定整个表格；在"表格工具/布局"选项卡单击"数据"功能区的"转换为文本"按钮，弹出"表格转换成文本"对话框，按图3-57所示进行相应设置，单击"确定"按钮。

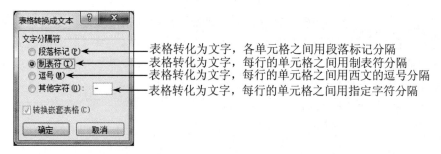

图 3-57　"表格转换成文本"对话框

　　将用段落标记、逗号、制表符或其他特定符号分隔的文本转换成表格的操作方法：选定要转化为表格的文本，在"插入"选项卡单击"表格"功能区的"表格"按钮，在弹出的下拉列表框选择"文本转换成表格"选项，在"将文字转换成表格"对话框中进行相应设置，如图 3-58 所示。在"文字分隔位置"选项区中选取分隔符，将每个分隔符前的内容作为一个单元格。

图 3-58　"将文字转换成表格"对话框

　　2. 表格的拆分与缩放

　　将插入点置于拆分后成为新表格的第一行的任意单元格中，在"表格工具/布局"选项卡单击"合并"功能区的"拆分表格"按钮，在插入点所在行的上方插入一个空白段，把表格拆分成两张表格。如果要合并两个表格，只要删除两表格之间的换行符即可。如果把插入点放在表格第一行的任意列中，用"拆分表格"按钮可以在表格头部前面加一空白段。

　　当鼠标指针移动到表格中时，表格的右下方将出现"□"（表格缩放手柄），鼠标指针指向表格缩放手柄，形状为↖时按下左键拖动，即可缩放表格。

　　3. 表格标题行的重复

　　当一张表格超过一页时，通常希望在第二页的续表中也包括表格的标题行。Word 提供了重复标题的功能。

　　操作方法：选定第一页表格中的一行或多行标题行；在"表格工具/布局"选项卡单击"数据"功能区的"标题行重复"按钮。Word 自动在由于分页而拆开的续表中重复表格的标题行，在页面视图方式下可以查看重复的标题。用这种方法重复的标题，修改时也只要修改第一页表格的标题即可。

【技能拓展】不规则表格

建立不则表格的方法：先建立规范表格，然后对表格进行对齐方式、文字方向、行高、列宽、边框和底纹等设置，将规范表格修改为不规则表格。

【案例 3-15】 按表 3-3 所示在 Word 中建立一个不规则表格，以文件名 B4.docx 保存。

表 3-3　在 Word 中建立的不规则表格

姓名	现名		性别		出生年月		照片
	曾用名		民族		政治面貌		
通信地址					联系电话		
个人简历							

操作步骤如下：

（1）创建规范表格，行数为 4，列数为 8；设置 1-3 行行高为 0.8 厘米（最小值），单元格文字水平居中，垂直居中。

（2）用鼠标拖动表格下边框线，使最后一行高度能容纳下"个人简历"（竖排）四个字。

（3）按表 3-3 合并单元格，用鼠标拖动边框线调整列宽，设置表格边框的线型。

提示：选定第 3 行第 1 列单元格，用鼠标拖动右边框，可单独调整该单元格的宽度。

（4）分别设置"姓名""照片""个人简历"单元格的文字方向为竖排。

（5）在各单元格中输入文字，以文件名 B4.docx 保存到 D:\USER。

任务 14　表格的计算和排序

【任务描述】

本任务通过案例掌握表格中单元的计算方法，掌握表格的排序方法。

【案例 3-16】 在文档 B2.docx 中，计算表格每位学生 3 门课程的平均分和各门课程的总分；将表格中各学生的数据行按学号从小至大重新排列，并以 B5.docx 保存到原文件夹中。

【方法与步骤】

1. 按列求和（求"各科总分"）

（1）将插入点移到存放英语总分的单元格中。

（2）在"表格工具/布局"选项卡单击"数据"功能区的"公式"按钮，弹出图 3-59 所示的"公式"对话框。在"公式"栏中显示计算公式"=SUM(ABOVE)"。其中，"SUM"表示求和，"ABOVE"表示对当前单元格上面（同一列）的数据求和，这里不必修改公式。

（3）单击"确定"按钮，插入点所在单元格中显示 372。

图 3-59　"公式"对话框

按以上步骤可以求出其他两门课程的总分。由于是对上面的数据求和，计算公式应为"=SUM(ABOVE)"；若对左边（同一行）的数据求和，计算公式为"=SUM(LEFT)"。

2．其他计算（求"平均分"）

（1）将插入点移到计算"陈立玲"平均分的单元格中（第 2 行第 6 列）。

（2）在"表格工具/布局"选项卡单击"数据"功能区的"公式"按钮，弹出图 3-59 所示的"公式"对话框。

（3）删除"公式"栏中"SUM(LEFT)"（保留等号"="），在"粘贴函数"下拉列表框中选择"AVERAGE()"，"公式"栏中显示"=AVERAGE()"；在函数的括号中填入"C2,D2,E2"（"公式"栏中显示"=AVERAGE(C2,D2,E2)"）；或在函数的括号中填入"C2:E2"（"公式"栏中显示"=AVERAGE(C2:E2)"）。

提示：也可以在"公式"栏中输入"=(C2+D2+E2)/3"计算"陈立玲"的平均分。

（4）在"编号格式"组合框中选取或输入一种格式，如 0.00 表示小数点右面保留 2 位。

（5）单击"确定"按钮，插入点所在单元格中显示 71.33。

3．按学号从小至大排序

（1）选定表格第 1 至第 6 行。

（2）在"表格工具/布局"选项卡单击"数据"功能区的"排序"按钮，弹出图 3-60 所示的"排序"对话框。

图 3-60　表格"排序"对话框

（3）在"列表"区域中选择"有标题行"，系统把所选范围的第 1 行作为标题，不参加排序，并且在"排序依据"列表框中显示第 1 行各单元格中内容。

（4）在"主要关键字"下拉列表中选择"学号"，在"类型"下拉列表中选择"数字"，单击"升序"单选按钮。

如果要指定一个以上的排序依据，可以使用"次要关键字""第三关键字"选项。

（5）单击"确定"按钮，表格中的数据行按学号从小至大重新排列。

4．以 B5.docx 保存到原文件夹中

【相关知识与技能】

Word 2010 表格可以进行加、减、乘、除、求和、求平均值、求最大值、最小值等运算。表格计算中的公式以等号开始，后面可以是加、减、乘、除等运算符组成的表达式，也可以在"粘贴函数"选框中选择函数。被计算的数据除了可以直接输入（如 45，67 等）外，也可以通过数据所在的单元格间接引用数据。

单元格可表示为 A1、B1、B2 等，其中，字母表示列号，数字表示行号。函数中，各单元格之间用逗号分开，如："=AVERAGE(C2,D2,E2)"表示对 C2、D2、E2 单元格中的数据求平均值。若要表示范围，则可用冒号连接该范围的第一个单元和最后一个单元来表示，例如："=AVERAGE(C2:E6)"表示对 C2 至 E6 矩形范围内的数据（所有学生、所有课程的成绩）求平均值。

按行或按列求和时可使用系统给出的默认公式"SUM(LEFT)"或"SUM(ABOVE)"，公式的计算范围：插入点所在位置左边同一行或上方同一列的单元格，直至遇到空单元格或包含文字的单元格。

注意：公式中的等号、逗号、冒号、括号等符号必须使用英文符号。否则，系统将提示出错。

3.4　图文混排

Word 2010 具有很强的图文处理能力，能在文档中很方便地插入图片，绘制和修改自选图形、文本框、艺术字等，增强文档效果。

任务 15　插入图片

【任务描述】

图片是其他文件创建的图形，包括位图、扫描的图片和照片，以及剪贴画。本任务通过案例学习图文处理的方法，包括图片的版式控制、图片的编辑。

【案例 3-17】把给定的图片 main.jpg（位于 D:\USER\图片）插入文档 W17.docx 中，要求：环绕方式为紧密型，位于页面绝对位置水平右侧、垂直下侧（8，10）厘米处，图形大小高、宽都为 2.5 厘米。操作完成后，以文件名 W3-17.docx 保在原文件夹。

【方法与步骤】

1．插入图片

打开文档 W17.docx，将插入点定位于要插入图片的位置；在"插入"选项卡单击"插图"功能区的"图片"按钮，弹出"插入图片"对话框（见图 3-61）；选择要插入的图片文件所在磁盘及文件夹，双击文件名 main.jpg，将图片插入到光标所在处。

图 3-61 "插入图片"对话框

注意： 若单击"插入"按钮右侧的下三角按钮，选择"链接到文件"选项，图片将以链接的形式插入到文档中。如果原始图片改变位置或修改文件名，文档中的图片将不再显示；如选择"插入和链接"选项，图片将被插入到文档中，且与原始图片建立链接。一旦原始图片发生改变，前提是该文件的存储位置没有变化且文件名也没有变化，再次打开文档时，图片被自动更新。如果文件名和存储位置发生变化（甚至被删除），文档中的图片保持不变。

2. 调整图片大小

右击图片，在快捷菜单上选择"大小和位置"选项，弹出"布局"对话框；选择"大小"选项卡（见图 3-62），取消选中"锁定纵横比"复选框，在"高度"及"宽度"选项区的"绝对值"组合框中输入 2.5 厘米。

图 3-62 设置图片缩放

3. 设置图片的版式及位置

在"布局"对话框中单击"文字环绕"选项卡（见图 3-63），单击"紧密型"；选择"位置"选项卡（见图 3-64），设置图片的绝对位置。

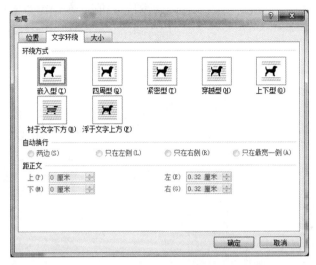

图 3-63　在"布局"对话框设置"文字环绕"

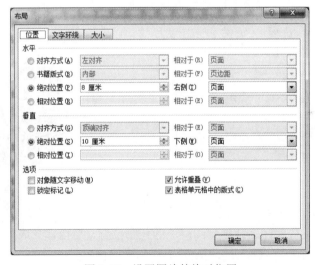

图 3-64　设置图片的绝对位置

4. 将文档以文件名 W17.docx 保存在原文件夹中

【相关知识与技能】

1. 插入剪贴画

用户可以从 Word 提供的剪辑库中选择需要的剪贴画，将其插入文档。

将插入点定位于要插入剪贴画的位置，在"插入"选项卡单击"插图"功能区的"剪贴画"按钮，打开"剪贴画"任务窗格（见图 3-65）；在"搜索文字:"文本框中输入描述所需图片的关键字，如"计算机"；在"结果类型:"下拉列表框中选择媒体文件类型；单击"搜索"按钮。

注意：如果当前计算机处于联网状态，选中"包括 Office.com 内容"复选框，可以到 Microsoft 公司的 Office.com 剪贴画库中搜索，扩大剪贴画的选择范围。

如果搜索成功，图片出现在任务窗格下面的列表框中，单击所需插入的图片，即可把图片插入到文档中光标所在处；或单击图片右侧的下拉按钮囗，在弹出的下拉菜单中选择"插入"选项，如图 3-65 所示。

2. 选定图片

如同编辑文档那样，必须先选定图片，再对图片执行相应的操作。

选定图片的方法：将鼠标指针移到图片处，当指针变成四向箭头状，单击左键。图片被选定后，其四周出现八个空心"控点"；图片上方出现一个绿色小圆，称为"旋转控点"（见图 3-66）。选定图片时，自动增加"图片工具格式"选项卡，该选项卡可以设置图片的环绕方式、大小、位置和边框等。选中图片，右击可打开图片的快捷菜单，利用快捷菜单可以设置图片的环绕方式、大小、位置和边框等。

图 3-65　"剪贴画"任务窗格

图 3-66　选定图片

3. 移动（复制）和删除图片

单击选定的图片，将鼠标指针移到图片中的任意位置，当指针变成十字箭头时，拖动鼠标（或同时按住 Ctrl 键）可以移动（复制）图片到新的位置。

当鼠标指针变成十字箭头时，右击，在快捷菜单中选择"剪切"或"复制"选项，然后执行"粘贴"操作，即可实现图片的移动或复制。

选定图片，按 Del 键可删除选定的图片。

注意：嵌入式图片只能在段落中移动或复制；非嵌入式图片可移动到任何位置，按住 Ctrl 键的同时按方向键（←、↑、→、↓），还可使图片在文档中作微小移动。

4. 缩放图片

（1）鼠标操作：选定图片，将鼠标移到图片的控点，此时鼠标指针变成水平⇔、垂直↕或斜对角⤢⤡的双向箭头，沿箭头方向拖动指针达到所需尺寸时，松开鼠标左键（见图 3-67 左图）。用鼠标拖动四个角的控点，图片缩放后不变形；若在拖动控点的同时按住 Ctrl 键，图片缩放后中心位置不变（见图 3-67 右图）。

图 3-67　鼠标操作拖动"右下角"控点缩放图片

（2）选定图片，可在"图片工具/格式"选项卡"大小"功能区的"高度""宽度"组合框中输入或调整图片的高度和宽度。

（3）快捷菜单操作：右击图片，在快捷菜单选择"大小和位置"选项，弹出"布局"对话框；选择"大小"选项卡，可设置图片大小。

5．旋转图形

（1）鼠标操作：选定图片，鼠标移动到图片上方绿色的"旋转控点"时，指针形状成为"⟳"，按下鼠标左键拖动，即可以任意角度旋转图片。

（2）若要按 90 度增量旋转图形，在"图片工具/格式"选项卡单击"排列"功能区的"旋转"列表按钮，在下拉列表中选择所要的翻转。

（3）快捷菜单操作：右击图片，在快捷菜单上选择"大小和位置"选项，弹出"布局"对话框，选择"大小"选项卡，在"旋转"组合框中输入旋转角度。

6．设置图文混排方式

（1）选定图片，在"图片工具/格式"选项卡单击"排列"功能区的"位置"按钮，在下拉列表（见图 3-68）中选取环绕方式；单击"其他布局选项"，弹出"布局"对话框，选择"文字环绕"选项卡，选定环绕方式。

图 3-68　"位置"按钮的下拉列表

（2）快捷菜单操作：右击图片，在快捷菜单选择"大小和位置"选项，弹出"布局"对话框；选择"文字环绕"选项卡，在"环绕方式"选项区中选定环绕方式并单击。

注意：如果设置图片的"环绕方式"为"嵌入型"，则图片将作为一个符号插入在光标所在位置，与其相邻的文字底端对齐；如果图片的高度大于行高，则 Word 自动调节行高，使之与图片高度相等。当图片为非嵌入型环绕方式，"文字环绕"功能可使文字环绕在图片周围。

7. 裁剪图片

（1）选定图片，在"图片工具/格式"选项卡单击"大小"功能区的"裁剪"按钮，在下拉列表中选择"裁剪"选项，图片四周出现 8 个裁剪控点；将光标置于裁剪控点上（见图 3-69），拖动裁剪控点，当达到需要的范围时，松开鼠标按键。如果对裁剪结果不满意，可以单击"撤消"按钮恢复原状。

拖动右下角
的裁剪控点

图 3-69　鼠标操作裁剪图片

（2）快捷菜单操作：右击图片，在快捷菜单上选择"设置图片格式"选项，弹出"设置图片格式"对话框；单击左侧的"裁剪"按钮（见图 3-70），更改对话框右侧各数值框的值，立即应用到图片，不必关闭对话框即可轻松查看图片的更改效果。若要删除更改，必须针对要删除的每个更改单击快速访问工具栏上的"撤消" 或按 Ctrl+Z 组合键。

图 3-70　"设置图片格式"对话框

单击对话框左侧的"填充"选项（见图 3-70），可给图片加背景色；单击左侧的"线条颜色"选项及"线型"选项，可给图片加边框。

在图 3-70 所示对话框可以编辑图片的图像特性，例如，单击"图片更正"选项，可以调整图片的对比度和亮度；单击"图片颜色"选项，可以调整图片的色调、颜色的饱和度等。

任务 16　绘制图形

【任务描述】

本任务通过案例学习绘制自选图形，并在自选图形中添加文字。

【案例 3-18】新建文档，按图 3-71 所示绘制某程序的部分流程图。操作完毕，将文档以文件名 W3-18.docx 保存在 D:\USER。

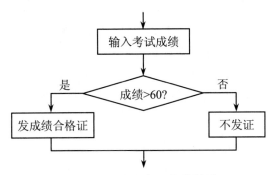

图 3-71　案例 3-18 操作结果

【方法与步骤】

（1）新建文档。在"插入"选项卡单击"插图"功能区的"形状"按钮，在下拉列表（见图 3-72）选择"线条"列表中的"箭头" ↘ ，在文档中向下拖动鼠标，插入第 1 个向下箭头，并将其移到图示位置；按住 Ctrl 键并拖动箭头，复制第 2 个向下箭头；用同样方法复制第 3、第 4 个向下箭头。

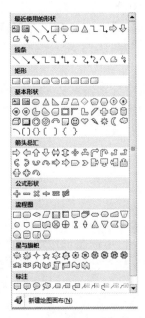

图 3-72　"形状"按钮的下拉列表

（2）在"插入"选项卡单击"插图"功能区的"形状"按钮，在下拉列表选择"矩形"列表中的"矩形" 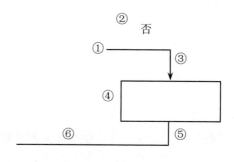，在文档中拖动鼠标插入矩形，输入文字；将第 1 个向下箭头移到矩形的上方居中，将第 2 个向下箭头移到矩形下方居中。

（3）在"插入"选项卡单击"插图"功能区的"形状"按钮，在下拉列表选择"流程图"列表中的"决策"，在文档中拖动鼠标插入菱形；输入文字，将菱形移到第 2 个向下箭头的下方，如图示位置。

（4）创建图 3-73 所示的组合图形。

画文本框并输入"否"，在"绘图工具/格式"选项卡单击"形状样式"功能区的"形状轮廓"下拉按钮，在下拉列表选"无轮廓"选项，取消该文本框的框线。画直线和矩形（向下箭头在步骤 1 中已画），按图 3-73 所示组图；单击最上边的横线①，按住 Shift 键分别单击其他对象（②、③、④、⑤、⑥），在"页面布局"选项卡单击"排列"功能区"组合"下拉按钮，在下拉列表中选择"组合"选项，图形①、②、③、④、⑤、⑥组合为一个图形对象，将组合图形移到图 3-71 所示位置。

图 3-73　组合图形

（5）选定组合图形，按住 Ctrl 键拖动组合图形，将它复制为另一个；在"绘图工具/格式"选项卡单击"排列"功能区单击"旋转"下拉按钮，在下拉列表中选择"水平翻转"选项，将文本框中的"否"改为"是"，得到与图 3-73 所示图形对称的组合图形，将它移到图 3-71 所示位置。

（6）在两个组合图形的矩形框中分别输入文字；将第 4 个向下箭头移到图示位置。

（7）按步骤 4 的方法把所画的流程图组合为一个对象，便于调整在页面上的位置，将文档以文件名 W3-18.docx 保存在 D:\USER。

【相关知识与技能】

1．绘制图形

在"插入"选项卡单击"插图"功能区的"形状"按钮，在下拉列表（见图 3-72）中选择某一类别及图形，再单击文档，所选图形按默认的大小插入文档中；若要插入自定义图形，可单击图形起始位置并按住鼠标左键拖动，直至图形成为所需大小时松开鼠标（若要保持图形的高宽比，拖动时应按住 Shift 键；若在拖动鼠标时按住 Ctrl 键，则以图形中心为基准绘制图形）。

刚绘制完成的图形处于被选定状态，除四周有 8 个控点和 1 个旋转控点外，往往还有 1

个或多个黄色的菱形控点，拖动黄色菱形控点可改变图形的基本形状（直线只有 2 个控点，没有旋转控点和菱形控点）。

2. 编辑图形

选定所绘制的图形时，自动增加"绘图工具/格式"选项卡，利用该选项卡可以设置图形的文字环绕、边框线型和颜色、缩放图形，以及设置图形在页面中的位置；但是不能设置自选图形的亮度、对比度，也不能裁剪自选图形。

可以右击所绘制的图形，在快捷菜单中选择"其他布局选项"选项，弹出"布局"对话框，设置图形的文字环绕、大小以及图形在页面中的位置；若选取"设置形状格式"选项，弹出"设置形状格式"对话框，可以设置图形的边框线型和颜色。

3. 组合图形

可以将若干个图形组合在一起，创建一个图形对象组，以便将这些图形作为一个整体进行编辑（如设置翻转或旋转、调整大小等）、移动和复制。

组合图形的方法：选择要组合的对象（单击第一个对象，然后按住 Shift 键并单击其他对象），在"绘图工具/格式"选项卡单击"排列"功能区的"组合"下拉按钮，在快捷列表中选择"组合"选项。

选择要解除组合的对象，在"绘图工具/格式"选项卡单击"排列"功能区的"组合"按钮，在快捷列表中选择"取消组合"选项，可解除被选择对象的组合。

4. 层叠图形

可以在一个图形上绘制另一个图形，Word 允许重叠任意数目的图形或图形组，也允许在文档文字上重叠图形。如果上面的对象遮盖了下面的对象，可以按 Tab 键向前循环（或按 Shift+Tab 组合键向后循环）选取对象，直到选定需要的对象。

若要移动层叠中的对象，例如，在层叠中每次将对象向上或向下移动一层，或者一次将其移动到层叠的顶部或底部，可先选定对象，然后在"绘图工具/格式"选项卡单击"排列"功能区的"上移一层" ![上移一层] （或"下移一层" ![下移一层] ）按钮，或选择"上移一层" ![上移一层]（或"下移一层" ![下移一层] ）右侧的下三角按钮，在弹出的列表中选择相应的层叠选项。

5. 在自选图形中添加文字

Word 允许在除线条之外的任何图形中添加文字。

用鼠标指向图形，当光标成为四向箭头时单击右键，在快捷菜单中选择"添加文字"选项，图形中出现插入点，输入文字；单击自选图形之外任意处，停止添加文字，返回文档。添加的文字是自选图形的一部分，将随着图形一起移动，一起旋转或翻转。

【技能拓展】插入艺术字

1. 插入艺术字

在 Word 中，艺术字也是一种自选图形，在文档中插入艺术字和对艺术字进行编辑的操作具有编辑自选图形的许多特点，并且兼有文字编辑的内容。

【例 3-19】将文挡 W19.docx 的原标题改为艺术字，按图 3-74 所示样文，在文件上方插入艺术字，字体为"隶书"，字号为 36；文本形状为"朝鲜鼓"。并以文件名 W3-19.docx 保存在原文件夹。

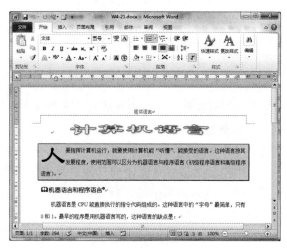

图 3-74 案例 3-19 操作结果

【方法与步骤】

（1）在"插入"选项卡单击"文本"功能区的"艺术字"按钮，在下拉列表（见图 3-75）中选择第 1 行第 1 列艺术字样式，在文档中出现一个艺术字图文框。

（2）在艺术字图文框中输入"计算机语言"。

（3）当鼠标形状为 ✣，右击艺术字。在"开始"选项卡"字体"功能区设置字体为"隶书"，字号为 36。

（4）选中艺术字，在"绘制工具/格式"选项卡单击"艺术字样式"功能区的"文本效果"→"转换"按钮，在列表框（见图 3-76）中选择"朝鲜鼓"。

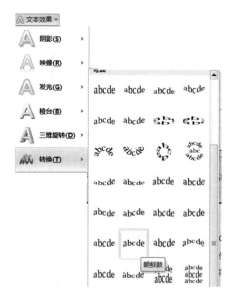

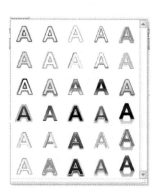

图 3-75 艺术字样式列表框　　　　　　　图 3-76 艺术字字形列表框

（5）艺术字属于自选图形，选中艺术字后，与图片的设置类似，可以用"绘制工具/格式"选项卡改变艺术字的大小、颜色、线型及位置等。例如，设置环绕方式为四周型，位于页面绝对位置水平右侧、垂直下侧(5,2)厘米处，艺术字高 1.5 厘米、宽为 10.5 厘米。

（6）单击文档，艺术字四周的控点和"艺术字"工具栏消失，完成插入艺术字的操作。以文件名 W3-19.docx 保存在原文件夹。

2. 插入文本框

在 Word 编辑区输入文档通常是从左到右，从上到下的。但在实际的文稿排版会有一些特殊的要求，并且这些要求用分栏或格式化都难以实现。引入文本框能完成排版的特殊要求，例如，可以在页面任意位置输入文字，插入表格、图片。

【案例 3-20】打开 W20.docx，建立三个文本框，将文档的第 3 段、第 4 段、第 5～9 段分别放到这三个文本框中，并将左边的文本框加上绿色边框、黄色底纹。操作完成后如图 3-77 所示，以文件名 W3-20.docx 保存在原位置。

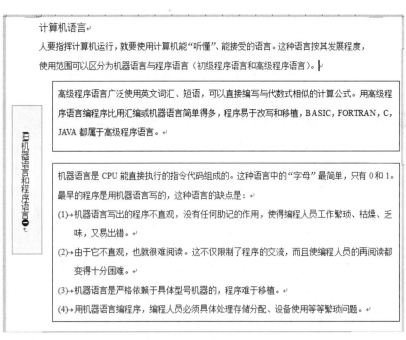

图 3-77　案例 3-20 操作结果

【方法与步骤】

（1）在"插入"选项卡单击"文本"功能区的"文本框"按钮，弹出图 3-78 所示下拉列表，单击"绘制竖排文本框"，光标变为"十"字形，可在页面左侧位置拖拽形成活动方框。

（2）选定第 3 段，在"开始"选项卡单击"剪贴板"功能区的"剪切"按钮，单击步骤（1）绘制的文本框，在"开始"选项卡单击"剪贴板"功能区的"粘贴"按钮，将第 3 段放入绘制的文本框中。

（3）重复步骤（1）、（2），插入两个文本框（横排的），将第 4 段、第 5～9 段分别放入绘制的文本框中。

（4）单击文本框，当鼠标形状为 ✥ 时，按住鼠标左键移动文本框，当鼠标形状为 ⇔（或 ⇕ ⤢），按住鼠标左键可改变文本框的大小。按图 3-77 所示移动和调整文本框的位置和大小。

图 3-78 "文本框"按钮下拉列表

（5）当鼠标形状为 ⌖ 时，右击左边的文本框，在快捷菜单中选择"设置形状格式"选项，弹出"设置形状格式"对话框，如图 3-79 所示；单击"纯色填充"单选按钮，在"填充颜色"选项区中单击"颜色"下拉按钮，选取"黄色"底纹。

图 3-79 "设置形状格式"对话框

（6）单击"设置形状格式"对话框左侧的"线条颜色"按钮（见图 3-79），给选定的文本框加上绿色边框。

（7）将文档以文件名 W3-20.docx 保存在原文件夹。

任务 17 插入 SmartArt 图形

【任务描述】

SmartArt 图形是信息和观点的视觉表示形式，例如工作流程图、组织结构图等，可以快速、轻松、有效地传达信息。Word 2010 提供了插入 SmartArt 图形的功能，本任务通过案例学习从多种不同布局中选择创建 SmartArt 图形。

【案例 3-21】在文档 W21.docx 下方插入插入图 3-80 所示的 SmartArt 图形，以文件名 W3-21.docx 保存在原文件夹。

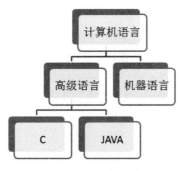

图 3-80　案例 3-21 操作结果

【方法与步骤】

（1）在"插入"选项卡单击"插图"功能区的"SmartArt"按钮，弹出"选择 SmartArt 图形"对话框，如图 3-81 所示；单击左边的"层次结构"按钮，在中间的列表中选择所需层次图形（这里选择第 2 行的第 1 个），单击"确定"按钮，在文档中出现一个 SmartArt 图形，如图 3-82 所示。

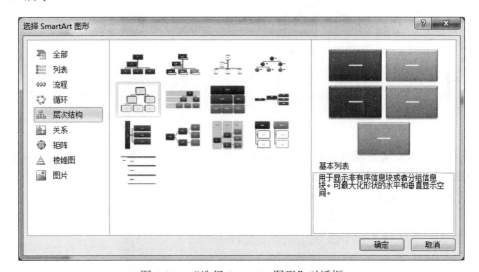

图 3-81　"选择 SmartArt 图形"对话框

（2）在插入的 SmartArt 图形中单击文本占位符，输入合适的文字，或通过左侧的"在此处键入文字"窗格输入文字。

（3）单击"计算机语言"文本占位符，当鼠标指针形状为⇔或↕时，拖动鼠标调整占位符宽度和高度；单击"机器语言"下边的文本占位符（多余的），按 Del 键即可删除，操作结果如图 3-80 所示；以文件名 W3-21.docx 保存在原文件夹。

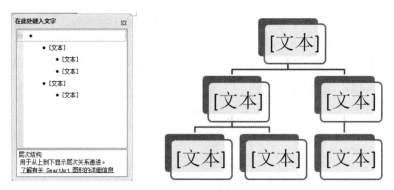

图 3-82　在文档中插入的 SmartArt 图形

【相关知识与技能】

1. 更改 SmartArt 图形布局

单击要修改的 SmartArt 图形，在"SmartArt 工具/设计"选项卡单击"布局"功能区中"其他"按钮，在打开的布局列表中选择 SmartArt 布局，如图 3-83 所示。

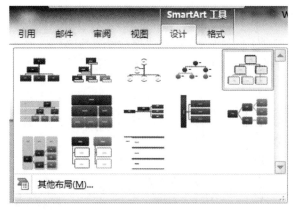

图 3-83　布局列表

如果当前布局类别中没有合适的 SmartArt 图形布局，可以单击"其他布局"按钮，打开"选择 SmartArt 图形"对话框，重新选择合适的图形布局。

2. 更改 SmartArt 样式

Word 2010 中的 SmartArt 图形不仅有多种布局可供选择，而且每种布局还有丰富的样式。通过设置样式，可以使 SmartArt 图形更具视觉冲击力。

设置 SmartArt 图形样式的步骤如下：

选中 SmartArt 图形；在"SmartArt 工具/设计"选项卡单击"SmartArt 样式"功能区中"其他"按钮，打开 SmartArt 样式窗格，如图 3-84 所示。每一种布局的 SmartArt 样式分为"文档的最佳匹配对象"和"三维"两组，用户可以根据需要选择合适的样式。

3. 更改 SmartArt 中文本占位符级别

选定 SmartArt 图中要修改级别的文本占位符，在"SmartArt 工具/设计"选项卡单击"创建图形"功能区的"升级"（或"降级"）按钮（"上移""下移"按钮是改变位置的，级别不变）。

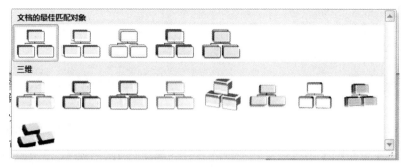

图 3-84　SmartArt 样式窗格

【技能拓展】公式的插入与编辑

Word 2010 提供了插入和编辑公式的内置支持，可以满足日常大多数公式和数学符号的输入和编辑需求。

【案例 3-22】在文档 W22.docx 最后一段插入公式 $Y = \sum_{n=1}^{\infty} \dfrac{n + \sqrt{n+1}}{n^2}$，并以文件名 W3-22.docx保存在原文件夹中。

【方法与步骤】

（1）将光标定位于要插入公式的位置（最后一个回车符）。

（2）在"插入"选项卡单击"符号"功能区中"公式"下拉三角按钮，打开内置公式列表（见图 3-85）；选择需要的公式（例如"二次公式"），可在光标处插入相应的公式，并且增加了"公式工具/设计"选项卡（见图 3-86）。如果 Word 2010 提供的内置公式不能满足要求，可单击"插入新公式"，光标处插入一个空白公式框 在此处键入公式 进入公式编辑状态，可以插入自己编辑的公式。

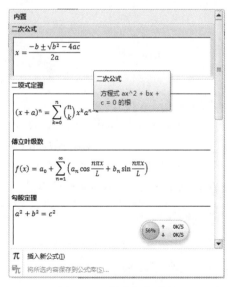

图 3-85　内置公式列表

图 3-86　"公式工具/设计"选项卡

（3）在公式框中输入"Y＝"，在"公式工具设计"选项卡单击"结构"功能区的"大型运算符"按钮，在下拉列表中选择求和的样式 $\sum_{\square}$（第 1 行第 2 个样式），单击"Σ"下方的虚线框，输入"n=1"，单击"Σ"上方的虚线框，单击"公式工具/设计"选项卡"符号"组中的符号按钮 $\boxed{\infty}$。

（4）单击"Σ"右边的虚线框，在"公式工具/设计"选项卡单击"结构"功能区的"分数"下拉按钮，在下拉列表中选择分数的样式 $\frac{\square}{\square}$（第 1 行第 1 个样式）。

（5）单击分数样式下面的虚线框，在"公式工具/设计"选项卡单击"结构"功能区的"上下标"下拉按钮，在下拉列表中选择上标 $\square^{\square}$（第 1 行第 1 个样式），在左侧的虚线框中输入 n，在右侧的虚线框中输入 2。

（6）单击分数样式上面的虚线框，输入"n+"，在"公式工具/设计"选项卡单击"结构"功能区的"根式"下拉按钮，在下拉列表中选择根式 $\sqrt{\square}$（第 1 行第 1 个样式），在虚线框中输入 n+1。

（7）公式输入完毕，以文件名 W3-22.docx 保存在原文件夹。

若要修改公式，只需将插入点移到要修改的位置进行修改即可。另外，公式可以像自选图形一样设置填充颜色，大小、文字环绕方式等格式。

3.5　Word 2010 的其他功能

任务 18　样式的使用

【任务描述】

样式是用样式名保存起来的文本格式信息的集合，使用样式可以方便地设置文档各部分的格式，提高排版效率。本任务通过案例学习样式的创建、使用与删除。

【案例 3-23】 打开 W23.docx，新增一样式，样式名为 title，该样式的格式为：字符缩放 150%，加蓝色双下划线，水平对齐方式为左对齐，首行缩进 2 个字符；将新建样式应用到第 4 段和第 8 段；设置完毕以文件名 W3-23.docx 保存在原位置。

【方法与步骤】

（1）插入点任意定位，在"开始"选项卡单击"样式"功能区右下角箭头按钮 ，打开"样式"任务窗格（见图 3-87），单击右下角的"新建样式"按钮，弹出"根据格式设置创建新样式"对话框，如图 3-88 所示。

单击，打开如图
3-88 所示对话框

图 3-87　"样式"任务窗格

图 3-88　"根据格式设置创建新样式"对话框

（2）在"根据格式设置创建新样式"对话框"属性"选项区域的"名称"文本框中输入新建样式名称"tiltle"；单击左下角的"格式"按钮，在下拉菜单中选择"字体"，打开"字体"对话框，设置字符缩放 150%，加蓝色双下划线，单击"确定"。

（3）单击"根据格式设置创建新样式"对话框左下角的"格式"按钮，在下拉菜单中选择"段落"选项，弹出"段落"对话框，设置水平对齐方式为左对齐，首行缩进 2 个字符，单击"确定"，关闭"段落"对话框。

（4）单击"确定"按钮，新建样式的样式名 title 出现在"样式"窗格的列表框中。

（5）选择第 4 段和第 8 段，在"样式"窗格的列表框中选择"title"，将新建样式应用到第 4 段和第 8 段。

（6）以文件名 W3-23.docx 保存在原位置 D:\USER。

注意：在图 3-87 所示对话框中，如果选中"自动更新"复选框，则一旦改变了使用该样式的文档格式，都将自动更新该样式。

【相关知识与技能】

1. 样式的分类

样式分为内置样式和自定义样式，内置样式是 Word 提供的样式，用户可以使用系统提供的内置样式，也可以对这些样式修改后再使用，或创建自己的样式。内置样式和自定义样式都可以根据实际需要进行修改，对某一样式进行修改后，所有应用该样式的文本格式都将自动更新。

Word 2010 有四种类型的样式：段落样式、字符样式、表格样式和列表样式，这里仅介绍段落样式和字符样式。

用户可以使用系统提供的内置样式，也可以对这些样式修改后再使用，也可以使用创建自己的样式。

2. 使用样式

在 Word 文档中，可应用已有的样式对段落或文字进行格式编排。方法：选定要应用指定样式的文本（段落或文字），在"开始"选项卡"样式"功能区选择所需样式（单击其他按钮，可显示所有样式），或在"样式"任务窗格（见图 3-87）中单击所需的样式即可。使用样式最大的优点是：更改了某个样式后，文档中所有使用该样式的文本（段落或文字）格式都会随之而改变。

3. 删除和修改样式

内置样式和自定义样式都可以根据实际需要进行修改，对某一样式进行修改后，所有应用该样式的文本格式都将自动更新。

在"样式"任务窗格中，单击某样式右侧的下拉按钮（见图 3-89），选择"删除"选项，可删除该样式（不能删除内置样式）。选择"修改"选项，弹出"修改样式"对话框，该对话框与图 3-88 所示对话框的操作基本相同。

图 3-89　样式的修改和删除

注意：删除自定义样式后，所有使用该样式的文本将使用"正文"样式。

任务 19　邮件合并

【任务描述】本任务通过案例学习掌握邮件合并的操作方法。

【案例 3-24】用 Word 2010 邮件合并功能批量打印荣誉证书。

【方法与步骤】

1. 建立主文档

"主文档"即前面提到的固定不变的主体内容，如信封中的落款、信函中的对每个收信人都不变的内容等。使用邮件合并之前，应先建立主文档，一方面可以考查预计的工作是否适合使用邮件合并，另一方面为数据源的建立或选择提供标准和思路。

新建文档，在"页面布局"选项卡单击"页面设置"功能区"纸张大小"下拉按钮，在下拉列表框中选择"A4"，单击"纸张方向"下拉按钮，在下拉列表框中选择"横向"；在"插入"选项卡单击"页眉和页脚"功能区"页眉"下拉按钮，在下拉列表中选择"编辑页眉"；在"插入"选项卡单击"插图"功能区的"图片"按钮，在"插入图片"对话框中选取"D:\USER\图片\荣誉证书 1.PNG"，调整图片大小填充整个页面，单击"关闭页眉页脚"按钮。

提示：也可以通过"页面布局"选项卡"页面背景"功能区"页面颜色"下拉按钮，选择"填充效果"，弹出"填充效果"对话框；在"图片"选项卡选取图片"D:\USER\图片\荣誉证书 1.PNG"。

在文档编辑区中输入公共部分内容，待填的位置空出留用（见图 3-90），保存主文档为"荣誉证书.docx"。

图 3-90　主文档页面及内容

2. 准备数据源

数据源即前面提到的含有标题行的数据记录表，其中包含着相关的字段和记录内容。数据源表格可以是 Word、Excel、Access 或 Outlook 中的联系人记录表。本例的数据源是 Word 表格文档"获奖学生名单.docx"，如图 3-91 所示。

证书编号	姓名	类别	授奖名称
2013001	郭小静	团委会	优秀团干部
2013002	王明荣	团委会	优秀团干部
2013003	张天一	团委会	优秀团员
2013004	陈青	学生会	优秀学生干部
2013005	李如是	学生会	优秀学生干部
2013006	林飞	学生会	先进工作者

图 3-91　数据源"获奖学生名单.docx"

3. 把数据源合并到主文档中

关闭数据源，打开主文档"荣誉证书.docx"，将数据源中的相应字段合并到主文档的固定内容之中。表格中的记录行数，决定着主文件生成的份数。整个合并操作过程利用"邮件合并向导"进行，步骤如下：

（1）在"邮件"选项卡单击"开始邮件合并"功能区的"开始邮件合并"下拉按钮，在下拉列表中选择"普通 Word 文档"选项。

（2）在"邮件"选项卡单击"开始邮件合并"的"选择收件人"下拉按钮，在下拉列表中选择"使用现有列表"选项，打开"选取数据源"对话框，如图 3-92 所示。定位到"获奖学生名单.docx"文件所在的路径并选择该文件，单击"打开"按钮。

图 3-92　"选取数据源"对话框

（3）在"邮件"选项卡单击"开始邮件合并"功能区中的"编辑收件人列表"按钮，在打开的窗口中选择授奖人的姓名，默认情况下是全选（见图 3-93），选择完毕后单击"确定"按钮。

（4）光标移到要插入姓名的位置，单击"邮件"选项卡"编写和插入域"功能区中的"插入合并域"右侧的下拉按钮，选择"姓名"。用同样的方法，依次点击"插入合并域"，选择"类别""授奖名称"及"证书编号"，插入完合并域后的主文档如图 3-94 所示。

（5）如图 3-95 所示，单击"预览结果"按钮，可以看到姓名、类别和授奖名称自动更换为受表彰人的信息。单击"预览结果"右侧的箭头或者输入数字，可以查看到对应记录的信息。

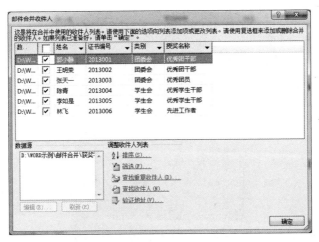

图 3-93 "邮件合并收件人"对话框

图 3-94 插入完合并域后的主文档

图 3-95 "预览结果"邮件合并后的信息

（6）单击"完成并合并"下拉按钮，在下拉列表中选择"编辑单个文档"，可以将这些荣誉证书合并到一个 Word 文档中；选择"打印文档"可以将这些荣誉证书通过打印机直接打印出来。本案例选择"编辑单个文档"，打开"合并到新文档"对话框，如图 3-96 所示，选择"全部"记录，随即生成一个荣誉证书的新文档（默认为信函 1.docx），其中包括所有打印内容，编辑工作全部完成，可将"信函 1.docx"另存为"荣誉证书打印.docx"。

图 3-96　"合并到新文档"对话框

【相关知识与技能】

"邮件合并"这个名称最初是在批量处理"邮件文档"时提出的。具体来说，就是在邮件文档（主文档）的固定内容中，合并与发送信息相关的一组通信资料（数据源：如 Word 数据表、Excel 表、Access 数据表等），从而批量生成需要的邮件文档，因此大大提高工作的效率，"邮件合并"因此而得名。

"邮件合并"功能除了可以批量处理信函、信封等与邮件相关的文档外，也可以轻松地批量制作标签、工资条、成绩单、奖状等。

如图 3-95 所示，学生的奖状除了姓名、工作类别、授奖名称和证书编号外，其他内容都相同。因此，可以创建一个主文档，把各学生奖状中相同的内容放在主文档中，如图 3-96 所示。把主文档中不同的内容放在表格中，把表格文档称为"数据源"。在邮件合并时，必须告诉系统，数据源中不同的数据应该插入在主文档中的什么位置，因此，还应在主文档的相应位置插入"合并域"。如图 3-93 所示文档中，"姓名""类别""授奖名称"和"证书编号"都是合并域。最后，执行合并操作，系统把数据源（表格）中数据按行插入到主文档中合并域所指的位置，一行数据产生一个学生的证书。

可见，邮件合并过程的主要步骤为：创建或打开主文档，创建或打开数据源，在主文档中插入合并域，合并主文档和数据源。

任务 20　目录与索引

【任务描述】 在长文档中建立目录可方便快速地定位到相关内容，本任务通过案例学习文档目录生成的方法。

【案例 3-25】 打开"D:\USER\中国著名诗词.docx"，将"蓝色"字体套用"标题 1"样式，红色字体部分套用"标题 2"样式；在文档第 3 段以所有"标题 1"及"标题 2"样式的内容生成目录，目录显示页码，使用超链接。设置完毕以文件名 W3-25.docx 保存在原位置。

【方法与步骤】

（1）使用"查找替换"功能，按要求快速格式化相关内容。

（2）将插入点放在文档第 3 段（"目录"下方），在"引用"选项卡单击"目录"功能区的"目录"下拉按钮，在下拉列表中选取"插入目录"选项，弹出"目录"对话框，按要求进行设置，如图 3-97 所示。

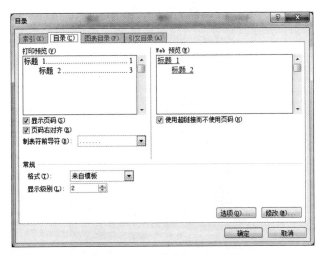

图 3-97　"目录"对话框

（3）在"目录"对话框中还可设置与创建目录相关的内容。例如，可以单击"格式"框的下拉箭头，在弹出的下拉列表中选择 Word 预设置的若干种目录格式，通过预览区可以查看相关格式的生成效果。单击"显示级别"组合框的选择按钮，可以设置生成目录的标题级数，Word 默认使用三级标题生成目录，这也是通常情况，如果需要调整，在此设置即可。单击"制表符前导符"框的下拉箭头，可以在弹出的列表中选择一种选项，设置目录内容与页号之间的连接符号格式，这里选择默认的格式为点线。

完成与目录格式相关的选项设置之后，单击"确定"按钮，Word 自动生成目录，得到图 3-98 所示的目录。

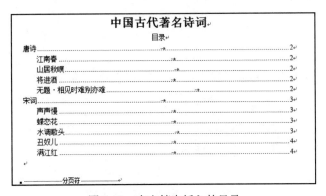

图 3-98　在文档中插入的目录

（4）以文件名 W3-25.docx 保存在原位置 D:\USER。

【相关知识与技能】

目录生成后，也许外观并不符合要求，在这种情况下，可以根据自己的要求进行更改。

例如，把目录中一级标题文字改为"蓝色"。

操作方法：用前面相同的方法进入"目录"对话框，单击"修改"按钮，弹出"样式"对话框，如图 3-99 所示。由于要对目录中一级标题文字进行修改，故选中样式列表框中的"目录 1"，单击"修改"按钮，弹出"修改样式"对话框，如图 3-100 所示。在"修改样式"对话框中单击"格式"按钮，在菜单中选择"字体"选项，弹出"字体"对话框，把字体颜色改为蓝色即可，然后依次单击确定，最后弹出"是否替换所选目录"的询问，单击"是"按钮，目录中一级标题根据修改变为蓝色。

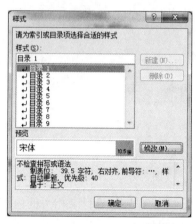

图 3-99　"样式"对话框

图 3-100　"修改样式"对话框

其他的修改要求可以参照以上操作方法。另外，目录制作完成后，如果又对文档进行了修改，无论是修改了标题或正文内容，为保证目录的绝对正确，要对目录进行更新。操作方法：将鼠标移至目录区域右击，在快捷菜单中选择"更新域"选项，弹出"更新目录"对话框，如图 3-101 所示；选择"更新整个目录"单选按钮，单击"确定"按钮，即可更新目录。

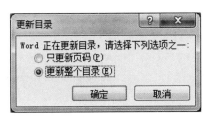

图 3-101　"更新目录"对话框

【技能拓展】索引的使用

在文档中建立索引，即列出一篇文档中讨论的术语和主题，以及它们出现的页码，以方便查找。要创建索引，首先对需要创建索引的关键词（字）进行标记；然后打开"索引"对话框，插入索引。

【案例 3-26】 打开 D:\USER\W26.docx，将"秋""愁"标记为索引项，并为其建立索引目录。设置完毕，以文件名 W3-26.docx 保存在原位置。

【方法与步骤】

（1）在文档中选择要建立索引项的关键字"秋"；在"引用"选项卡单击"索引"功能区的"标记索引项"按钮，弹出"标记索引项"对话框，如图 3-102 所示。

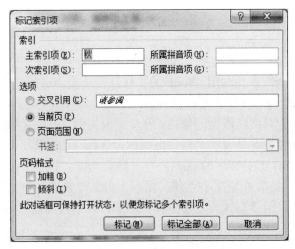

图 3-102　"标记索引项"对话框

（2）单击对话框中的"标记"（或"标记全部"）按钮，文档中选定（或全部）的关键字旁边添加一个索引标记：{ XE "秋" }。

（3）如果还要建立其他索引项，可不关闭"标记索引项"对话框，继续在文档编辑窗口中选取关键字"愁"，进行设置。

（4）为索引项建立索引目录。将光标定位到要插入索引的位置，在"索引"选项卡单击"索引"功能区的"插入索引"按钮，弹出"索引"对话框，如图 3-103 所示；可设置"格式""类型"或"栏数"等，单击"确定"按钮，可在光标所在处插入索引，如图 3-104 所示。

（5）以文件名 W3-26.docx 保存在原位置 D:\USER。

图 3-103　"索引"对话框

图 3-104　在文档中插入的索引

任务 21　修订和批注

【任务描述】

在 Word 中编辑文档时，经常要把一些修改过的地方标注起来，但是文档一旦存盘退出，被删除或修改的内容不能恢复。利用 Word 的"修订"功能，可避免这种情况的发生。Word 的"修订"功能可以轻松保存文档初始时的内容，文档中每一处的修改都会显示在文档中；同时还能标记由多位审阅者对文档所做的修改。存盘退出文档，下次文档打开后，还可以记录上次编辑的情况，可由作者决定是否取消修订或保留最终修订的结果。

【案例 3-27】打开 D:\USER\W27.docx；打开修订功能，将第 2 段文字"初级程序语言"中的"初"改为"低"，将第 6 段文字"使得编程人员工作繁琐"中的"人员"删除，将第 7 段文字"使编程人员的再阅读"改为"使编程人员维护时的再阅读"；关闭修订功能，将文档以文件名 W3-27.docx 保存在原位置。

【方法与步骤】

1. 打开修订功能

打开文档 D:\USER\W27.docx，在"审阅"选项卡单击"修订"功能区的"修订"按钮（单击在"修订"二字上方的按钮 ，若单击"修订"二字，则在下拉列表中选取"修订"），即可使文档处于修订状态；这时对文档的所有操作将被记录下来。

2. 修订文档

将第 2 段文字"初级程序语言"中的"初"改为"低"，将第 6 段文字"使得编程人员工作繁琐"中的"人员"删除，将第 7 段文字"使编程人员的再阅读"改为"使编程人员维护时的再阅读"，操作结果如图 3-105 所示。

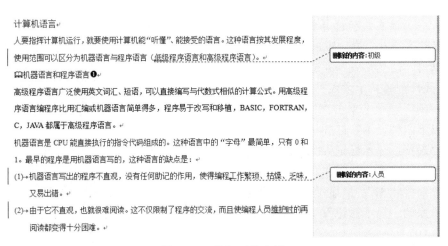

计算机语言

人要指挥计算机运行，就要使用计算机能"听懂"、能接受的语言。这种语言按其发展程度，使用范围可以区分为机器语言与程序语言（低级程序语言和高级程序语言）。

机器语言和程序语言❶

高级程序语言广泛使用英文词汇、短语，可以直接编写与代数式相似的计算公式。用高级程序语言程序比用汇编或机器语言简单得多，程序易于改写和移植，BASIC，FORTRAN，C，JAVA 都属于高级程序语言。

机器语言是 CPU 能直接执行的指令代码组成的。这种语言中的"字母"最简单，只有 0 和1。最早的程序是用机器语言写的，这种语言的缺点是：

(1) 机器语言写出的程序不直观，没有任何助记的作用，使得编程工作繁琐、枯燥、乏味又易出错。

(2) 由于它不直观，也就很难阅读。这不仅限制了程序的交流，而且使编程人员维护时的再阅读都变得十分困难。

删除的内容:初级

删除的内容:人员

图 3-105　修订后的文档

3．关闭修订

在"审阅"选项卡单击"修订"功能区的"修订"按钮 📝，关闭修订（关闭修订不会删除任何已被跟踪的更改）。单击"保存"按钮 💾，可将所有的修订保存下来。

注意：关闭修订后，若再修改文档，Word 不会对更改的内容做出标记。

4．以文件名 W3-27.docx 保存在原位置 D:\USER

【相关知识与技能】

1．设置"修订选项"

在"审阅"选项卡单击"修订"功能区的"修订"下拉按钮，在下拉列表中选择"修订选项"，弹出图 3-106 所示的"修订选项"对话框。

控制显示插入、删除和批注时所使用的格式和颜色，以及如何显示修订行，默认的格式是对插入内容使用单下划线，对删除内容使用删除线。如果"颜色"设置为"按作者"，Word 会自动为不同的作者选择不同的颜色

显示从一个地方移动到文档其他地方的文本时，使用这些选项控制格式和颜色。如果不想跟踪移动，取消"跟踪移动"复选框

控制表标记显示，包括插入、删除、合并和拆分单元格

批注框如果设置为"总是"或"仅用于批注格式"，就可以设置批注框的宽度、显示的边距，以及是否显示修订连线与文本修改之处相连。当设置为"从不"时，"修订选项"的"批注框"部分中的其他所有设置都不可用

如果不想跟踪格式更改，就取消"跟踪格式设置"复选框；但原有的已跟踪格式变化仍然保留在文档中，而接下来的格式变化完全不接受跟踪

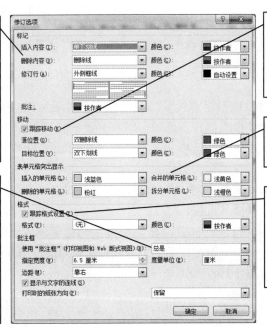

图 3-106　"修订选项"对话框

注意： 当批注在您的计算机上显示为绿色时，在别人的机器上可能显示为深红色。要隐藏已跟踪的格式变化，在"审阅"选项卡单击"修订"功能区的"显示标记"下拉按钮，在下拉列表中取消"设置格式"复选框。

2. 设置修订的显示方式

在"审阅"选项卡单击"修订"功能区的"显示以供审阅"下拉按钮，在弹出的下拉列表框中有以下四种显示修订的状态方式。

（1）"最终：显示标记"：最常用，既显示修订后的内容，也显示修订的状态，在修订框中显示修订前的内容，如图 3-105 所示。

（2）"最终状态"：只显示修订后的内容，阅读者看不到原始的信息。

（3）"原始：显示标记"：显示修订前的内容和修订的状态，在修订框中显示修订后的内容，如图 3-107 所示。

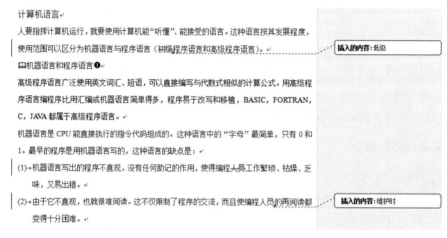

图 3-107　"原始：显示标记"的显示状态

（4）"原始状态"：只显示修订前的内容，不显示修订状态，阅读者不知道该处已经被修改，看到的只是修订之前的内容。

3. 接受或拒绝修订

文档进行修订后，可以选择是否接受修改。如果要接受修改方案，只需在修改的文字上右击，在快捷菜单中选择"接受修订"选项；若在弹出的快捷菜单中选择"拒绝修订"选项，则删除修订的内容。或在"审阅"选项卡单击"更改"功能区的"接受"或"拒绝"按钮。

4. 插入和删除批注

批注可以帮助阅读者更好地理解文档内容，给文档加以注释；当审阅者只是评论文档，而不直接修改文档时，可以插入批注。

将光标移动到需要插入批注的位置，在"审阅"选项卡单击"批注"功能区的"新建批注"按钮，在右侧的批注框中编辑批注信息。Word 2010 的批注信息前面会自动加上"批注"二字以及批注的编号，如图 3-108 所示。

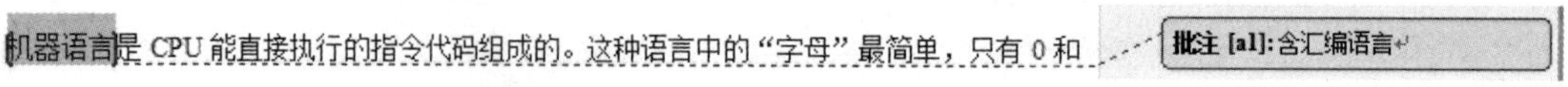

机器语言是 CPU 能直接执行的指令代码组成的。这种语言中的"字母"最简单，只有 0 和 ……　批注 [a1]:含汇编语言

图 3-108　插入批注

常见的批注显示方式有以下三种。

第一种：在批注框显示批注。如图 3-107 所示，批注会显示在文档右侧页边距的区域，并用一条虚线链接到批注原始文字的位置。使用该方式显示批注时，需要在"审阅"选项卡的"修订"功能区中单击"显示标记"下拉按钮，在下拉列表中选"批注框"→"在批注框中显示修订"选项。

第二种：以嵌入式方式显示修订。该方式是屏幕提示的效果，当把鼠标悬停在增加批注的原始文字的括号上方时，屏幕上会显示批注的详细信息，如图 3-109 所示。该方式显示批注需要在"审阅"选项卡的"修订"功能区中单击"显示标记"下拉按钮，在下拉列表中选择"批注框"→"以嵌入方式显示所有修订"。

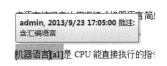

图 3-109　嵌入式方式显示修订

第三种：在"审阅窗格"中显示批注。该方式需要在"审阅"选项卡单击"修订"功能区"审阅窗格"右侧的下拉按钮，在下拉列表中选择"垂直审阅窗格"或"水平审阅窗格"，效果如图 3-110 所示。

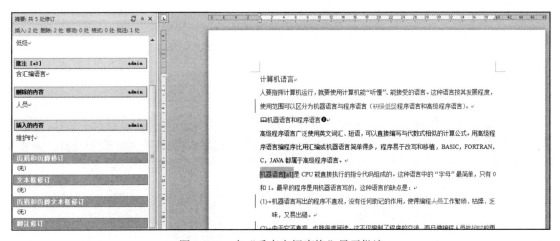

图 3-110　在"垂直审阅窗格"显示批注

删除批注比较简单，右击批注框或者批注原始文字方框位置，在弹出的快捷菜单中单击"删除批注"即可。

5. 隐藏/显示修订和批注

单击"审阅"选项卡"修订"功能区中的"显示标记"下拉按钮，会显示或隐藏文档中选定审阅者的所有标记。当显示所有标记时，"显示标记"菜单上会选中所有类型的标记。

【技能拓展】书签的使用

Word 提供的"书签"功能，可以对文档指定的部分加上书签，这样就可以非常轻松快速地定位到特定的位置。

【案例 3-28】给文档 W28.docx 中的 SmartArt 图加上标签，名为"重点 1"，并以文件名 W3-28.docx 保存在原文件夹中。

【方法与步骤】

（1）打开文档 W28.docx，选中需要添加书签的文本、标题、段落等内容。这里单击文档中的 SmartArt 图。

提示：*如果需要为大段文字添加书签，也可以不选中文字，只需将插入点光标定位到目标文字的开始位置。*

（2）在"插入"选项卡单击"链接"功能区的"书签"按钮，弹出"书签"对话框，在"书签名"编辑框中输入书签名称"重点 1"，单击"添加"按钮即可，如图 3-111 所示。

图 3-111　"书签"对话框

（3）以文件名 W3-28.docx 保存在原文件夹中。

使用书签可以在文档内部快速定位到不同的位置。打开添加了书签的 Word 2010 文档窗口，在"开始"选项卡单击"编辑"中的"查找"右侧的下拉按钮，在下拉列表中选择"转到"，打开如图 3-112 所示的对话框，单击"定位"按钮，即可定位到指定的书签。

图 3-112　使用书签定位

打开添加了书签的 Word 2010 文档窗口，在"插入"选项卡单击"链接"功能区的"书签"按钮，弹出"书签"对话框（见图 3-111），在书签列表中选择合适的书签，单击"定位"按钮，返回 Word 2010 文档窗口，书签指向的文字将反色显示。

若在"书签"对话框的书签名列表中选中不想要的书签，并单击"删除"按钮，即删除书签。

注意： 用户可以通过 Word 选项设置以确定隐藏或显示书签。

打开含有书签的文档，依次单击"文件"→"选项"按钮，打开"Word 选项"对话框，单击左侧的"高级"按钮（见图 3-113），在"显示文档内容"区域取消或选中"显示书签"复选框，并单击"确定"按钮。

图 3-113　设置显示/隐藏书签

任务 22　宏的使用

【任务描述】

选择题的备选答案 A、B、C、D 一行有两个或四个答案，各题中的选择项目从上到下有时很难对齐排列，通过创建宏可以轻松地解决这个问题。

【案例 3-29】 新建一空白文档，在其中创建一个宏，实现快速输入选择题的选项，可以一行四个选项同时快速输入。设置完毕，以文件名 W3-29.docx 保存在 D:\USER 文件夹。

【方法与步骤】

（1）新建一空白文档，在"视图"选项卡单击"宏"功能区的"宏"按钮，在下拉列表中选取"录制宏"选项，弹出图 3-114 所示"录制宏"对话框。

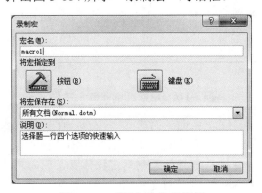

图 3-114　"录制宏"对话框

（2）在"宏名"框中键入宏的名称 macro1；在"将宏保存在"框中单击将保存宏的模板或文档；在"说明"框中键入对宏的说明。

（3）单击"将宏指定到"选项区中的"键盘"按钮，弹出"自定义键盘"对话框，如图 3-115 所示。这时在键盘上按下用于代替该宏操作的快捷键（如 Ctrl+Y）；在"将更改保存在"列表中选择"Normal"。依次单击"指定""关闭"按钮，光标变为空心箭头加磁带形式，进入录制状态。

图 3-115 "自定义键盘"对话框

（4）插入一个单行四列的表格：在"插入"选项卡单击"表格"功能区的"表格"按钮，在下拉列表中选择 1 行 4 列。

单击表格左上角的"表格移动手柄"⊞，选取整个表格（或在"表格工具/布局"选项卡单击"表"功能区的"选择"下拉按钮，在下拉列表中选取"选择表格"）。

在"表格工具/设计"选项卡单击"表格样式"功能区中"边框"下拉按钮，在下拉列表中选取"无框线"。

从左到右，分别在四个单元格中输入编号 A.、B.、C.、D.。

（5）在"视图"选项卡单击"宏"功能区的"宏"按钮，在下拉列表中选取"停止录制"，完成宏录制。

创建宏后，需要时只要按 Ctrl+Y 组合键或通过运行宏 macro1，即可在光标所在处得到图 3-116 所示的结果。

A.↵   B.↵   C.↵   D.↵   ↵

图 3-116 运行宏 macro1 的结果

在"视图"选项卡单击"宏"功能区的"宏"按钮，在下拉列表中选取"查看宏"，弹出图 3-117 所示的"宏"对话框，选取相应的宏，可进编辑、删除、运行等操作。

注意：在录制状态，所有操作都将被录制到宏操作里，因而不要进行其他的无关操作。

（6）以文件名 W3-29.docx 保存在 D:\USER。

图 3-117　"宏"对话框

习题

一、简答题

1．在 Word 中，"文件"菜单底部列出的文件名表示什么？怎样改变列出的文件名数？

2．如何在 Word 文档中选定一句、一行、多行、一个段落、多个段落和整个文本？

3．怎样在一篇文章的开始插入空行？怎样在两个段落之间插入空行？

4．如何在 Word 文档中设置字符格式和段落格式？

5．用"格式刷"复制段落格式与复制文字格式有什么不同？

6．如何在 Word 文档中设置页眉和页脚？

7．在 Word 文档中插入图形，有哪几种文字环绕方式？"嵌入式"图形的特点是什么？

8．简述在 Word 文档中插入另一文档（或文档中的部分文本）的过程。

9．列举在 Word 中打开"表格和边框"对话框的几种方法。

10．在 Word 文档中，格式和样式，模板和样式，向导和模板各有什么异同？如何应用？

11．简述段落标记、分节符和人工分页符的作用。

二、上机操作题

1．对文档"LX1.DOCX"按以下要求进行操作，操作结果存入"LX11.DOCX"。

（1）设置页面格式：32 开纸，左、右页边距为 2 厘米，上、下页边距为 2.5 厘米。

（2）为正文第 1 段设置段落格式和字符格式。中文：楷体_GB2312，小四号；首行缩进 2 字符，两端对齐，行间距为 1.5 倍行距，段后距为 0.5 行。

（3）将正文第 1 段的格式复制给正文最后一段。

（4）新建样式"YS"，段落格式为：两端对齐，首行缩进 2 字符；字符格式为：中文黑体、小四号，英文 Times New Roman。将样式"YS"应用于第 3 段。

（5）为第 4 至第 7 段设置项目符号"一、""二、"……，删除原来各段前的（1）、（2）……。

（6）设置页眉，奇数页页眉内容为"计算机语言"，偶数页页眉内容为"习题"；宋体，小五号，居中。设置页脚，内容为"总页数 x 第 y 页"（x 是总页数，y 是当前页的页码），宋体，小五号，右对齐。

（7）在正文第一段左上角插入竖排文本框，文本框的格式：高 3.3 厘米，宽 1.3 厘米，无边框，填充颜色为浅蓝色，文字四周环绕，位于页面绝对位置水平右侧、垂直下侧(0.5,0.5)厘米处；在文本框中输入文字"计算机语言"，文字格式：隶书，三号。

2. 新建文档，制作如下表格，以文件名"LX22.DOCX"存盘。

年度工作计划统筹图

月份 进度		1	2	3	4	5	6	7	8	9	10	11	12	负责人
A 项 目	工作1													王立朋
	工作2													赵大昌
	工作3													张明晶
B 项 目	工作1													陈飞明
	工作2													吴起立
	工作3													刘月
备 注														

3. 打开文件"LX3.DOCX"，在表格中增加 2 行，输入 2 名学生的学号、姓名及各科成绩；在表格最右边插入一空列，计算各学生的平均成绩；在表格最后增加 1 行，在相应的单元格中计算各科的最高分（用 MAX 函数）；将表格中学生的数据按英语成绩排序；表格套用格式"立体型 1"；修改后的表格另存为"LX33.DOCX"。

4. 新建文件"LX44.DOCX"，输入公式：$P(x_1 \leqslant x \leqslant x_2) = \int_{x_1}^{x_2} f(x)\mathrm{d}x$ 。

5. 用邮件合并功能生成教师授课通知，内容如下：

授　课　通　知

×××老师：

下学期请您给××系××级××班讲授 ×× 课程。

特此通知

教务处

请自己设计并建立主文档"LX51.DOCX"和数据源"LX52.DOCX"，将它们合并到新文档"LX53.DOCX"。

6. 打开文档"LX1.DOCX"，创建宏（宏名为 GSMACRO）用于设置段落格式：两端对齐，首行缩进 2 字符；字符格式：中文黑体、小四号，英文 Times New Roman。用宏 GSMACRO 为第 3 段和第 8 段设置相同格式。

第4章 基于 Excel 2010 的电子表格应用

4.1 Excel 2010 的基本操作

任务1 工作表的基本操作

【任务描述】

为了进行公司的工资管理，每个月公司财务需要在工资表中录入各职工的各项工资，然后进行各种数据统计，如应发工资等。为了完成这项工作，首先需要进行表格设计，内容包括：根据表格的功能和要求确定表格构成，确定表格中的数据项目位置与相互次序，以及这些数据项的说明。表格设计主要是第一行（列标题），即表格数据项目的名称、位置等，一般将数据统计项目依次排列在第一行，然后设计表格中的每一行内容。

本任务从建立一个简单的工作表入手，认识 Excel 2010 的功能和使用方法。

【案例 4-1】建立某公司职工的工资表，如表 4-1 所示。

表 4-1 工资表

编号	姓名	职务	年龄	性别	基本工资	补贴	津贴	扣款	应发工资
36001	艾小群	科员	25	女	1450	4580	266	320	5976
36002	陈美华	副科长	32	女	1700	5920	378	460	7538
36003	关汉瑜	科员	27	女	1520	4620	268	280	6128
36004	梅颂军	副处长	45	男	1900	7020	582	600	8902
36005	蔡雪敏	科员	30	女	1680	4640	270	500	6090
36006	林淑仪	副处长	36	男	1790	5840	580	400	7810
36007	区俊杰	科员	24	男	1470	4600	258	350	5978
36008	王玉强	科长	32	男	1700	6760	478	200	8738
36009	黄在左	处长	52	男	2200	8400	690	300	10990
36010	朋小林	科长	28	男	1680	6780	482	400	8542

【方法与步骤】

（1）启动 Excel 2010，新建一个工作簿，命名为"工资表"。

（2）在工作簿文件"工资表"的第一个工作表中（默认第一个工作表 Sheet1 为当前工作表）并按图 4-1 录入数据。

① 先输入表格的列标题：逐个单击要输入数据的单元格，切换到中文输入状态，输入中文列标题并按回车键。

	A	B	C	D	E	F	G	H	I	J
1	编号	姓名	职务	年龄	性别	基本工资	补贴	津贴	扣款	应发工资
2	36001	艾小群	科员	25	女	1450	4580	266	320	
3	36002	陈美华	副科长	32	女	1700	5920	378	460	
4	36003	关汉瑜	科员	27	女	1520	4620	268	280	
5	36004	梅颂军	副处长	45	男	1900	7020	582	600	
6	36005	蔡雪敏	科员	30	女	1680	4640	270	500	
7	36006	林淑仪	副处长	36	男	1790	5840	580	400	
8	36007	区俊杰	科员	24	男	1470	4600	258	350	
9	36008	王玉强	科长	32	男	1700	6760	478	200	
10	36009	黄在左	处长	52	男	2200	8400	690	300	
11	36010	朋小林	科长	28	男	1680	6780	482	400	

图 4-1　在 Excel 中建立的职工工资表

② 在单元格 A2、A3 中输入数字 36001、36002；选择单元格 A2、A3，将鼠标指针移动到单元格的右下方的填充柄（黑色小方块）上，此时鼠标指针变成黑色的十字形状；按住鼠标左键同时向下拖动到 A11，即可完成编号的快速输入。

提示： 当输入一些有规律的数字，例如递增的数据 1、2、3、4…、N 或 1、3、7…，递减的数据 99、98、97…、1 等时，Excel 2010 提供比较简单的输入方法，即自动序列填充的方法。

（3）输入职工各项工资的金额。

输入工作表中的数据后，可以根据需要对工作表中的数据进行处理，例如应发工资，生成图表等，如图 4-2 所示。

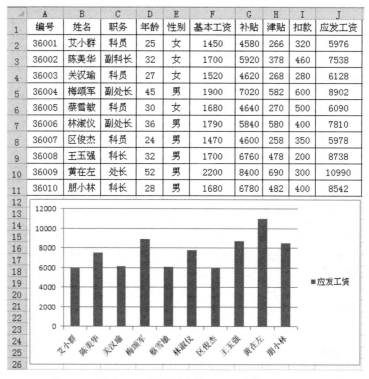

图 4-2　包括图表的职工工资表

【相关知识与技能】

为了熟练应用 Excel 2010，首先必须熟悉其基本操作，如应用程序的启动、用户界面各部分的功能与操作、工作表的建立、工作表数据的输入与编辑等。

1. Excel 2010 的用户界面与操作

启动 Excel 2010 后，屏幕显示 Excel 2010 应用程序窗口，如图 4-3 所示。

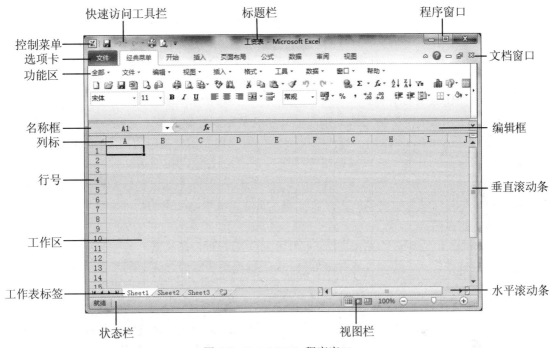

图 4-3　Excel 2010 程序窗口

标准的 Excel 2010 工作界面包括以下主要部分：

（1）工作簿窗口。进行数据处理、绘图等工作区域。单击工作簿窗口右上角的"最大化/还原"按钮、"最小化"按钮和"关闭"按钮，可以调整工作簿窗口大小和关闭工作簿窗口。

（2）标题栏。位于整个工作区顶部，显示应用程序名和当前使用的工作簿名。当工作簿窗口最大化时，工作簿标题栏与应用程序标题栏合并，如图 4-3 所示。

（3）选项卡。Excel 2010 将各菜单命令组合起来，以选项卡的形式展现在读者面前，每个选项卡中包含多个功能区。

（4）功能区。Excel 2010 把各个工具按钮组合在一起，构成功能区，使得用户操作更加灵活和容易，鼠标指向命令时可得到操作完成后的效果预览。

（5）名称框和编辑栏。名称框和编辑栏指示当前活动单元格的单元格应用及其中存储的数据，由名称框、按钮工具和编辑栏组成。

名称框显示当前单元格和图标、图片的名字。单击名称框右边向下的箭头，可以打开名称框中的名字列表；单击其中的名字，可以直接将单元格光标移动到对应的单元格。编辑栏中显示当前单元格中的消息，也可以输入或编辑当前单元格中的数据，数据同时显示在当前活动单元格中。

在单元格输入数据时，名称框与编辑栏之间显示按钮✕、✔、fx，分别为放弃输入项（同 Esc 键）、确认输入项目和编辑公式项。单击按钮✕（放弃输入项）可以删除单元格中内容；单击✔可以把输入到编辑栏中的内容放到活动单元格中；单击按钮fx可以编辑公式。

（6）状态栏。状态栏在屏幕底部，显示当前工作区的状态信息。

状态栏的左部是信息栏，多数情况下显示"就绪"，表明工作表正准备接受信息。用鼠标选定/指向工具按钮或选定某条命令时，信息栏显示相应的解释信息。在编辑栏中输入信息时，信息栏显示字样变为"编辑"。打开菜单后，信息栏随着鼠标或键盘的移动显示相应的菜单命令。状态栏的右部是键盘信息栏。

（7）工作表标签。在工作簿底部可以看到 Sheet1、Sheet2、Sheet3 等工作表，可以用鼠标选择要用的工作表。刚打开工作簿时，Sheet1 是活动的工作表。工作表命名后，相应工作表的标签含有该工作表的名字。

工作表标签左边有 4 个标签滚动按钮，其功能从左到右分别是：显示第一个工作表标签、显示位于当前显示标签左边的工作表标签、显示位于当前显示标签右边的工作表标签、显示最后一个工作表标签（其他工作表标签相应移动）。用表标签滚动按钮滚动到某个工作表后，必须单击该工作表的标签才能激活该工作表。此外，可以拖动位于工作表标签和水平滚动条之间的表标签拆分框，以便显示更多的工作表标签，或增加水平滚动条的长度。双击表标签拆分框可返回默认的设置。

（8）视图栏。视图栏上显示了 Excel 2010 常用的三种视图模式：普通视图、页面布局、分页预览三种视图模式，默认的是页面布局。在三种视图模式旁边还有显示页面视图比例大小的滑动滚动条。

2. 工作簿文件的操作

工作簿是 Excel 处理和存储数据的文件。启动 Excel 2010 时，系统默认创建一个空白的工作簿，自动命名工作簿文件名为 book1，该工作簿包含三个默认的工作表。

为避免丢失造成不必要损失，要养成随时保存文件的习惯。Excel 2010 提供多种保存文件的方法，操作方式与 Word 2010 一致。

（1）创建新工作簿的方法。

① 新建一个空白的工作簿。

在"文件"选项卡中选择"新建"选项，在"可用模板"中选择"空白文档"，如图 4-4 所示，直接新建一个空白工作簿；用快捷键 Ctrl+N 也可以直接创建一个新的空白工作簿。Excel 2010 工作簿的扩展名为.xlsx。

② 根据现有的工作簿新建。

在"文件"选项卡选择"新建"选项，选择"根据现有内容新建"选项，弹出"根据现有工作簿新建"对话框，如图 4-5 所示。选择文件后，单击"新建"按钮，即可创建一个与原工作簿完全一样的新工作簿。

③ 根据模板创建。

在"文件"选项卡中选择"新建"选项，在"可用模板"中选择模板创建空白工作簿，如图 4-6 所示。Excel 2010 为用户提供了丰富的模板，包括 Office.com 在线模板和本地模板，Office.com 在线模板需要联网后从微软网站上下载。

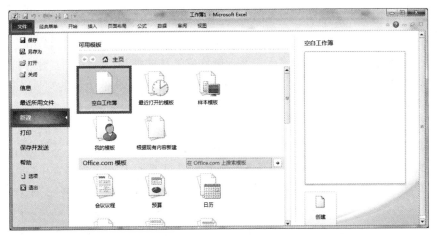

图 4-4　创建新的空白文档

图 4-5　"根据现有工作簿新建"对话框

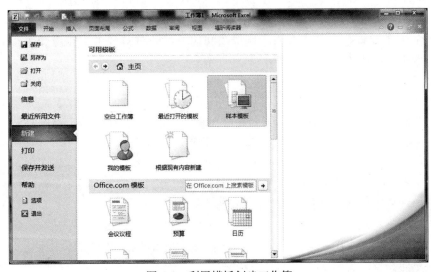

图 4-6　利用模板创建工作簿

新工作簿中包含 3 个空工作表，新建立的工作簿总是将 Sheet1 工作表作为活动工作表。

（2）打开工作簿文件的方法。

Excel 2010 允许同时打开多个工作簿，最后打开的工作簿位于最前面。允许打开的工作簿数量取决于计算机内存的大小。在 Excel 2010 中，还可以打开其他类型的文件，如 dBASE 数据库文件、文本文件等。

① 打开工作簿文件的操作。

在"文件"选项卡中选择"打开"选项，在"打开"对话框中选择文件所在驱动器、文件夹、文件类型和文件名，单击"打开"按钮；或双击需要打开的文件名，可以打开选中的工作簿文件。单击"取消"按钮放弃打开文件，如图 4-7 所示。

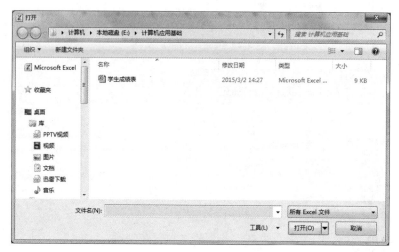

图 4-7　"打开"对话框

② 同时显示多个工作簿的操作。

依次打开多个工作簿；在"视图"选项卡的"窗口"功能区中单击"全部重排"按钮，在弹出的"重排窗口"对话框中选择排列方式（平铺、水平并排、垂直并排和层叠），单击"确定"按钮。如图 4-8 所示。

打开多个工作簿后，可以在不同工作簿之间切换，同时对多个工作簿操作。单击某个工作簿区域，该工作簿成为当前工作簿。

③ 并排比较。

在有些情况下，需要用到两个同时显示的窗口中并排比较两个工作表，并要求两个窗口中的内容能够同步滚动浏览，可以用到"并排比较"功能。"并排比较"是一种特殊的重排窗口方式，选定需要对比的某个工作簿窗口，在"视图"选项卡单击"窗口"功能区的"并排查看"按钮，如果存在多个工作簿，则弹出"并排比较"对话框，在其中选择需要进行对比的目标工作簿，单击"确定"按钮，即可将两个工作簿窗口并排显示在 Excel 工作窗口。当只有两个工作簿时，则直接显示"并排比较"后的状态。

（3）保存工作簿。

在"文件"选项卡选择"保存"选项，或用快捷键 Ctrl+S，可以保存工作簿，当前工作簿按已命名的文件存盘。若当前工作簿是未命名的新工作簿文件，自动执行"另存为"命令。

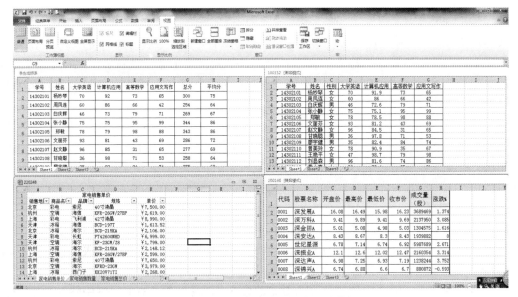

图 4-8 "平铺"显示多个工作簿

若要用新的文件名保存当前工作簿文件，应在"文件"选项卡选择"另存为"选项，弹出"另存为"对话框，用新的文件名保存当前工作簿文件。

若要将当前编辑的工作簿以不同的文件类型（包括低版本的 Excel 工作簿文件）保存，应在"另存为"对话框"保存类型"文本框中选择文件类型并进行保存。

若要将所有的工作簿的位置和工作区保存起来，以便下次进入工作区时在设定的状态下进行工作，可以在"文件"选项卡中选择"保存工作区"选项。

（4）关闭工作簿。

单击工作簿窗口右上角的"关闭"按钮，或在"文件"选项卡选择"关闭"选项；在工作簿窗口控制菜单中选择"关闭"选项；或使用 Alt+F4 快捷键，也可以关闭工作簿窗口。若当前工作簿没有存盘，系统提示是否要存盘。

（5）退出系统。

退出系统时，应关闭所有打开的工作簿，然后在"文件"选项卡选择"退出"选项；或双击左上角控制菜单图标。如果没有未保存的工作簿，系统关闭；如果有未关闭的工作簿或工作簿上有未保存的修改内容，系统提示是否要保存。

3. 工作表中数据的输入

选定要输入的单元格，使其变为活动单元格，即可在单元格中输入数据。输入的内容同时出现在活动单元格和编辑栏中。如果在输入过程中出现差错，可以在确认前按 Backspace 键删除最后字符，或单击按钮 ✕（放弃输入项），或按 Esc 键删除单元格的内容。单击按钮 ✓或按 Enter 键可以把输入到编辑栏中内容放到活动单元格中；也可以直接将单元格光标移到下一个单元格中，准备输入下一个输入项。

在工作表中，可以通过加号、减号、乘号、除号、幂符号等运算符构成公式。公式是一个等式，是一组数据和运算符组成的序列。Excel 公式可以包括数、运算符、单元格引用和函数等。其中，单元格引用可以到其他单元格数据计算机后得到值。公式通常以符号"="开始（也可以用"+""-"开始。输入公式时，同样要先选择活动单元格，然后输入。

（1）文本的输入。

文本可以是任何字符串（包括字符串与数字的组合，如学生成绩表中的姓名）在单元格中输入文本时自动左对齐。当输入的文本长度超过单元格显示宽度且右边单元格未有数据时，允许覆盖相邻的单元格（仅仅显示），但该文本只存放在一个单元格内。如果该单元格仍然保持当初设定的"常规"样式，输入的文字内容自动左对齐。

若要将数字作为文本输入，应在其前面加上单引号，如 '123.45；或者在数字的前面加上一个等号并把输入的数字用引号括起来，如="123.45"。其中，单引号表示输入的文本在单元格中左对齐。如果数字宽度超过单元格的显示宽度，将用一串"#"号来表示，或者用科学记数法显示。

（2）数字的输入。

数字自动右对齐。输入负数要在前面加一个负号。如果输入的数字为超过单元格宽度，系统自动以科学计数法表示，如 1.3E+0.5。若单元格中填满了"#"符号，表示该单元格所在列没有足够宽度显示数字，需要改变单元格数字格式或改变列宽度。

单元格中数字格式显示取决于显示方式。如果在"常规"格式的单元格中输入数字，Excel根据具体情况套用不同的数字格式。例如，若要输入￥123.45，则自动套用货币格式。

在单元格中显示的数值称为显示值，单元格中存储的值在编辑栏显示时称为原值。单元格中显示的数字位数取决于该列度和使用的显示格式。

在单元格中输入数字时应注意：

① 数字前面的正号"+"被忽略。

② 数字项中的单个"."作为小数点处理。

③ 在负数前面冠以减号"-"或将其放在括号"()"内。

④ 可以使用小数点，还可以在千位、百万位等处加上"千位分隔符"（逗号）。输入带有逗号的数字时，在单元格中显示带有逗号，在编辑栏中显示时不带逗号。例如，若输入 1,234.56，编辑栏中将显示 1234.56。

⑤ 为避免将分数视为日期，应在分数前面冠以 0（零），如输入 0 1/2 表示二分之一。

⑥ 若数字项以百分号结束，该单元格将应用百分号格式。例如，在应用了百分号的单元格中输入 26%，在编辑栏中显示 0.26，而单元格中显示 26%。

⑦ 若数字项用了"/"，并且该字符串不可能被理解为日期型数据，则 Excel 认为该项为分数。例如，输入 22 3/4 则在编辑栏中显示 22.75，而在单元格中显示 22 3/4。

（3）日期和时间的输入。

若输入一个日期或时间，Excel 自动转换为一个序列数，该序列数表示从 1900 年 1 月 1日开始到当前输入日期的数字。其中，时间用一个 24 小时制的十进制分数表示。

可以用多种格式输入日期和时间，在单元格中输入可识别的日期和时间数据时，单元格格式从"通用"转换为"日期"或"时间"格式，而不需要设置该单元格为日期或时间格式。

提示：选定含有日期的单元格，然后按 Ctrl+#键，可以使默认的日期格式对一个日期进行格式化。按 Ctrl+; 键可以输入当前日期；按 Ctrl+Shift+; 键可以输入当前时间；按 Ctrl+@键可以用默认的时间格式格式化单元格。

4．工作表中数据的选择

单元格是 Excel 数据存放的最小独立单元。在输入和编辑数据前，需要先选定单元格，使其成为活动单元格。根据不同的需要，有时候要选到独立的单元格，有时选择一个单元格区域。

一般情况下，可以使用方向键移动单元格光标或用鼠标单击单元格定位；也可以选择"开始"选项卡→"编辑"功能区→"查找和替换"下拉式菜单→"定位条件"选项（或按 F5 键），弹出"定位条件"对话框，选择需要定位的内容，单击"确定"按钮。

根据需要，可以选择单个单元格、一个单元格区域、不相邻的两个或两个以上的单元格区域、一行或一列、全部单元格等。

（1）单个单元格的选择。

单击要选择的单元格，对应行号中的数字和列标中的字母突出显示。也可以用键盘上的方向键（↑↓→ ←）、Tab 键（右移）选择单元格。

（2）连续单元格区域的选择。

① 用鼠标拖动选择。

例如，选择 A1:G5 为活动单元格区域，先用鼠标指向单元格 A1，按下鼠标左键并拖动到单元格 G5。

② 用鼠标扩展模式选择活动单元格区域。

例如，选择 A1:D40 为活动单元格区域，先单击单元格 A1，然后按住 Shift 键，再单击单元格 D40；或者先单击单元格 A1，然后按下 F8 键进入扩展模式，再单击单元格 D40，最后按下 F8 键盘关闭扩展模式。

（3）单列、单行和连续列、行区域的选择。

单击列标或行号可以选定一列或一行，用鼠标拖动列、行可以选择一个列区域或行区域。

（4）选定整个工作表（全选）。

单击工作簿窗口左上角的全选按钮，选定当前工作表的全部单元格或活动单元格。

（5）不连续单元格区域的选择。

用增加（ADD）模式：在选择第二个或多个区域时，先按住 Ctrl 键，或按下 Shift+F8 键打开增加模式；再用鼠标拖动到所需区域右下角单元格。

若要增加一个单独的单元格作为活动单元格区域的一部分，可以按 Ctrl 键，再单击该单元格。这种方法也可以在多个工作表中选择多个单元格区域。例如，在 Sheet1 中选择 A1:D6，同时在 Sheet2 中选择 A3:E8，在 Sheet3 中选择 B1:C3，具体操作过程略。

（6）多行、多列的选择。

使用扩展模式（按 Shift 键）和增加模式（按 Ctrl），可以选择多列、多行。例如，同时选择 A、B、C 列，1、2、3、7 行；从列标 A 拖动鼠标到列标 C；按住 Ctrl 键，从行号 1 拖动鼠标到行号 3；再按住 Ctrl 键，单击行号 7。

【思考与练习】

（1）根据本任务所学的知识与技能，总结 Excel 2010 的启动方法和退出方法。

（2）思考：如何在"文件名"组合框中同时打开多个文件？如何改变"最近打开列表"中的文件个数。

【技能拓展】编辑工作表的数据

向工作表输入数据时，经常需要对单元格中的数据进行编辑操作。编辑命令主要在"开始"选项卡中，插入操作的命令主要在"插入"选项卡中。

1. 修改单元格中的内容

（1）在编辑栏中编辑单元格的内容。

1）选择活动单元格，该单元格的内容出现在编辑栏中。如果单元格内容是公式，则编辑栏显示相应的公式。

2）将鼠标指针移到编辑栏内（变为 I 形光标），移动到修改的位置并单击，插入、删除或替换字符。

3）按回车键接受修改。

（2）在单元格内编辑。

1）选择活动单元格。

2）将鼠标移到需要修改的位置上双击或按 F2 键，使该位置成为插入点。

3）对单元格内容进行修改，完成按回车键。

（3）修改操作。

1）替换式修改：选定一个或多个字符（字符加亮），输入新的字符，新输入的字符替换被选定的字符；选定一个单元格，直接输入新的内容，替换单元格中原来的内容。

2）插入数据：按 Insert 键，在单元格的插入点处插入新数据。

3）删除数据：按 Del 键，直接删除选定一个或多个字符。

一旦编辑了单元格内容，系统重新对公式计算，并显示新的结果。

2. 复制和移动单元格的内容

（1）用剪贴板操作。

若在文档中进行了两次以上的剪切或复制操作，在"剪贴板"任务窗格单击所需要的内容即可。在 Excel 2010 中，"剪贴板"可以保留 24 个复制的信息。如果要将剪贴板的内容全部粘贴下来，可以单击"全部粘贴"按钮；如果要将剪贴板中的内容全部清除，可以单击"全部清空"按钮。

在"开始"选项卡"剪贴板"功能区单击右下方的向下按钮，可以打开"剪贴板"任务窗格。

（2）用"选择性粘贴"复制单元格数据。

用"选择性粘贴"功能可以选择地复制单元格数据。例如，只对公式、数字、格式等进行复制，将一行数据复制到一列中，或将一列数据复制到一行中。

1）选定要复制的单元格数据区域，在"开始"选项卡"剪贴板"功能区中单击"复制"按钮。

2）选定准备粘贴数据的区域，在"开始"选项卡"剪贴板"功能区中单击"粘贴"按钮；在列表中选择"选择性粘贴"命令，弹出"选择性粘贴"对话框，如图 4-9 所示。

3）按照对话框中的选项选择需要粘贴的内容，单击"确定"按钮。

- 若在"运算"区域中选择了"加""减""乘""除"等单选按钮，所复制单元格中的公式或数值进行相应的运算。
- 若选中"转置"复选框，可完成对行、列数据的位置转置。例如，把一行数据转换成工作表中的一列数据。此时，复制区域顶端行的数据出现在粘贴区域左列处；在列数据出现在粘贴区域的顶端行上。

- 若选择"跳过空单元"复选框，可以使粘贴目标单元格区域的数值被复制区域的空白单元格覆盖。

图 4-9 "选择性粘贴"对话框

注意："选择性粘贴"只能将用"复制"命令定义的数值、格式、公式或附注粘贴到当前选定的单元格区域中；用"剪切"命令定义的选定区域不起作用。

3. 用拖动鼠标的方法复制和移动单元格的内容

（1）选择活动单元格。

（2）鼠标指针指向活动单元格的底部。位置正确时，鼠标指针变为指向左上方的箭头。

（3）按住鼠标左键（复制时，同时按住 Ctrl 键）并拖动到目标单元格。

（4）释放鼠标左键（复制时，同时释放 Crtl 键）完成移动（或复制），源数据被移动（或复制）到目标单元格中。

对单元格区域，也可以采用同样的方法进行复制或移动。选定区域后，鼠标拖动区域的边框。复制时，按下 Ctrl 键后，鼠标指针旁边出现一个小加号"+"，表示正在进行复制。

【思考与练习】

（1）创建一个工作簿"学生成绩表.xlsx"，在工作表 Sheet1 中输入如表 4-2 所示内容，然后将该工作表的内容复制到 Sheet2～Sheet12 中。

（2）逐个执行各选项中功能区的命令，了解各命令的名称与功能。

（3）将工作表中的单元格区域 A5:C9 中的内容移动到 D5:F9 中写出操作步骤。

（4）打开任务窗格，分别转换到不同的任务窗格，观察这些任务窗格中显示的内容。

表 4-2 学生成绩表

学号	姓名	专业	英语	高数	普通物理	计算机	平均分
20066028	黄然	外贸运输	75	98	85	80	
20066029	李远禄	外贸运输	90	92	80	65	
20066030	方智立	铁道运输	60	30	70	85	
20066031	雷源	铁道运输	80	80	78	80	
20066032	姜大树	铁道运输	62	85	78	80	

任务 2　单元格的数据格式操作

【任务描述】

本任务通过案例学习常用的工作表操作方法。工作表的操作包括工作表的选择、移动、复制、插入、删除、重命名等。

【案例 4-2】 创建一个名为"成绩表"的工作簿文件，在该工作簿中建立"15 网络 1 班"到"15 网络 4 班"4 个成绩表，分别命名为"15 网络 1 班""15 网络 2 班""15 网络 3 班""15 网络 4 班"，并且按 1 班到 4 班的顺序排列，如图 4-10 所示。

图 4-10　成绩表

【方法与步骤】

新建一个工作簿时默认有 3 个工作表，4 个班共需要 4 张工作表。因此，要求工作簿中包含 4 个工作表。一般是建立工作簿后，根据需要增加工作表的数量。

新建的工作簿中，默认的工作表名称是 Sheet1、Sheet2、Sheet3，为了使用方便，需要将工作表分别用班级命名。本案例需要为工作表重命名。

新建一个工作簿，将其命名为"成绩表"。

（1）双击工作表 Sheet1 的标签，将其重命名为"15 网络 1 班"。

（2）重复步骤（1），将工作表 Sheet2、Sheet3 的标签分别重名为"15 网络 2 班""15 网络 3 班"。

（3）选中工作表"15 网络 3 班"，在"开始"选项卡的"单元格"组中单击"插入"按钮，在下拉列表中选择"插入工作表"选项，在"15 网络 3 班"工作表的前面插入一个工作表；双击新插入的工作表，重命名为"15 网络 4 班"；选择工作表"15 网络 4 班"，用鼠标将其拖到到工作表"15 网络 3 班"的右侧。操作完成后，效果如图 4-10 所示。

【相关知识与技能】

1. 工作表的选择

新建工作表中，总是将 Sheet1 作为活动工作表。若单击其他工作表的标签，则该工作表成为当前活动工作表。例如，当前活动工作表是 Sheet1，若单击 Sheet3 的表标签，Sheet3 将成为当前活动工作表。可以用标签滚动按钮向左（右）移动工作表的表标签，以便选择其他工作表。

如果建立了一组工作表，而在这些工作表中某系单元格区域需要进行同样的操作（例如输入数据、制表、画图等），需要同时选择多个工作表。

同时选择一组工作表的方法如下：

（1）选择相邻的一组工作表：选定第一个工作表，按住 Shift 键并单击本组工作表最后一个表标签。

（2）选择不相邻的一组工作表：按住 Ctrl 键，依次单击要选择的工作表标签。

（3）选择全部工作表：右击工作表标签，在快捷菜单中选择"选择全部工作表"选项。选择全部工作表后，对任何一个工作表进行操作，本组其他工作表也得到相同的结果。因此，可以对一组工作中相同部分进行操作，提高了工作效率。

单击工作表组以外的表标签或者打开表标签快捷菜单并选择"取消成组工作表"选项，均可以取消工作组的设置。

2. 工作表的命名

可以按工作表的内容命名工作表。方法：在"开始"选项卡"单元格"功能区中单击"格式"按钮，在下拉列表中选择"重命名工作表"选项；或右击需要重命名的工作表的标签，在快捷菜单中选择"重命名"选项，表标签反相显示，输入工作表名字后按回车键，表标签中出现新的工作表名。

3. 移动或复制工作表

方法一：在表标签中选定工作表，可以用鼠标直接拖动到当前工作簿的某一个工作表之后（前）；若在移动时按住 Ctrl 键，可将该工作表复制到其他工作表之后（前）。同样，也可以将选定的工作表移动或复制到其他的工作簿中。

方法二：在"开始"选项卡"单元格"功能区中单击"格式"按钮，在下拉列表中选择"移动或复制工作表"选项，弹出"移动或复制工作表"对话框，选择相应选项后，可以将选定的工作表移动、复制到本工作簿的其他位置（或其他工作簿）中。

4. 删除工作表

选定工作表后，在"开始"选项卡"单元格"功能区中单击"删除"按钮，在下拉列表中选择"删除工作表"选项，可以删除选定工作表。

5. 插入工作表

在"开始"选项卡"单元格"功能区中单击"插入"按钮，在下拉列表中选择"插入工作表"选项，可以在当前工作表前插入一个新的工作表。

6. 隐藏和取消隐藏工作表

隐藏工作表：选定工作表，在"开始"选项卡"单元格"功能区中单击"格式"按钮，在下拉列表中选择"隐藏和取消隐藏"→"隐藏工作表"选项。

取消隐藏工作表：选定工作表，在"开始"选项卡"单元格"功能区中单击"格式"按钮，在下拉列表中选择"隐藏和取消隐藏"→"取消隐藏工作表"选项，在弹出的"取消隐藏"对话框中选择要取消隐藏的工作表，单击"确定"按钮。

7. 设定工作簿中的工作表数

一个工作簿默认包含 3 个工作表，根据需要可以设置工作表的数量。方法：在"文件"选项卡选择"选项"选项，在左边窗格中选择"常规"，在右边窗格的"新建工作簿"设置区的"包含的工作表数"文本框中设定工作表数，单击"确定"按钮。

8. 窗口的拆分与冻结

（1）拆分窗口：是把当前工作簿窗口拆分几个窗格，每个窗格都可以滚动显示工作表的各个部分。拆分窗口可以在一个文档窗口中查看工作表的不同部分。

方法一：选定活动单元格（拆分的分割点），在"视图"选项卡"窗口"功能区中单击"拆分"按钮，工作表在活动单元格处拆分为 4 个独立的窗格。此时，4 个窗格中各有一个滚动栏，单元格可以在 4 个分离的窗格中分别移动。用鼠标指向水平、垂直两条分割的交叉点时，鼠标指针变为十字箭头。此时按下鼠标左键，向上、向下、向左、向右拖动，可以改变窗口的分割位置。

方法二：在水平滚动条的右端和垂直滚动条的顶端有一个小方块，称为拆分框。拖动拆分框于要拆分的工作表分割处，可以将窗口拆分为 4 个独立窗格。

（2）撤消拆分窗口：在"视图"选项卡"窗口"功能区中单击"拆分"按钮，或双击分隔条，可恢复窗口原来的形状。

（3）冻结窗格：可将工作表的上窗格和左窗格冻结在屏幕上；滚动工作表时，行标题和列标题可以一直在屏幕上显示。

方法：选定活动的单元格（冻结点），在"视图"选项卡"窗口"功能区中单击"冻结窗格"按钮，在下拉列表中选择"冻结拆分窗格"选项，活动单元格上边和左边的所有单元格被冻结，一直在屏幕上显示。

冻结拆分窗口后，按 Ctrl+Home 组合键使单元格光标移动到未冻结区的左上角单元格；在"视图"选项卡"窗口"功能区中单击"冻结窗格"按钮，在下拉列表中选择"取消冻结窗格"选项，可以恢复工作表的原样。

9. 放大或缩小窗口

系统默认以 100%的比例显示工作表，可以在"视图"选项卡"显示比例"功能区中单击"显示比例"按钮，在"显示比例"对话框中选择显示比例；也可以在"自定义"文本框中输入自定显示比例，或在"视图"栏中拖动显示比例的滑动块改变显示比例。

【思考与练习】

插入一张名为"成绩表"的工作表，并使该工作表成为工作簿的第 3 张工作表；在该工作表的 A1 单元格输入内容为"我的成绩"。

【技能拓展】工作簿的保护

在制作表格时，我们可能不希望其他人员修改自己的工作簿，这时可以使用 Excel 的保护工作表、保护工作簿、加密工作簿等功能将工作表或工作簿保护起来。

1. 工作表的保护

① 打开一个要保护的工作表，切换至"审阅"选项卡，单击"更改"选项组中的"保护工作表"按钮。

② 弹出"保护工作表"对话框，如图 4-11 所示，选中"保护工作表及锁定的单元格内容"复选框，然后在"取消工作表保护时使用的密码"文本框中输入密码，并选中"允许此工作表的所有用户进行"列表框中的"选定锁定单元格"和"选定未锁定的单元格"复选框。

③ 设置完毕单击"确定"按钮，弹出"确认密码"对话框，在"重新输入密码"文本框中输入刚设置的密码，然后单击"确定"按钮。

④ 当用户需要编辑该工作表时，系统会弹出提示对话框，单击"确定"按钮关闭该对话框。

⑤ 单击"更改"选项组中的"撤消工作表保护"按钮，弹出"撤消工作表保护"对话框，在"密码"文本框中输入保护的密码，单击"确定"按钮即可编辑该工作表。

2. 工作簿的保护

① 在"审阅"选项卡上的"更改"组中单击"保护工作簿"图标按钮。

② 打开"保护结构和窗口"窗口，如图 4-12 所示，根据需要勾选"结构"或"窗口"复选框，若要保护工作簿的结构，选中"结构"复选框。若要使工作簿窗口在每次打开工作簿时大小和位置都相同，选中"窗口"复选框。如选中"结构"复选框，工作簿中的工作表将不能进行工作表的移动、添加、删除、隐藏、取消隐藏或重命名等操作；勾选"窗口"复选框，当前工作簿的窗口按钮不再显示，禁止新建、放大、缩小、移动或拆分工作簿窗口，"全部重排"命令也对此工作簿不再有效。Excel 2010 工作簿中的"保护结构和窗口"里的两个复选框可以同时勾选。

图 4-11　"保护工作表"对话框

图 4-12　"保护结构和窗口"对话框

3. 加密工作簿

如果希望限定必须使用密码才能打开工作簿时，可以在工作簿打开时进行设置。

单击"文件"选项卡，在下拉列表中单击"信息"，然后在右侧依次单击"保护工作簿""用密码进行加密"，将弹出"加密文档"对话框。输入密码，单击确定后，Excel 会要求再次输入密码进行确认。确认密码后，此工作簿下次被打开时将提示输入密码，如果不能输入正确的密码，Excel 将无法打开此工作簿。

如果要解除工作簿的打开密码，可以按上述步骤再次打开"加密文档"对话框，删除现有密码即可。

4. 数字签名

Excel 2010 允许向工作簿文件中加入可见的签名标志后再签署数字签名，也可以签署一份不可见的数字签名，无论是哪一种数字签名，如果在数字签名添加完成后对文件进行编辑修改，签名都将自动被删除。

单击"文件"选项卡，在下拉列表中单击"信息"，然后在右侧依次单击"保护工作簿""添加数字签名"，并按步骤完成操作即可。

5. 隐藏工作簿和工作表

为了避免由于用户的误操作导致数据损失，可以对一些保存有重要数据的工作簿和工作表进行隐藏。

在 Excel 2010 窗口中单击"视图"选项卡"窗口"组中的"隐藏"按钮可使当前打开的工作簿不可见。需要恢复时可单击"取消隐藏"按钮。

在 Excel 2010 窗口中右击希望隐藏的工作表，在弹出的快捷菜单中选择"隐藏"命令可使当前工作表不可见，需要恢复时可选择该菜单中的"取消隐藏"命令。

4.2　工作表的格式操作

在最初建立的工作表中输入时，所有的数据格式都采用默认的格式，如对齐方式、字形、字号等，但这并不能完全满足用户的需求，因此，创建工作表后还要对工作表进行格式化。通过设置数据的格式，可以使工作表更加美观，数据更加易于识别。

Excel 2010 对工作表提供了丰富的格式化命令和方法，可以完成对数字显示格式、文字对齐方式、字体、字形、框线、图案和颜色等的设置，使得表格更加美观、数据更易于阅读。

任务 3　设置工作表数据的格式

【任务描述】

本任务通过案例学习编排工作表格式、修饰工作表的文字方法。

【案例 4-3】

（1）学生成绩表刚创建时，输入的数据是默认格式。现要求改变工作表的格式，使其达到图 4-13 所示的效果。

	A	B	C	D	E	F
1			学生成绩表			
2	姓名	语文	数学	英语	化学	物理
3	代明	97	89	83	94	86
4	薛旺旺	69	70	79	78	79
5	柳萌	80	82	84	81	94
6	王诗诗	85	88	91	98	82
7	崔建成	79	75	94	82	78
8	程风	83	74	75	86	80
9	蒋茜	77	68	85	79	69
10	谢克勤	66	76	76	83	58

图 4-13　学生成绩表

（2）修饰工作表的文字，要求标题文字为"华文细黑"字体、字号16、蓝色；第二行数据项目名称文字为"隶书"字体、字号14、黑色；其余单元格中的文字为"楷体"字体、字号12点、红色。

【方法与步骤】

1. 设置工作表的格式

工作表的数据一般都是居中对齐的；当一个单元格中的内容比较多时，单元格的行高和列宽可能需要调整；工作表中一般包含文字、数字等不同类型的数据，往往希望不同类型的数据采用不同的数据格式与对齐方式。图4-13所示的工作表中，所有单元格内容居中对齐。

（1）设置标题居中。

方法一：选中单元格区域A1:F1，在"开始"选项卡"对齐方式"功能区中单击"合并后居中"按钮，在下拉列表中选择"合并后居中"选项。

方法二：选中单元格区域A1:F1，在"开始"选项卡"对齐方式"功能区中单击右边向下箭头，弹出"设置单元格格式"对话框，如图4-14所示；选择"对齐"选项卡，在"水平对齐"下拉列表框中选择"居中"选项，在"垂直对齐"下拉列表框中选择"居中"选项；选中"合并单元格"复选框；在"文字方向"下拉列表框中选择"根据内容"选项；单击"确定"按钮。

（2）设置表格内容水平居中。选择单元格区域A2:F10，在"开始"选项卡"对齐方式"功能区中单击" ☰ "按钮，使其内容水平居中。

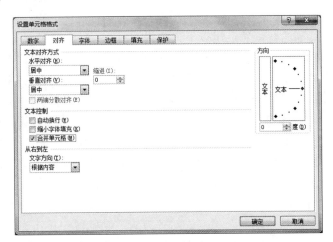

图4-14　"设置单元格格式"对话框

2. 修饰工作表的文字

新建的工作表中，数字和文字都采用默认的五号宋体字。在一张工作表中，如果全部文字和数字都采用默认的五号宋体字，不仅使整个工作表看起来乏味，而且数据不突出，不利于阅读。Excel 2010对于的单元格中使用的字体、字号、文字颜色等，既可以在数据输入前设置，也可以在数据输入完成后设置。本案例的操作步骤如下：

（1）选中标题所在的单元格A1，在"开始"选项卡"字体"功能区中设置字体为"华文细黑"，字号为16，字体颜色为"蓝色"。

（2）选中数据项目所在的单元格区域 A2:F2，在"开始"选项卡的"字体"功能区中设置字体为"隶书"，字号为 14，字体颜色为"黑色"。

（3）选中单元格区域 A3:F12，在"开始"选项卡的"字体"功能区中设置字体为"楷体"，字号为 12，字体颜色为"红色"。

【相关知识与技能】

1. 设置工作表数据的格式

（1）设置工作表的列宽。

选定需要设置列宽的列，然后用以下方法设置列宽：

方法一：在"开始"选项卡"单元格"功能区中单击"格式"按钮，在下拉列表中选择"列宽"选项，弹出"列宽"对话框，在其中输入要设置的列宽值，单击"确定"按钮。

提示： 在工作表中，每列宽度的默认值为 8.38。

方法二：在"开始"选项卡"单元格"功能区中单击"格式"按钮，在下拉列表中选择"自动调整列宽度"选项，所选列的列宽自动调整至适合的列宽值，单击"确定"按钮。

方法三：将鼠标移到所选列标的右边框，鼠标指针变为一条竖直黑短线和两个反向的水平箭头；按住鼠标左键，拖动边框（向右拖动加宽，向左拖动变宽）改变列宽度；或双击，该列的宽度自动设置为最宽项的宽度。

（2）设置工作表行高。

输入数据时，系统根据字体的大小自动调整行的高度，使其能够容纳行中最大的字体。此外，也可以根据需要设置行高，可以一次设置一行或多行的高度。

先选定需要设置行高的行，然后用以下方法设置行高：

方法一：在"开始"选项卡"单元格"功能区中单击"格式"按钮，在下拉列表中选择"行高"选项，弹出"行高"对话框，在其中输入要设置的行高值（0～409 之间的正数，代表行高的点数），单击"确定"按钮。

方法二：在"开始"选项卡"单元格"功能区中单击"格式"按钮，在下拉列表中选择"自动调整行高"选项，所选行的行高自动调整至合适的行高值，单击"确定"按钮。

方法三：将鼠标移到所选行号的下边框，鼠标指针变为一条水平黑短线和两个反向的垂直箭头；用鼠标拖动该边框改变行的高度；或双击，该行的高度自动设置为最高项的高度。

（3）单元格内容的对齐。

选定单元格区域，在"开始"选项卡"对齐方式"功能区中单击右边的向下箭头，弹出"设置单元格"对话框，在"对齐"选项卡中选择需要的选项。

2. 修饰工作表的文字

（1）设置单元格的文字格式。

在"开始"选项卡"字体"功能区中，可以设置单元格的文字格式。在"字体"功能区中单击右边的向下箭头，可以弹出"单元格格式"对话框，在"字体"选项卡中可以设置字体、字形、字号、下划线、颜色、特殊效果（删除线、上标和下标）等；完成设置后，可以在"预览"框中预览当前选定的字体及其格式。

（2）设置单元格的颜色和图案。

选定单元格区域，在"开始"选项卡"字体"功能区中单击右边的向下箭头，在"设置单元格格式"对话框"填充"选项卡的"图案样式"中选择需要的图案。

【技能拓展】条件格式的设置

【案例 4-4】根据图 4-15"成绩表"工作表设置成绩数据区域 B3:F10 的条件格式。条件1：大于或等于 90 的值的字体颜色显示标准色红色；条件 2：介于 80 到 89 之间的值的字体颜色显示标准色蓝色。

▲	A	B	C	D	E	F
1			学生成绩表			
2	姓名	语文	数学	英语	化学	物理
3	代明	97	89	83	94	86
4	薛旺旺	69	70	79	78	79
5	柳萌	80	82	84	81	94
6	王诗诗	85	88	91	98	82
7	崔建成	79	75	94	82	78
8	程风	83	74	75	86	80
9	蒋茜	77	68	85	79	69
10	谢克勤	66	76	76	83	58

图 4-15　成绩表

【方法与步骤】

（1）选择单元格区域 B2:F10。

（2）在"开始"选项卡"样式"功能区中单击"条件格式"按钮，在列表中选择"新建规则"选项，弹出"新建格式规则"对话框。

（3）选择"只为包含以下内容的单元格设置格式"选项，在"编辑规则说明"中"单元格值"的比较方式选择"大于"选项，输入条件为 90，并点击"格式"按钮，弹出"设置单元格格式"对话框，将字体颜色设置为标准色红色，如图 4-16 所示。

（4）重复步骤（3）的操作方式，选择"介于"选项，输入条件"80"至"89"，设置条件介于 80 到 89 之间的值的字体颜色显示标准色蓝色。

图 4-16　"新建格式规则"对话框

【相关知识与技能】

1. 条件格式的设置与删除

无论是否有数据满足条件或是否显示了指定的单元格格式，条件格式被删除前一直对单元格起作用。在已设置条件格式的单元格中，当其值发生改变而不满足设定的条件时，Excel 将恢复这些单元格原来的格式。

在"开始"选项卡"样式"功能区中单击"条件格式"按钮，在下拉列表中选择"清除规则"→"清除整个工作表规则"选项，清除工作表中所有的条件格式。

2．更改条件格式

选定单元格区域，在"开始"选项卡"样式"功能区中单击"条件格式"按钮，在下拉列表中选择"突出显示单元格规则"子菜单中符合要求的条件。

3．使用格式刷

在编辑工作表的过程中，可以用格式刷按钮复制单元格或对象格式，格式刷的使用方法与 Word 中的一样。

【思考与练习】

根据图 4-17 给定的工作表，在第一行前输入一个标题行，标题内容为"业绩销售报表"，对齐方式为"合并及居中"，表格中的其他数据居中排列。

	A	B	C	D	E	F	G
1	月份	上海分公司	北京分公司	天津分公司	昆明分公司	成都分公司	总计
2	1月份	358	284	377	452	245	
3	2月份	391	479	428	212	256	
4	3月份	485	283	213	443	386	
5	4月份	202	203	482	276	272	
6	5月份	302	444	326	311	296	
7	6月份	333	543	768	755	547	

图 4-17　业绩销售报表

任务 4　设置单元格的数字格式

【任务描述】

本任务通过案例学习设置单元格数字格式的方法。

【案例 4-5】某家庭根据 2015 年 7 月至 2015 年 12 月水电费用支出情况制作一张电子表格，如图 4-18 所示。由图可见，工作表中的数据全部采用默认格式，且其中有多种数字，如日期、货币等。对工作表进行格式设置，将 A3:A8 区域格式设置为"xxxx 年 xx 月"格式，B3:B8 及 C3:C8 区域格式设置为货币（人民币，符号为：￥），其中 B 列保留两位小数，C 列保留三位小数。操作结果如图 4-19 所示。

	A	B	C
1	家庭水电费用支出表		
2	时间	水费	电费
3	2015/07	156	322.789
4	2015/08	105.1234	263.87788
5	2015/09	95	193.5
6	2015/10	102.5	255
7	2015/11	117.9343234	357.343242
8	2015/12	207.5	381

图 4-18　未格式化的"家庭水电费用支出表"

	A	B	C
1	家庭水电费用支出表		
2	时间	水费	电费
3	2015年7月	￥156.00	￥322.789
4	2015年8月	￥105.12	￥263.878
5	2015年9月	￥95.00	￥193.500
6	2015年10月	￥102.50	￥255.000
7	2015年11月	￥117.93	￥357.343
8	2015年12月	￥207.50	￥381.000

图 4-19　格式化后"家庭水电费用支出表"

【方法与步骤】

工作表中的数字、日期、时间、货币等都以纯数字存储，在单元格内显示时，按单元格的格式显示。如果单元格没有重新设置格式，则采用通用格式，将数值以最大的精确度显示。当数值很大时，用科学计数法表示，如 2.3456E+0.5。如果单元格的宽度无法以设定的格式将数字显示出来，用"#"号填满单元格，此时只要将单元格加宽，即可将数字显示出来。

将图 4-18 中的工作表设置为如图 4-19 所示的格式，除将标题行设置为"合并及居中"、A2:C8 设置为居中外，还要将单元格区域 A3:A8 设置为日期格式，将单元格区域 B3:B8、C3:C8 设置为货币格式，并分别保留两位、三位小数。

（1）选择单元格区域 A1:C1，设置标题格式为"合并及居中"。

（2）选中单元格区域 A2:C8，在"开始"选项卡"对齐方式"功能区单击"居中"按钮。

（3）选中单元格区域 A3:A8，在"开始"选项卡的"对齐方式"功能区单击右边的向下按钮，弹出"设置单元格格式"对话框；在"数字"选项卡"分类"列表框选择"日期"选项，在"类型"列表框中选择"2001 年 3 月"选项，如图 4-20 所示；单击"确定"按钮。

（4）分别选择单元格区域 B3:B8 和 C3:C8，用同样的方法设置数字格式为"货币"，并保留小数位数。

图 4-20　"设置单元格格式"对话框的"数字"选项卡

【相关知识与技能】

1. 数字格式概述

不同的应用场合，需要使用不同的数字格式。因此，要根据需要设置单元格中的数字格式化。默认的数字格式为"常规"格式。输入时，系统根据单元格中输入数值进行适当的格式化。例如，输入$1000 时，自动化为 1,000；输入 1/3，自动显示为 1 月 3 日；输入 25%时，系统默认为是 0.25。

2. 设置单元格数字格式

方法一：选定单元格区域，在"开始"选项卡"字体"功能区中单击右边向下的箭头，弹出"设置单元格格式"对话框，在"数字"选项卡"分类"列表框选择数字类型及数据格式，单击"确定"按钮或按回车键。

方法二：在"开始"选项卡"数字"功能区中有 5 个用于设置单元格数字格式的工具按钮，分别是货币样式、百分比样式、千分分隔样式、增加小数位数、减少小数位数，可以用于设置单元格的数字格式。

3. 创建自定义格式

若 Excel 2010 提供数字格式不够用，可以创建自定义数字格式，如专门的会计或科学数值表示、电话号码、区号或其他必须以特定格式显示的数据等。

方法：选定单元格区域，在"开始"选项卡"字体"功能区中单击右边的向下箭头，弹出"设置单元格格式"对话框，在"数字"选项卡"分类"列表框选择"自定义"选项，在"类型"列表中选择一个最接近需要的自定义格式并进行修改，单击"确定"按钮，保存新的数字格式。

【思考与练习】

1. 设置数字格式

（1）在工作表的任意单元格中输入数字 1234，观察该数字在单元格内的对齐方式。

（2）将该单元格的数字格式改为文本格式（左对齐）。

（3）选中 1234 所在的单元格，在"开始"选项卡"数字"功能区中分别单击"货币样式""百分比样式""增加小数位数"和"减少小数位数"按钮，观察该单元格数字格式的变化。

2. 自定义格式的设置

（1）在工作表中的任选单元格，输入 12345.678。

（2）将该单元格的数字格式设置为自定义格式，类型为 0.00E+00，观察单元格中数据各式变化。

（3）将选中的单元格设置为其他格式（数字格式自定），观察单元格中数据公式的变化。

任务 5　工作表的打印设置操作

【任务描述】

本任务通过案例学习工作表的页面设置与打印。

【案例 4-6】将案例 4-1 建立的工资表打印出来，并将页面设置为：上下左右页边距为 2.5，纸张方向为横向，纸张大小为 B5，缩放比例为 125%，页面垂直居中。

【方法与步骤】

1. 页面设置

（1）在"页面布局"选项卡"页面设置"功能区中单击右下角箭头按钮，弹出"页面设置"对话框，如图 4-21 所示。

（2）选择"页面"选项卡，在"方向"区域选中"横向"单选按钮。

（3）在"缩放"区域指定工作表的缩放比例，本案例选择 125%（若工作表比较大，可以选择"调整为 1 页宽，1 页高"）。

（4）在"纸张大小"下拉式列表框中选择所需要的纸张大小，本案例选择 B5。

（5）在"打印质量"下拉式列表框中指定工作表的打印质量，本案例选择默认值。

图 4-21 "页面设置"对话框

（6）在"起始页码"文本框中键入所需的工作表起始页码，本案例输入"自动"（默认值）。

（7）选择"页边距"选项卡，在将页边距上下左右设置为 2.5，勾选"居中方式"中的"垂直"。

（8）单击"确定"按钮，完成页面设置。

2. 打印预览

在"文件"选项卡中选择"打印"选项，单击"打印"按钮，可以将工作表打印出来。

完成对工作表的编辑后，如果在本地计算机或本地网络上连接了打印机，可以将工作表直接打印出来；如果没有连接打印机，可以将其打印到文件，然后在连接有打印机的计算机上进行打印。在打印前设置打印区域、页面和分页符等。默认状态下，Excel 2010 自动选择有文字的最大行和列作为打印区域。

实际打印输出前，可以用"打印预览"功能将打印的效果在屏幕上显示出来，屏幕上显示的打印内容与真正打印输出打印的效果是一致的。此外，还可以根据所显示的情况进行相应的参数调整。

【相关知识与技能】

在"页面设置"对话框中可以对页面、页边距、页眉/页脚和工作表进行设置。

1. 设置页眉、页脚

页眉用于标明文档的名称和报表标题，页脚用于标明页号以及打印日期、时间等。页眉和页脚并不是实际工作表的一部分。

注意：页眉、页脚的设置应小于对应的边缘，否则页眉、页脚可能覆盖文档的内容。

在"页眉设置"对话框的"工作表"选项卡中可以设置打印区域、打印标题、打印顺序等。

2. 插入和删除分页符

超过一页时，自动在分页符处对文档分页，也可以插入分页符强制分页。

（1）插入分页符：选定新一页开始的单元格，在"页面布局"选项卡的"页面设置"功能区中单击"分隔符"按钮，在下拉列表中选择"插入分页符"选项，可以插入分页符。若要插入一个垂直分页符，选定的单元格必须位于工作表的 A 列；如要插入一个水平分页符，选定单元格必须位于工作表的第一行。若在其他位置选定单元格，则插入一个水平分页符和垂直分页符。

（2）删除分页符：选定垂直分页符下面第一行的任意单元格，在"页面布局"选项卡"页面设置"功能区中单击"分隔符"按钮，在下拉列表中选择"删除分页符"选项，可以删除一个垂直分页符。选定水平分页符右边第一列的任意单元格，选择"分隔符"下拉列表中的"删除分页符"，可以删除一个水平分页符。

3. 打印工作表

在 Windows 系统安装的任何打印机，都可以打印工作表单元格区域。若工作表太大，系统将在分页处分割工作表；也可以选择缩小尺寸，以使工作表放一页或指定数目的页中。

在"文件"选项卡选择"打印"选项，在中部位置可以对打印机设置：页面设置、选择打印范围（全部或指定页数、选定区域、工作表或整个工作簿）和打印份数，在右侧可以看到预览效果，单击"确定"按钮开始打印，如图 4-22 所示。

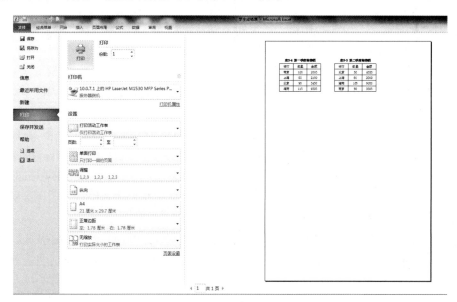

图 4-22 "打印"窗口

【技能拓展】设置单元格的背景和边框

1. 设置单元格的背景

对于单元格的背景设置，用户可以通过"设置单元格格式"对话框的"填充"选项卡，对单元格的底色进行填充修饰。

用户可以在"背景色"区域中选择多种填充颜色，或单击"填充效果"按钮，在"填充效果"对话框中设置渐变色。此外，用户还可以在"图案样式"下拉列表中选择单元格图案填充，并可以单击"图案颜色"按钮设置填充图案的颜色。

2. 设置单元格的表格线与边框线

（1）在单元格区域周围加边框。在工作表中给单元格加上不同的边框，可以画出各种表格。若需要在工作表中分离标题、累计行及数据，可以在工作表中划线。

方法一：在"开始"选项卡"字体"功能区中单击右边向下箭头，弹出"设置单元格格式"对话框，在"边框"选项卡的"预置"框内设置边框的样式，在"线条"框内设置线型和颜色，单击"确定"按钮。

方法二：在"开始"选项卡"字体"功能区中单击"其他边框"按钮，在下拉列表中选择需要的边框类型。

（2）删除边框。选择有边框的单元格区域，在"开始"选项卡"字体"功能区中单击右边的向下箭头，弹出"设置单元格格式"对话框，在"边框"选项卡逐个单击所有选项，使其为空，单击"确定"按钮。

（3）取消网格线。在"视图"选项卡"显示/隐藏"功能区中选中"网格线"复选框，使其中的"√"符号消失。

（4）自动套用格式。系统设置了多种专业性的报表格式供选择，可以选择其中一种格式自动套用到选定的工作表单元格区域。

方法：选定要套用自动格式的单元格区域，在"开始"选项卡"样式"功能区中选择"套用表格格式"按钮，选择"浅色、中等深浅、深色"等三个样式中的某一种，便可直接应用到选定区域。同时，也可根据用户的需求另行新建表样式。

4.3 公式与函数的使用

任务 6 公式的使用

【任务描述】

本任务通过案例学习工作表中公式输入的方法。

【案例 4-7】制作一张学生总评成绩表，如图 4-23 所示，计算每个学生的总评成绩（总评成绩=期中成绩*40%+期末成绩*60%）。

图 4-23 学生总评成绩表

【方法与步骤】

将数据输入到工作表后，可以使用公式进行计算。本案例的学生总评成绩表中，第一个学生的总评成绩采用公式进行计算，其余学生的总评成绩采用复制公式的方法得到。

（1）在工作表中选择单元格 G3，输入"="号，表示开始进行公式输入。

（2）单击单元格 E3，输入"*40%+"，再单击单元格 F3，输入"*60%"，按回车键（或编辑栏中单击 ✔ 按钮），可以看到第一位学生的总评成绩已经计算出来了。

（3）单击单元格 G3，将鼠标指针移动到单元格右下方的填充柄（黑色小方块）上，鼠标指针变成黑色十字形状时，按住鼠标左键并向下拖动到单元格 G10，即可完成公式的复制。

【相关知识与技能】

1．公式中的运算符

Excel 中的运算符一般有算术运算符、比较运算符、文本运算符和引用运算符。

（1）算术运算符。算术运算包括加（+），减（-）、乘（×）、除（/）、幂（^）、负号（-）、百分号（%）等。算术运算符连接数字并产生计算结果。

例如，公式=30^2*20%是先求 30 的平方，然后再与 20% 相乘，公式的值是 180。

（2）比较运算符。比较运算符比较两个数值的大小并返回逻辑值 True（真）和 False（假），包括等于（=）、大于（>）、小于（<）、大于等于（>=）、小于等于（<=）、不等于（<>）。

例如，若单元格 A1 的数值小于 25，则公式=A1<25 的逻辑值为 True，否则为 False。

（3）文本运算符。文本运算符"&"将多个文本（字符串）连接成一个连续的字符。

例如，设单元格 A1 中的文字"广州市"，则公式="广东省&A1"的值为"广东省广州市"。

（4）引用运算符。引用运算符可以将单元格区域合并运算，包括冒号（:）、逗号（,）和空格。

1）冒号（:）：区域运算符，可对两个引用之间（包括这两个引用在内）的所有单元格进行引用。例如，A1:H1 是引用从 A1 到 H1 的所有单元格。

2）逗号（,）：联合运算符，可将多个引用合并为一个引用。例如，SUM(A1:H1,B2:F2)是将 A1:H1 和 B2:F2 两个单元格区域合并为一个。

3）空格：交叉运算符，可产生同时属于两个引用的单元格区域的引用。例如，SUM(A1:H1 B1:B4)只有 B1 同时属于两个引用 A1:H1 和 B1:B4。

2．运算符的优先顺序

通常情况下，Excel 按照从左向右的顺序进行公式运算，当公式中使用多个运算符时，Excel 将根据各个运算符的优先级进行运算，对于同一级次的运算符，则按从左向右的顺序运算。具体的优先顺序如表 4-3 所示。

表 4-3　运算符的优先顺序

顺序	符号	说明
1	:　_(空格),	引用运算符：冒号、单个空格和逗号
2	-	算术运算符：负号（取得与原值正负号相反的值）
3	%	算术运算符：百分比
4	^	算术运算符：乘幂
5	*和/	算术运算符：乘和除（注意区别数学中的×、÷）
6	+和-	算术运算符：加和减
7	&	文本运算符：连接文本
8	=,<,>,<=,>=,<>	比较运算符：比较两个值（注意区别数学中的≤、≥、≠）

3．公式编辑

单元格中的公式可以进行修改、复制、移动等编辑操作。

（1）修改公式：在输入公式过程中发现有错误，可以选中公式所在的单元格，然后在编辑栏中进行修改。修改完毕，按回车键。

（2）移动和复制公式：与单元格的操作相同，但是复制、移动公式有单元格地址的变化，对结果产生影响。

提示： Excel 自动调整所有移动单元格的引用位置，这些引用位置仍然引用到新的同一个单元格。如果将单元格移动到原先已被其他公式引用的位置上，由于原有单元格已经被移动过来的单元格代替了，公式会产生错误值"#REF!"。

4．显示公式

一般情况下，在单元格中不显示实际的公式，而是显示计算的结果。只要选择单元格为活动单元格，即可在编辑栏中看到公式。

在单元格中显示公式的方法：在"公式"选项卡的"公式审核"功能区中单击"显示公式"选项。此时，工作表的单元格不再显示公式的计算结果，而是显示公式本身。

提示： 按 Ctrl+` 键（在 1 键的左边）可以在"显示公式值"和"显示公式"两者之间切换。

5．复杂公式的使用

（1）公式的数值转换。在公式中，每个运算符与特定类型的数据连接，如果运算符连接的数值与其所需的类型不同，Excel 将自动更换数值类型。

（2）日期和时间的使用。Excel 中显示时间和日期的数字是以 1900 年 1 月 1 日星期日为日期起点，数值设定为 1；以午夜时（00:00:00）为时间起点，数值设定为 0.0，范围是 24 小时。

日期计算中经常用到两个日期之差，例如，公式="2015/10/29"-"2015/10/10"，计算结果为 19。此外，也可以进行其他计算，例如，公式="2015/10/29"+"2015/10/10"，计算结果为 84593。

注意： 输入日期，若以短格式输入年份（即年份输入两位数），Excel 2010 将做如下处理：若年份在 00 至 29 之间，作为 2000 至 2029 年处理。例如，输入 15/11/2，Excel 认为该日期是 2015 年 11 月 2 日。若年份在 30 至 99 之间，作为 1930 至 1999 年处理。例如，输入 89/8/10，Excel 认为该日期是 1989 年 8 月 10 日。

（3）公式返回错误值及产生原因。

使用公式时，出现错误将返回错误值。表 4-4 列出了常见的错误值及产生的原因。

表 4-4 公式返回的错误值及其产生的原因

返回的错误值	产生的原因
#####!	公式计算的结果太长，单元格宽度不够，增加单元格的列宽可以解决
@Div/0	除数为 0
#N/A	公式中使用不存在的名称，以及名称的拼写错误
#NAME?	删除了公式中使用或不存在的名称，以及名称的拼写错误
#NULL!	使用了不正确的区域运算或不正确的单元格使用
#NUM!	在需要数字参数的函数中使用了不能接受的参数，或者公式计算结果的数字太大或太小，Excel 无法表示
#REF!	删除了其他公式引起的单元格，或将移动单元格粘贴到其他公式引用的单元格中
#VALUE!	需要数字或逻辑值时输入了文本

6．数组公式的使用

用数组公式可以执行多个计算并返回多个结果。数组功能是数组公式作用于两个或多个功能区，称为数组参数值，每个数组参数必须具有相同数目的行和列。

（1）创建数组公式。

1）如果希望数组公式返回一个结果，则单击输入数组公式的单元格；如果希望数组公式返回多个结果，则选定输入数组公式的单元格区域。

2）输入公式的内容，按 Ctrl+Shift+Enter 组合键。

注意：若数组公式返回多个结果，删除数组公式时必须删除整个数组公式。

在数组公式中除了可以使用单元格引用外，也可以直接输入数值数组。直接输入的数值数组称为数组常量。

在公式中建立数组常量的方法：直接在公式中输入数值，并用大括号（{ }）括起来；不同列的数值用逗号分开，不同行的数值用分号分开。

（2）应用数组公式。

在图 4-1 所示的工资表中，可以用数组公式计算应发工资。

方法：选定要用数组公式计算结果的单元格区域 J2:J11，输入公式=F2:F11+G2:G11+H2:H11-I2:I11，按 Ctrl+Shift+Enter 组合键结束输入并返回计算结果。

7．中文公式的使用

在复制、使用函数以及对工作中的某些内容进行修改时，涉及到单元格或单元格区域。为简化操作，Excel 允许对单元格或单元格区域命名，从而可以直接使用单元格或单元格区域的名称来规定操作对象的范围。

单元格或单元格区域命名是给工作表中的某一个单元格或单元格区域取一个名字，在以后的操作中，当涉及已命名的单元格或单元格区域时，只要使用名字即可操作，而不再需要进行单元格或单元格区域的选定操作。

（1）定义名称。在"公式"选项卡"定义的名称"功能区中单击"定义名称"按钮，在下拉列表中选择"定义名称"选项，可以为单元格、单元格区域、常量或数值表达式建立名字。建立名字后，可以直接用来引用单元格、单元格区域、常量或数值表达式；可以更改或删除已定义的名字，也可以预先为以后要常用的常量或计算的数值定义名字。建立名字后，若选定一个命名单元格或已命名的整个区域时，名字出现在编辑栏的引用区域。

在编辑栏中单击名字框向下箭头，打开当前工作表单元格区域名字的列表。移动单元格光标或引用时，可以在名字列表中选择名字而直接选择或引用单元格区域。

方法：在"公式"选项卡"定义的名称"功能区中单击"定义名称"按钮，在下拉列表中选择"定义名称"选项，弹出"新建名称"对话框，如图 4-24 所示。在"名称"文本框中输入定义的名称，在"范围"列表框中选择名称用到哪些范围，在"引用位置"中设置定义名称框的区域。在"定义的名称"选项卡中单击"名称管理器"按钮，弹出"名称管理器"对话框，可以管理定义的名称，包括编辑、删除、新建等。

图 4-24 "新建名称"对话框

（2）粘贴名称。可以将选定的名字插入到当前单元格或编辑栏的公式中。若当前正在编辑栏中编辑公式，则选定的名字粘贴在插入点；若编辑栏没有激活，则将选定的名字粘贴到活动单元格光标处，并在名字前加上"="号，同时激活编辑栏。

方法：在"公式"选项卡"定义的名称"功能区中单击"用于公式"按钮，在下拉列表中选择“粘贴名称”选项，弹出“粘贴名称”对话框；在“粘贴名称”列表框中选择要粘贴的名字后，单击“确定”按钮，完成粘贴。

（3）应用名称。将已定义的名字替换公式中引用的单元格区域。

方法：在“公式”选项卡“定义的名称”功能区单击“定义名称”按钮，在下拉列表中选择“应用名称”选项，弹出“应用名称”对话框，根据需要选择相应选项。

（4）根据所选内容创建。

方法：在“公式”选项卡“定义的名称”功能区中单击“根据所选内容创建”按钮，弹出“以选定区域创建名称”对话框，根据需要选择相应的选项。

【思考与练习】

1．创建数组公式：在单元格 A1、A2、A3、A4 中分别输入 10、20、30、40，在单元格 B1、B2、B3、B4 中分别输入 1、2、3、4；在单元格区域 C1:C4 中输入公式=A1:A4*B1:B4，然后按 Ctrl+Shift+Enter 组合键。观察并分析公式的计算结果。

2．在“公式”选项卡“定义的名称”功能区分别选择各选项，观察弹出对话框的内容及其使用方法。

任务 7　公式中地址的引用

【任务描述】

本任务通过案例学习公式中引用、相对引用与绝对引用的使用。

【案例 4-8】用输入公式的方法计算图 4-25 所示“欣欣公司工资表”中的“应发工资”和“实发工资”。

	A	B	C	D	E	F	G	H	I	J
1	欣欣公司工资表									
2	员工编号	姓名	性别	部门	职务	基本工资	职务津贴	所得税	应发工资	实发工资
3	001	李新	男	办公室	总经理	6820	3000	899.3		
4	002	王文辉	男	销售部	经理	4530	2000	581.25		
5	003	孙英	女	办公室	文员	1250	1000	40		
6	004	张在旭	男	开发部	工程师	3800	1500	345		
7	005	金翔	男	销售部	销售员	3281	1000	292.32		
8	006	郝心怡	女	办公室	文员	780	1000	9		
9	007	陈松	男	开发部	工程师	5200	1500	537		
10	008	张雨涵	女	销售部	销售员	2600	1000	175		
11	009	高晓东	男	客服部	工程师	2832	1500	248.2		
12	010	张平	男	销售部	销售员	1850	1000	100		

图 4-25　欣欣公司工资表

【方法与步骤】

Excel 公式一般不是指出哪几个数据间的运算关系，而是计算某些单元格中数据的关系，需要指明单元格的区域，即引用。在公式中常常需要引用单元格。在本案例中，“应发工资”实质是在单元格 I3 中输入公式=F3+G3；“实发工资”实质是在单元格 J3 中输入公式=I3-H3。

上述公式中，采用引用单元格的方式，将数值代入公式中。

公式 I3=F3+G3，表示“应发工资=基本工资+职务津贴”，F3 为员工李新的“基本工资”6820，G3 为李新的“职务津贴”3000 元，I3“实发工资”等于基本工资 6820 加上职务津贴

3000，得出 9820。

公式 J3 =I3-H3，表示"实发工资=应发工资-所得税"，I3 为李新的"应发工资"9820，减去其 H3 "所得税"899.3，得出"实发工资"8920.7。

（1）选中单元格 I3，输入公式= F3+G3，按回车键（或在编辑栏中单击 ✔ 按钮）。

（2）选中单元格 J3，输入公式=I3-H3，按回车键（或在编辑栏中单击 ✔ 按钮）。

（3）将单元格 I3 中的公式复制到单元格区域 I4:I12，将单元格 J3 中的公式复制到单元格区域 J4:J12。

【相关知识与技能】

1．在公式中引用其他单元格

在公式中可以引用本工作簿或其他工作簿中任何单元格区域的数据。此时，在公式中输入的是单元格区域的地址。引用后，公式的运算值随着被引用单元格的数据变化而变化。例如，在单元格 E1 中输入公式=A1+B1+C1，则 E1 中存放 A1、B1、C1 三个单元格的数据之和。

Excel 提供了 3 种不同的引用类型：相对引用、绝对引用和混合引用。实际应用中，要根据数据的关系决定采用哪种引用类型。

（1）相对引用：直接引用单元格的区域名，不需要加"$"符号。例如，公式=A1+B1+C1 中的 A1、B1、C1 都是相对引用。使用相对引用后，系统记住建立公式的单元格和被引用单元格的相对位置。复制公式时，新的公式单元格和被引用单元格之间仍保持这种相对位置关系。

（2）绝对引用：绝对引用的单元格名中，列标、行号前都有"$"符号。例如，上述公式改为绝对引用后，单元格中输入的公式应为$A$1+$B$1+$C$1。使用绝对引用后，被引用的单元格与引用公式所在单元格之间的位置关系是绝对的，无论这个公式复制到任何单元格，公式所引用的单元格不变，因而引用的数据不变。

（3）混合引用：混合引用有两种情况，若在列标（字母）前有"$"符号，而行号（数字）前没有"$"符号，被引用的单元格列的位置是绝对的，行的位置是相对的；反之，列的位置是相对的，行的位置是绝对的。例如，$A1 是列绝对、行相对，A$1 是列相对、行绝对。

以图 4-26 所示的工作簿文件为例，单元格区域 A1:D2 中存放的是常数，在 E1、E2、E3 三个单元格中输入含有相同单元格位置但引用类型不同的 3 个公式：=A1+B1+C1+D1、=$A$2+$B$2+$C$2+$D$2 和 A$2+$B$2+C$2+$D$2。将 E1 复制到 F1，公式变为=B1+C1+D1+E1；E2 复制到 F2，公式不变；E3 复制到 F3，公式变为=B$2+$B$2+D$2+$D$2。

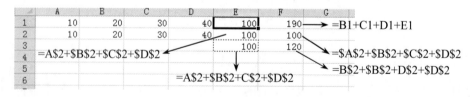

图 4-26　三种引用类型的示意图

可见，原来在 E1、E2、E3 的运算结果是相同的，但在 F1、F2、F3 中引用的单元格发生了变化，因此运算结果变为不同了。

2．引用同一个工作簿中其他工作表的单元格

在同一个工作簿中，可以引用其他工作表单元格。设当前工作表是 Sheet1，要在单元格

A1 中求 Sheet2 工作表单元格区域 C3:C9 中的数据之和。

方法一：在 Sheet1 中选择单元格 A1，输入公式=SUM(Sheet2!C3:C9)，按回车键。

方法二：在 Sheet1 中选择单元格 A1，输入"SUM("或单击常用工具栏中的自动求和按钮；再选择 Sheet2 表标签，在 Sheet2 中选择单元格区域 C3:C9；最后在编辑栏中加上"）"或直接按回车键由系统自动加上。

3. 引用其他工作簿的单元格

同样道理，也可以引用其他工作簿中单元格的数据或公式。例如，设当前工作簿是 Book1，要在工作表 Sheet1 的单元格 B1 中求工作簿文件 AAA.XLSX 的 Sheet1 中单元格区域$B$1:$F$1 的数据之和。

方法：移动单元格光标到 B1，输入公式"=Sum("或单击"编辑"选项卡中的"自动求和"命令。选择"文件"选项卡→"打开"命令，打开 AAA.XLSX 工作簿；在 AAA.XLSX 工作簿的 Sheet1 工作簿中选择单元格区域$B$1:$F$1；按回车键；关闭工作簿 AAA.XLSX。

注意：如果单元格中显示 ERR，可能发生了以下错误：用零作除数、使用空白单元格作为除数、引用空白单元格、删除在公式中使用的单元格或包括显示计算结果的单元格引用。

4. 引用名字

若单元格已经命名，在引用单元格时可以引用其名字。

5. 循环应用

当一个公式直接或间接地引用了该公式所在的单元格时，产生循环引用。

计算循环引用的公式时，Excel 需要使用前一次迭代的结果计算循环引用中的每个单元格。迭代是指重复计算，直到满足特定的数值条件。如果不改变迭代的默认设置，Excel 将在 100 次迭代后或两次相邻的迭代得到的数值相差小于 0.001 时停止迭代运算。

迭代设置可以根据需要改变。改变默认迭代设置的方法：在"文件"选项卡中选择"选项"选项，在"Excel 选项"对话框左窗格中选择"公式"，在右窗格的"工作簿计算"功能区中选中"启用迭代计算"复选框，在"最多迭代次数"和"最大误差"文本框中输入新的设置值；单击"确定"按钮。

【思考与练习】

应用相对地址、绝对地址及混合地址相关知识，制作九九乘法表。如图 4-27 所示。

	A	B	C	D	E	F	G	H	I	J
1		1	2	3	4	5	6	7	8	9
2	1	1*1=1	2*1=2	3*1=3	4*1=4	5*1=5	6*1=6	7*1=7	8*1=8	9*1=9
3	2	1*2=2	2*2=4	3*2=6	4*2=8	5*2=10	6*2=12	7*2=14	8*2=16	9*2=18
4	3	1*3=3	2*3=6	3*3=9	4*3=12	5*3=15	6*3=18	7*3=21	8*3=24	9*3=27
5	4	1*4=4	2*4=8	3*4=12	4*4=16	5*4=20	6*4=24	7*4=28	8*4=32	9*4=36
6	5	1*5=5	2*5=10	3*5=15	4*5=20	5*5=25	6*5=30	7*5=35	8*5=40	9*5=45
7	6	1*6=6	2*6=12	3*6=18	4*6=24	5*6=30	6*6=36	7*6=42	8*6=48	9*6=54
8	7	1*7=7	2*7=14	3*7=21	4*7=28	5*7=35	6*7=42	7*7=49	8*7=56	9*7=63
9	8	1*8=8	2*8=16	3*8=24	4*8=32	5*8=40	6*8=48	7*8=56	8*8=64	9*8=72
10	9	1*9=9	2*9=18	3*9=27	4*9=36	5*9=45	6*9=54	7*9=63	8*9=72	9*9=81

图 4-27　九九乘法表

任务 8　函数的使用

【任务描述】

本任务通过案例学习函数的使用方法。

【案例 4-9】 用输入函数的方法计算图 4-28 所示学生成绩表中的"总分"和"平均分"。

	A	B	C	D	E	F	G	H
1				学生成绩表				
2	学号	姓名	英语	高数	普通物理	计算机	总分	平均分
3	20066028	黄然	75	98	85	80		
4	20066029	李远禄	90	92	80	65		
5	20066030	方智立	60	30	70	85		
6	20066031	雷源	80	80	78	80		
7	20066032	姜大树	62	85	78	80		

图 4-28　求出学生成绩的"总分"及"平均分"

【方法与步骤】

函数是 Excel 内部已经定义的公式，对指定的值区域执行运算。Excel 提供的函数包括数学与三角、时间与日期、财务、统计、查找和引用、数据库、文本、逻辑、信息和工程等，为数据运算和分析带来极大的方便。

本案例中，计算总分可以用函数=SUM(C3:F3)，不必输入公式=C3+D3+E3+F3；计算平均分可以用函数=AVERAGE(C3:F3)，不必输入公式=G3/4。

（1）在单元格 G3 中输入函数=SUM(C3:F3)，按回车键（或在编辑栏中单击 ✔ 按钮）。

（2）在单元格 H3 中输入函数=AVERAGE(C3:F3)，按回车键（或在编辑栏中单击 ✔ 按钮）。

【相关知识与技能】

1. 函数的语法

函数由函数名和参数功能区成。函数名通常以大写字母出现，用以描述函数的功能。参数是数字、单元格引用、工作表名字或函数计算所需要的其他信息。例如，函数 SUM(A1:A10) 是一个求和函数，SUM 是函数名，A1:A10 是函数的参数。

（1）函数的语法规定：

① 公式必须以"="开头，例如：=SUM(A1:A10)。

② 函数的参数用圆括号"( )"括起来。其中，左括号必须紧跟在函数后，否则出现错误信息。个别函数如 PI 等虽然没有参数，也必须在函数名后加上空括号。例如：=A2*PI()。

③ 函数的参数多于一个时，要用","号分隔。参数可以是数值、有数值的单元格或单元格区域，也可以是一个表达式。例如：=SUM(SIN(A3*PI()),2*COS(A5*PI()),B6:C6,D6)。

④ 文本函数的参数可以是文本，该文本要用英文的双引号括起来。例如：=TEXT(NOW(),"年度核算")。

⑤ 函数的参数可以使用已定义的单元格或单元格区域名。例如，若将单元格区域 E2:E20

命名为 Total，则公式=SUM(Total)是计算单元格区域 E2:E20 中的数值之和。

⑥ 可以混合使用区域名、单元格引用和数值作为函数的参数。

（2）函数的参数类型。

① 数字，如 21、-7、37.25 等。

② 文字，如"a""word""Excel"等。若在文字中使用双引号，则在每个双引号处用两个双引号，如("""TEXT""")。

③ 逻辑值，如 True、False 或者计算时产生逻辑值的语句(A10>35)。

④ 错误值，如#REF！

⑤ 引用，如 D11、C5:C10。

2．组合函数

函数也可以用作其他函数的参数，从而构成组合函数。组合函数可以充分利用工作表中的数据，还可以充分发挥 Excel 快速计算和重复计算公式的能力。

函数被用作参数时，不需要前置"="号。

3．函数的输入方式

（1）插入函数。

1）选定要输入函数的单元格（可以输入单个函数或将函数作为公式的一部分）。

2）在"公式"选项卡的"函数库"功能区中单击"插入函数"按钮，如图 4-29 所示。

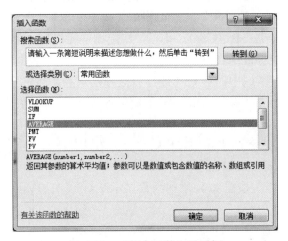

图 4-29　"插入函数"对话框

3）在"或选择类别"下拉列表框中选择函数类型，如"常用函数"。

4）在"选择函数"列表框中选择要输入的函数，单击"确定"按钮，弹出"函数参数"对话框，如图 4-30 所示（以 AVERAGE 函数为例）。

5）在"参数"文本框中输入数据或单元格引用。若单击"参数"文本框右侧的"折叠对话框"按钮，可暂时折叠对话框，在工作表中选择单元格区域后，单击折叠后的文本框右侧的按钮，即可恢复参数输入对话框。

6）输入函数的参数后，单击"确定"按钮，在选定的单元格中输入函数并显示结果。

提示："折叠对话框"按钮可将对话框折起而不妨碍单元格区域的选取。折叠是暂时的，通过单击折叠后的文本框右侧的按钮可以恢复对话框。

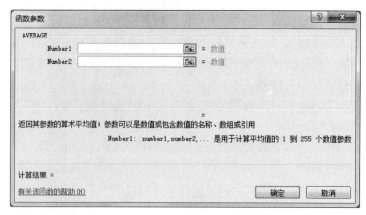

图 4-30　"函数参数"对话框

（2）直接输入函数。

选定单元格，直接输入函数，按回车键得出函数结果。

函数输入后，如果需要修改，可以在编辑栏中直接输入修改。如果要换成其他函数，应先预定要更换的函数，再选择其他函数，否则会将原函数嵌套在新函数中。

4．使用"自动求和"按钮

求和是常用函数之一，在"开始"选项卡的"编辑"功能区中单击"自动求和"按钮 **Σ**，可以快速输入求和函数。"自动求和"按钮可将单元格中的累加公式转换为求和函数，例如，在某单元格中输入公式"=A1+B1+C1+D1+E1"，选定该单元格后，单击"自动求和"按钮 **Σ**，可将该公式转换为函数"=sum(A1:E1)"。

如果要对一个单元格区域中的各行（列）数据分别求和，可选定该区域及右侧一列（下方一行）单元格，然后单击"自动求和"按钮 **Σ**，各行（各列）数据之和分别显示在右侧一列（下方一行）单元格中。

例如，在学生成绩中求各学生 4 门课程的总分，方法如下：

（1）选定单元格区域 C2:F11。

（2）单击"自动求和"按钮 **Σ**，求和函数显示在 G2:G11 单元格区域中，计算结果如图 4-31 所示。

	A	B	C	D	E	F	G	H
1	学号	姓名	大学英语	计算机应用	高等数学	应用文写作	总分	平均分
2	14302101	杨妙琴	70	92	73	65	300	75
3	14302102	周凤连	60	86	66	42	254	64
4	14302103	白庆辉	46	73	79	71	269	67
5	14302104	张小静	75	75	95	99	344	86
6	14302105	郑敏	78	79	98	88	343	86
7	14302106	文丽芬	93	81	43	69	286	72
8	14302107	赵文静	96	85	31	65	277	69
9	14302108	甘晓聪	36	98	71	53	258	64
10	14302109	廖宇健	35	82	84	74	275	69
11	14302110	曾美玲	78	91	35	67	271	68

图 4-31　"自动求和"功能示例

【技能拓展】自动计算

（1）单击工具栏中的"公式"按钮，可以找到"计算"的工具区。

（2）单击"计算选项"的下拉菜单，选中"自动"，单击"开始计算"，数据生效；如果需要整张表格计算，则单击"计算工作表"。

（3）保存文件，关闭重启使其生效。

【思考与练习】

（1）假设在单元格区域 B1:B6 中已经有数据（可自行输入），在 A1 单元格中输入一个计算单元格区域 B1:B6 平均值的函数=AVERAGE(B1:B6)，观察计算结果。

（2）在单元格区域 A1:D5 自行输入 5 行 5 列数据，然后对每列求和，分别存入单元格区域 A6:D6；对每行求和，分别存入单元格区域 E1:E5 中；同时求出行列总和存入单元格 E6 中。

4.4　数据表管理

任务 9　数据表的建立和编辑

【任务描述】

本任务通过案例学习建立和编辑数据表的方法。

【案例 4-10】 建立一个学生成绩单数据表，在学生成绩数据表中找出所有性别为"男""计算机应用"成绩大于 70 分的记录。

【方法与步骤】

（1）将单元格光标移动到第一条记录上，在"快速访问工具栏"上选择"数据"下的"记录单"选项，弹出"记录单"对话框。

（2）单击"条件"按钮，弹出"条件"对话框。

（3）输入条件：在"性别"字段名右边的字段框内输入"男"，在"计算机应用"字段名右边的字段框内输入">=70"。

（4）按回车键确认，单击"上一条"或"下一条"按钮，对话框内将显示满足条件（性别="男"且计算机应用>="70"）的记录，此时可以在"条件"对话框内修改这些记录。

【相关知识与技能】

（1）数据表的建立方法是建立一个表格，再逐条录入数据表中的记录，如图 4-31 所示。

建立数据表后，既可以像一般工作表一样进行编辑，也可以通过"快速访问工具栏"中的"记录单"选项进行增加、修改、删除和检索等操作。

数据表编辑的方法：单元格光标移动到任意一条记录上，在"快速访问工具栏"中选择"记录单"选项，弹出"记录单"对话框并显示当前单元格所在行记录，如图 4-32 所示。该对话框最左列显示记录的字段名，其后显示各字段内容，右上角显示总记录（分母）和当前记录号（分子）。用户可以从中检索工作表的数据记录，并对记录进行增加、修改和删除等编辑操作。

图 4-32　"记录单"对话框

思考： 了解"记录单"对话框中各按钮的功能，分别练习各按钮操作。

（2）在 Excel 2010 默认状态下，"记录单"没有显示在"快速访问工具栏"上。在"文件"选项卡选择"选项"选项，弹出"Excel 选项"对话框；在左窗格中选择"快速访问工具栏"，在右窗格的"从下列位置选择命令"列表中选择"不在选项卡中的命令"，在下面的列表框中选择"记录单"选项，单击"添加"按钮，将"记录单"选项添加到右边的列表框中，单击"确定"按钮。

（3）实现数据功能的工作表应具有以下特点：

1）数据由若干列组成，每一列有一个列标题，相当于数据表的字段名，如"学号""姓名"等。列相当于字段，每一列的取值方位称为域，每一列必须是相同类型的数据。表中每一行构成数据表的一个记录，每个记录存放一组相关的数据。其中，第一行必须是字段名，其余行称为一个记录。数据的排序、检索、增加、删除等操作都是以记录为单位进行的。

2）在工作表中，数据列表与其他数据之间至少留出一个空白列和一个空白行。数据列表中避免空白行和空白列，单元格不要以空格开头。

按照上述特点建立一个数据表后，系统自动将这个范围内的数据视为一个数据表。

【技能拓展】合并计算

若要汇总和报告多个单独工作表中数据的结果，可以将每个工作表中的数据合并到一个工作表（或主工作表）中。所合并的工作表可以与主工作表位于同一工作簿中，也可以位于其他工作簿中。如果在一个工作表中对数据进行合并计算，可以更加轻松地对数据进行定期或不定期的更新和汇总。

在 Excel 2010 中，可以使用两种方法对数据进行合并计算：

1. 按类别进行合并计算

该方法适用于当多个源区域中的数据以不同的方式排列，但使用相同的行和列标签的场合。

【案例 4-11】利用合并计算将数据表 4-5、表 4-6 的内容进行合并汇总。

表 4-5　第一季度销售额

城市	数量	金额
南京	100	2000
上海	80	2100
北京	90	3450
海南	110	6000

表 4-6　第二季度销售额

城市	数量	金额
北京	30	4050
上海	60	2000
海南	100	9000
南京	90	3000

【方法与步骤】

（1）选中 A10 单元格，作为合并计算后结果的存放起始位置，再单击"数据"选项卡"数据工具"功能区的"合并计算"命令按钮，弹出"合并计算"对话框，如图 4-33 所示。

图 4-33　"合并计算"对话框

（2）单击"引用位置"右侧按钮，选择 A2:C6 单元格区域，单击"添加"按钮，所引用的单元格区域地址出现在"所有引用位置"列表框中。用同样的方法将表 4-6 的 E2:G6 单元格区域添加到"所有引用位置"列表框中。

（3）依次选中"首行"复选框和"最左列"复选框，单击"确定"按钮，即可生成合并计算结果表，如图 4-34 所示。

	A	B	C	D	E	F	G
1	表 4-5	第一季度销售额			表 4-6	第二季度销售额	
2	城市	数量	金额		城市	数量	金额
3	南京	100	2000		北京	30	4050
4	上海	80	2100		上海	60	2000
5	北京	90	3450		海南	100	9000
6	海南	110	6000		南京	90	3000
7							
8							
9							
10		数量	金额				
11	南京	190	5000				
12	上海	140	4100				
13	北京	120	7500				
14	海南	210	15000				

图 4-34　按类别合并计算结果表

2. 按位置进行合并计算

该方法适用于当多个源区域中的数据按照相同的顺序排列并使用相同的行和列标签。

沿用表 4-5、表 4-6 的例子，如果再执行合并计算功能，并在第（3）个步骤中取消"标签位置"的"首行"和"最左列"复选框，然后单击"确定"按钮，生成合并后的结果表如图 4-35 所示。

图 4-35　按位置合并计算结果表

由以上两个例子可以简单地总结出合并计算功能的一般性规律。

（1）合并计算的计算方式默认为求和，但也可以选择为计数、平均值等其他方式。

（2）当合并计算执行分类合并操作时，会将不同的行或列的数据根据标题进行分类合并。相同标题的合并成一条记录、不同标题的则形成多条记录。最后形成的结果表中包含了数据源表中所有的行标题和列标题。

（3）当需要根据列标题进行分类合并计算时，则选取"首行"，当需要根据行标题进行分类合并计算时，则选取"最左列"，如果需要同时根据列标题和行标题进行分类合并计算时，则同时选取"首行"和"最左列"。

（4）如果数据源列表中没有列标题或行标题（仅有数据记录），而用户又选择了"首行"和"最左列"，Excel 将数据源列表中的第一行和第一列分别默认作为列标题和行标题。

（5）如果用户对"首行"和"最左列"两个选项都不勾选，则 Excel 将按数据源列表中数据的单元格位置进行计算，不会进行分类计算。

任务 10　数据表的排序

【任务描述】

本任务通过案例学习数据表排序的操作方法。

【案例 4-12】在图 4-36 所示的宏业科技年度销售报表中，以"上海分公司"销售额为主要关键字作升序排序，以"北京分公司"为次要关键字作降序排序。

图 4-36　宏业科技年度销售报表

【方法与步骤】

（1）选择单元格 A1，或选择成绩单数据表中的任一单元格。

（2）在"开始"选项卡"编辑"功能区中单击"排序和筛选"按钮，在下拉列表中选择"自定义排序"选项，弹出"排序"对话框。系统自动检查工作表中的数据，决定排序数据表范围，并判定数据表中是否包含不应排序的表标题。

（3）分别设置"排序"对话框中指定排序的主要关键字、排序依据、次序，如果需要增加排序条件（如次要关键字），单击"添加条件"按钮。本例在"主要关键字"下拉列表框中选择"上海分公司"，"次序"下拉列表框中选择"升序"；再单击"添加条件"按钮，在"次要关键字"下拉列表框中选择"北京分公司"，"次序"下拉列表框中选择"降序"，如图 4-37 所示。

图 4-37 "排序"对话框

（4）单击"确定"按钮，即可在屏幕上看到排序结果。

【相关知识与技能】

（1）排序是将某个数据从小到大或从大到小的顺序进行排列。

（2）如果只要求单列数据排序，先选择要排序的字段列，再在"开始"选项卡的"编辑"功能区中单击"排序和筛选"按钮，在下拉列表中选择需要的排序方式。

（3）通常根据以下顺序进行递增排序："数字"→"文字（包括含数字的文字）"→"逻辑值"→"错误值"；递减排序的顺序与递增顺序相反。无论是递增排序还是递减排序，空白单元格总是排在最后。

（4）若在指定的主要关键字中出现相同值，可以在两个次要关键字下拉列表框（次要关键字、第三关键字）中指定排序的顺序，系统将按功能区合数据进行排序。

（5）在"排序"对话框中单击"选项"按钮，将弹出"选项"对话框，可以指定区分大小写、排序方向（按列或行）、排序方法（字母排序或笔画排序）等。

任务 11 数据筛选

【任务描述】

本任务通过案例学习数据表中自动筛选的操作。

【案例 4-13】 在图 4-38 所示的数据表中，采用自动筛选的方法，筛选出销售价高于 25000

且总户数少于 800，并筛选出项目名称为"华夏新城""七零八零""沙河源""城市花园""翡翠城"的记录。

	A	B	C	D	E	F	G
1			世纪房产中心信息表				
2	编号	项目名称	开发商	产品类型	总户数	面积	销售价(元/平米)
3	HJ001	左邻右舍	东湖实业有限公司	小高层	908	40-175	23945
4	HJ002	华夏新城	东湖实业有限公司	电梯公寓	699	28-260	25695
5	HJ003	新建大厦	东湖实业有限公司	商铺	737	56-240	34146
6	HJ004	外滩	东湖实业有限公司	小高层	758	96-188	25358
7	HJ005	加州半岛	万可房地产有限公司	电梯公寓	600	40-223	24931
8	HJ006	大城小室	万可房地产有限公司	小高层	967	30-160	24431
9	HJ007	金色港湾	万可房地产有限公司	商铺	843	44-164	34605
10	HJ008	七零八零	万可房地产有限公司	电梯公寓	774	30-153	25005
11	HJ009	沙河源	宝利房地产有限公司	商铺	596	61-224	34488
12	HJ010	阳光小筑	宝利房地产有限公司	电梯公寓	824	31-240	24930
13	HJ011	幸福丽景	宝利房地产有限公司	小高层	990	50-280	24568
14	HJ012	加州湾	盛大房地产有限公司	电梯公寓	795	55-150	24013
15	HJ013	城市花园	盛大房地产有限公司	电梯公寓	600	35-145	25223
16	HJ014	西贵坊	盛大房地产有限公司	小高层	673	38-152	25043
17	HJ015	年轻岁月	盛大房地产有限公司	小高层	949	35-193	24853
18	HJ016	翡翠城	兴元房地产有限公司	电梯公寓	580	160-275	26224
19	HJ017	幸福彼岸	兴元房地产有限公司	小高层	910	77-176	26040
20	HJ018	花样新城	兴元房地产有限公司	小高层	825	27-330	26410
21	HJ019	山中小镇	兴元房地产有限公司	电梯公寓	864	42-138	25777
22	HJ020	现代人家	兴元房地产有限公司	小高层	828	45-124	24540

图 4-38　世纪房产中心信息表

【方法与步骤】

数据筛选功能可以将不感兴趣的记录暂时隐藏起来，只显示感兴趣的数据。

（1）将单元格光标移动到表头行（第 2 行）的任意位置，在"开始"选项卡"编辑"功能区中单击"排序和筛选"按钮，在下拉列表中选择"筛选"选项，系统自动在每列表头（字段名）上显示筛选箭头。

（2）单击表头"销售价（元/平方）"右边的筛选箭头，打开下拉列表。列表中有"升序""降序""按颜色排序""数字筛选"等选项。本案例选择"数字筛选"→"大于"，弹出"自定义自动筛选方式"对话框，录入"25000"，如图 4-39 所示。

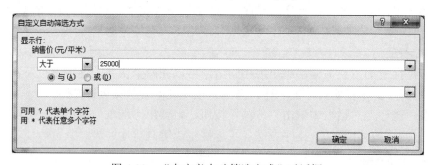

图 4-39　"自定义自动筛选方式"对话框

（3）按照步骤 2 的操作方式，筛选出"总户数"少于 800 的数据。

（4）在"项目名称"区域内单击下拉列表框左边的箭头，弹出如图 4-40 所示的选择框。在其中选中项目名称为"华夏新城""七零八零""沙河源""城市花园""翡翠城"的记录。单击"确定"，满足指定条件的记录自动筛选出来，如图 4-41 所示。筛选的结果可以直接打印出来。

图 4-40　项目名称下拉列表框

	A	B	C	D	E	F	G
1			世纪房产中心信息表				
2	编号	项目名称	开发商	产品类别	总户数	面积	销售价(元/平米)
4	HJ002	华夏新城	东湖实业有限公司	电梯公寓	699	28-260	25695
10	HJ008	七零八零	万可房地产有限公司	电梯公寓	774	30-153	25005
11	HJ009	沙河源	宝利房地产有限公司	商铺	596	61-224	34488
15	HJ013	城市花园	盛大房地产有限公司	电梯公寓	600	35-145	25223
18	HJ016	翡翠城	兴元房地产有限公司	电梯公寓	580	160-275	26224

图 4-41　自动筛选结果

提示：如果要取消自动筛选功能，恢复显示所有的数据，可以再次在"开始"选项卡的"编辑"功能区中单击"排序和筛选"按钮，在下拉列表中选择"筛选"选项。

【相关知识与技能】

在"数据"选项卡"排序和筛选"功能区中单击"高级"选项，可以将符合条件的数据复制（抽取）到另一个工作表或当前工作表的其他空白位置上。

运用"高级筛选"功能时，最重要的一步是设置筛选条件。高级筛选的条件需要按照一定的规则，手工编辑到工作表中。一般情况下，将条件区域置于原表格的上方将有利于条件的编辑以及表格数据的筛选结果显示。一个"高级筛选"的条件区域至少要包含两行，第一行是列标题，第二行由筛选条件值构成。在编辑条件时，可遵循以下规则。

（1）条件区域的首先必须是标题行，其内容必须与目标表格中的列标题匹配，建议采用"复制"、"粘贴"命令将数据列表中的标题粘贴到条件区域的顶行。但是条件区域标题行中内容的排列顺序与出现次数，都可以不必与目标表格中相同。

（2）条件区域标题行下方为条件值的描述区，出现在同一行的各个条件之间是"与"的关系，出现在不同行的各个条件之间则是"或"的关系。

【案例 4-14】在图 4-38 数据表中，使用高级筛选功能将销售价高于 25000 且总户数少于 800 的记录筛选出来。

【方法与步骤】

（1）选择要筛选的范围：A2:G22。

（2）在"数据"选项卡的"排序和筛选"组中单击"高级"选项，弹出"高级筛选"对话框，如图 4-42 所示。

图 4-42　"高级筛选"对话框

（3）选择"将筛选结果复制到其他位置"单选按钮。

（4）在"列表区域"文本框中选择要筛选的数据区域：A2:G22。

（5）指定"条件区域"为 I2:J3，在条件区域中输入条件，I2：>25000，J2：<800。

（6）在"复制到"文本框内指定复制筛选结果的目标区域：A25。

（7）若选择"选择不重复的记录"复选框，则显示符合条件的筛选结果时不包括重复的行。

（8）单击"确定"按钮，筛选结果复制到指定的目标区域，如图 4-43 所示。

编号	项目名称	开发商	产品类型	总户数	面积	销售价(元/平米)
			世纪房产中心信息表			
编号	项目名称	开发商	产品类型	总户数	面积	销售价(元/平米)
HJ001	左邻右舍	东湖实业有限公司	小高层	908	40-175	23945
HJ002	华夏新城	东湖实业有限公司	电梯公寓	699	28-260	25695
HJ003	新建大厦	东湖实业有限公司	商铺	737	56-240	34146
HJ004	外滩	东湖实业有限公司	小高层	758	96-188	25358
HJ005	加州半岛	万可房地产有限公司	电梯公寓	600	40-223	24931
HJ006	大城小室	万可房地产有限公司	小高层	967	30-160	24431
HJ007	金色港湾	万可房地产有限公司	商铺	843	44-164	34605
HJ008	七零八零	万可房地产有限公司	电梯公寓	774	30-153	25005
HJ009	沙河源	宝利房地产有限公司	商铺	596	61-224	34488
HJ010	阳光小筑	宝利房地产有限公司	电梯公寓	824	31-240	24930
HJ011	幸福丽景	宝利房地产有限公司	小高层	990	50-280	24568
HJ012	加州湾	盛大房地产有限公司	小高层	795	55-150	24013
HJ013	城市花园	盛大房地产有限公司	电梯公寓	600	35-145	25223
HJ014	西贵坊	盛大房地产有限公司	小高层	673	38-152	25043
HJ015	年轻岁月	盛大房地产有限公司	小高层	949	35-193	24853
HJ016	翡翠城	兴元房地产有限公司	电梯公寓	580	160-275	26224
HJ017	幸福彼岸	兴元房地产有限公司	小高层	910	77-176	26040
HJ018	花样新城	兴元房地产有限公司	小高层	825	27-330	26410
HJ019	山中小镇	兴元房地产有限公司	电梯公寓	864	42-138	25777
HJ020	现代人家	兴元房地产有限公司	小高层	828	45-124	24540

高级筛选条件

销售价(元/平米)　>25000　　总户数　<800

编号	项目名称	开发商	产品类型	总户数	面积	销售价(元/平米)
HJ002	华夏新城	东湖实业有限公司	电梯公寓	699	28-260	25695
HJ003	新建大厦	东湖实业有限公司	商铺	737	56-240	34146
HJ004	外滩	东湖实业有限公司	小高层	758	96-188	25358
HJ008	七零八零	万可房地产有限公司	电梯公寓	774	30-153	25005
HJ009	沙河源	宝利房地产有限公司	商铺	596	61-224	34488
HJ013	城市花园	盛大房地产有限公司	电梯公寓	600	35-145	25223
HJ014	西贵坊	盛大房地产有限公司	小高层	673	38-152	25043
HJ016	翡翠城	兴元房地产有限公司	电梯公寓	580	160-275	26224

高级筛选结果

图 4-43　将销售价高于 25000 且总户数少于 800 的记录筛选出来

【思考与练习】

在图 4-38 中，采用自动筛选及高级筛选两种方法，筛选出开发商为"盛大房地产有限公司"或"兴元房地产有限公司"，且"产品类型"为"电梯公寓"的记录。

任务 12　数据的分类汇总

【任务描述】

本任务通过案例学习数据表中分类汇总的方法。

【案例 4-15】把表 4-1 中的职工工资记录按性别进行升序排序，再使用汇总操作分别统计男、女职工的平均基本工资和平均应发工资。

【方法与步骤】

分类汇总建立在已排序的基础上，将相同类型的数据进行统计汇总。Excel 可以对工作表中选定的列进行分类汇总，并将分类汇总结果插入到相应类别数据行的最上端或最下端。分类汇总并不局限于求和，也可以进行计数、求平均分等其他运算。

（1）选择要进行分类汇总的单元格区域 A1:J11。

（2）选择"数据"选项卡"排序和筛选"功能区中的"排序"，将职工工资记录按"性别"进行排序。

（3）在"数据"选项卡"分级显示"功能区中单击"分类汇总"选项，弹出"分类汇总"对话框，如图 4-44 所示。

图 4-44　"分类汇总"对话框

（4）在"分类字段"下拉列表框中选择"性别"（含有分类字段的列）。

（5）在"汇总方式"下拉列表框中选择"平均值"（汇总方式）。

（6）在"选定汇总项"列表框中指定"基本工资""应发工资"（进行分类汇总的数据所在列）。

（7）选择"替换当前分类汇总"复选框（新的分类汇总替换数据表中原有的分类汇总）。

（8）选择"汇总结果显示在数据下方"复选框（将分类汇总结果和总计行插入到数据之下）。

提示：若清除对"汇总结果显示在数据下方"复选框的选择，可以将分类汇总结果行和总计插入到明细数据之上；若单击"全部删除"按钮，则从现有的数据表中删除所有分类汇总。

（9）单击"确定"按钮，结果如图 4-45 所示。

	A	B	C	D	E	F	G	H	I	J
1	编号	姓名	职务	年龄	性别	基本工资	补贴	津贴	扣款	应发工资
2	36004	梅颂军	副处长	45	男	1900	7020	582	600	8902
3	36006	林淑仪	副处长	36	男	1790	5840	580	400	7810
4	36007	区俊杰	科员	24	男	1470	4600	258	350	5978
5	36008	王玉强	科长	32	男	1700	6760	478	200	8738
6	36009	黄在左	处长	52	男	2200	8400	690	300	10990
7	36010	朋小林	科长	28	男	1680	6780	482	400	8542
8					男 平均值	1790				8493.333333
9	36001	艾小群	科员	25	女	1450	4580	266	320	5976
10	36002	陈美华	副科长	32	女	1700	5920	378	460	7538
11	36003	关汉瑜	科员	27	女	1520	4620	268	280	6128
12	36005	蔡雪敏	科员	30	女	1680	4640	270	500	6090
13					女 平均值	1587.5				6433
14					总计平均值	1709				7669.2

图 4-45　分类汇总结果

【相关知识与技能】

进行分类汇总时，如果选择分类汇总区域不明确，或只是指定一个单元格，没有指定区域，系统将无法确定将哪一列作为关键字段来汇总。这时，系统提问是否用当前单元格区域的第一列作为关键字。确认后，弹出"分类汇总"对话框，可以在其中指定分类汇总的关键字。

分类汇总后，在工作表左端自动产生分级显示控制符。其中 1、2、3 为分级编号，+、-为分级分功能区标记。单击分级编号或分级分功能区标记，可以选择分级显示。单击分级编号"1"，将只显示（总计）数据；单击分级编号"2"，将显示包括二级以上汇总的数据；单击分级编号"3"，将显示第三级以上的（全部）数据；单击分级分功能区标记"-"，将隐藏本级或本功能区细节；单击分级分功能区标记"+"，将显示本级或本功能区细节。

设置分级显示的方法：在"数据"选项卡的"分级显示"功能区中单击"创建功能区"按钮，在下拉列表中选择"自动建立分级显示"，显示分级显示区域；在"数据"选项卡"分级显示"功能区中单击"取消组合"按钮，在下拉列表中选择"清除分级显示"选项，可以清除分级显示区域。

取消分类汇总的方法：在"数据"选项卡"分级显示"功能区中单击"分类汇总"选项，在弹出的"分类汇总"对话框中单击"全部删除"按钮。如果想替换当前的分类汇总，则要在"分类汇总"对话框勾选"替换当前分类汇总"复选框。

【思考与练习】

在本章表 4-1 职工工资表中，按职务对"基本工资""应发工资"进行分类汇总。

任务 13　数据表函数的使用

【任务描述】

本任务通过案例学习数据表函数使用。

【案例 4-16】在图 4-46 表中的单元格 B14 中使用 DCOUNTA 函数计算出女性职员人数，该函数使用的条件区域为 A11:A12，请在 12 行中填入适当的条件以使该函数能准确计算出结果。

【方法与步骤】

数据库函数包括 3 个参数：数据库单元格区域、要处理的列或字段、条件区域，在条件区域中可以指定要处理数据的条件范围。

（1）在单元格 A12 中输入条件"女"。

（2）在单元格 B14 中输入公式=DAVERAGE(A1:G9:,2,A11:A12)，按回车键后在单元格 B14 中得到女性职员的人数，如图 4-46 所示。

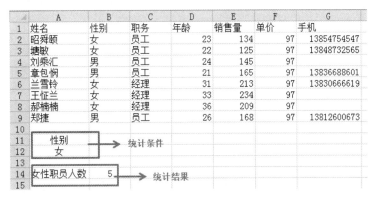

图 4-46　数据表函数的使用

【相关知识与技能】

在单元格中输入条件应符合以下格式：

（1）先输入比较运算符，如=、>、>=、<=等，后面输入数据。

（2）若数据是字符串，则用英文双引号将字符串括起来。

（3）若条件式前面只有"="号，可以省略"="号，例如，条件="男"可以直接输入"男"。

（4）函数中可以使用组合条件，参数组合的不同条件分别输入在不同单元格中。

Excel 2010 函数的使用见附录"Excel 2010 的常用函数"。

任务 14　数据透视表

【任务描述】

本任务通过案例学习数据透视表的使用方法。

【案例 4-17】利用表 4-1 单元格区域 A1:J11 作为数据源创建数据透视表，以反映不同性别、不同职称的平均基本工资情况。性别与年龄作为列标签，职务作为行标签，姓名为报表筛选；不显示行总计和列总计选项；把所创建的透视表放在 Sheet1 工作表的 A20 开始的区域中，并将透视表命名为"基本工资透视表"。

【方法与步骤】

（1）在"插入"选项卡"表格"功能区中单击"数据透视表"按钮，在下拉列表中选择"数据透视表"选项，弹出"创建数据透视表"对话框，如图 4-47 所示。

（2）选择分析的数据。此时，系统自动选定当前光标所在的表格的数据区域。

（3）选择放置数据透视表的位置。可以将数据透视表放置在新工作表中或现有工作表某个位置。为便于数据的分析，将数据透视表放置到 Sheet1 工作表中，单击"确定"按钮。

（4）在 Sheet1 工作表 A20 单元格中创建一个没有数据的数据透视表。这时，可以通过右侧的"数据透视表字段列表"任务窗格向表中添加相应的数据信息，如图 4-48 所示。

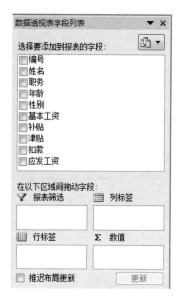

图 4-47 "创建数据透视表"对话框　　　　图 4-48 "数据透视表字段列表"任务窗格

（5）将"性别""年龄"字段拖动到列标签栏目中，将"职务"字段拖动到行标签栏目中，将"姓名"字段拖动到报表筛选栏目中，将"基本工资"字段拖动到数值栏目中

（6）单击"数据透视表"任一单元格，选择"数据透视表工具/选项"选项卡，在"数据透视表名称"将内容改为"基本工资透视表"。

（7）选择"数据透视表工具/设计"选项卡，在"布局"→"总计"下拉框中选择"对行和列禁用"。效果如图 4-49 所示。

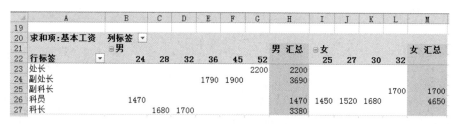

图 4-49 新建立的数据透视表

【相关知识与技能】

（1）数据透视表的数据源可以是 Excel 数据表或表格，也可以是外部数据和 Internet 上的数据源，还可以是通过合并计算的多个数据区域以及另一个数据透视表。

（2）数据透视表一般有以下 7 部分组成：

1）页字段：数据透视表中指定为页方向的源数据表或表格中的字段。

2）页字段项：源数据表或表格中的每个字段、列条目或数值都成为页字段列表中的一项。

3）数据字段：含有数据的源数据表或表格中的字段项。

4）数据项：数据透视表中的每个数据。

5）行字段：在透视表中被指定为行方向的源数据表或表格字段。

6）列字段：在透视表中被指定为列方向的源数据表或表格的字段。

7）数据区域：含有汇总数据的数据透视表中的一部分。

（3）数据透视表是一种对大量数据快速汇总和建立交叉列表的交互式格式报表，主要具有以下功能：

1）创建汇总表格：汇总数据表，提供数据的概况视图。

2）重新组织表格：分析不同字段之间的关系，通过鼠标拖放相关字段按钮来重新组织数据。

3）筛选数据透视表数据和创建数据透视表数据组。

4）创建数据透视图表，利用数据透视表创建的图表可以动态地变化。

（4）数据透视表选项设置。单击数据透视表数据区域，右击选择相应的命令对数据透视表进行详细的设置。

（5）使用数据透视表切片器。数据透视表"切片器"是 Excel 2010 提供的一个新功能，通过切片器可以实现快速变换数据透视表中所含数据的筛选。

在数据透视表创建完毕后，将当前单元格设置在数据透视表中任一位置后，在功能标签列表区将自动显示"数据透视表工具"选项卡。在"排序和筛选"组中单击"插入切片器"按钮，显示"插入切片器"对话框。在对话框中选择希望创建的切片器名称（如：基本工资）后单击"确定"按钮（如图 4-50 所示），将显示如图 4-51 所示的切片器。单击切片器中任一基本工资，将显示所选择基本工资数据。

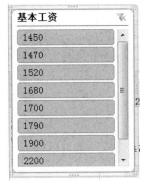

图 4-50 "插入切片器"对话框　　图 4-51 通过切片器快速变换数据透视表中的数据

若需要在数据透视表中恢复显示"全部"，则可按住 Ctrl 键，逐个单击选择所有部门条目即可。

【技能拓展】Excel 获取外部数据

在使用 Excel 2010 进行工作时，不但可以使用工作簿中的数据，还可以访问外部数据库文件。使用外部数据库文件时，用户可以通过执行导入和查询，从而可以在 Excel 2010 中对外部数据库进行处理和分析。这些数据库文件可以是文本文件、Microsoft Access 数据库、

Microsoft SQL Server 数据库、Microsoft OLAP 多维数据库、dBASE 数据库等，也可以是从 Web 网页中轻松获取数据。

1. 利用文本文件获取数据

Excel 提供了 3 种方法可以从文本文件获取数据。

方法一：单击"文件"选项卡，选择"打开"命令，直接导入文本文件。使用这种方法时，文本文件会被导入到单张的 Excel 工作表中。如果文本文件的数据发生变化，并不会在 Excel 中体现，除非重新进行导入。

方法二：单击"数据"选项卡"获取外部数据"功能中的"自文本"命令，可以直接导入文本文件。使用这种方法时，Excel 会在当前工作表的指定位置上显示导入的数据，同时 Excel 会将文本文件作为外部数据源，一旦文本文件中的数据发生变化，用户只需右击，在弹出的快捷菜单中单击"刷新"即可获得最新的数据。

方法三：使用 Microsoft Query。当用户的文本数据量巨大，在 Excel 中不能导入全部数据，而只能选择某些满足特定需要的记录，可以使用该方法。利用 Microsoft Query，用户可以确定选择条件，将导入操作限制在实际需要的记录上。

【案例 4-18】将如图 4-52 所示的文本文件导入到 Excel 中。

图 4-52　文本文件

【方法与步骤】

（1）新建一个 Excel 工作簿并打开。

（2）单击"数据"选项卡"获取外部数据"功能区中的"自文本"命令，打开"学生名单.txt"文本文件，出现"文本导入向导-第 1 步，共 3 步"对话框，如图 4-53 所示。

（3）单击"下一步"按钮，设置分列数据所包含的分隔符号，选择"Tab 键"。用户可以选择"分号""逗号""空格"及其他，应根据导入文本文件的实际来输入。本例中使用"Tab 键"，如图 4-54 所示。

（4）单击"下一步"按钮，出现"文本导入向导-第 3 步，共 3 步"对话框，在此步骤中，可以取消对某列的导入，同时可以设置每个导入列的列数据格式，如图 4-55 所示。

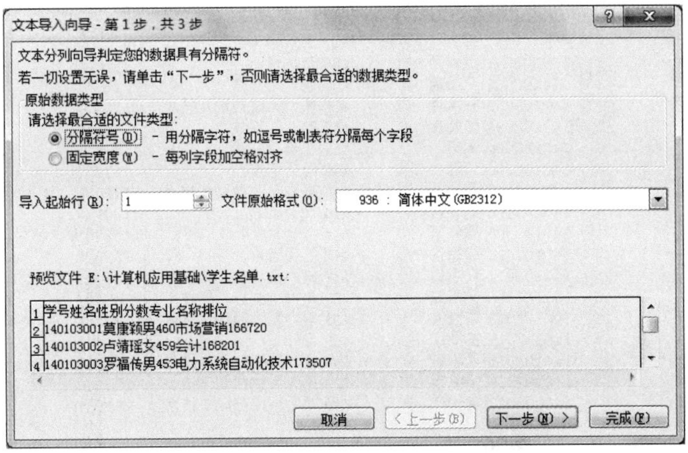

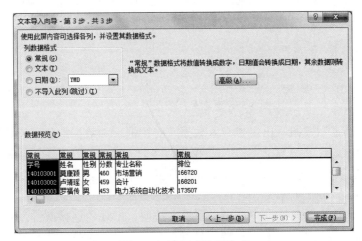

图 4-53 "文本导入向导"对话框

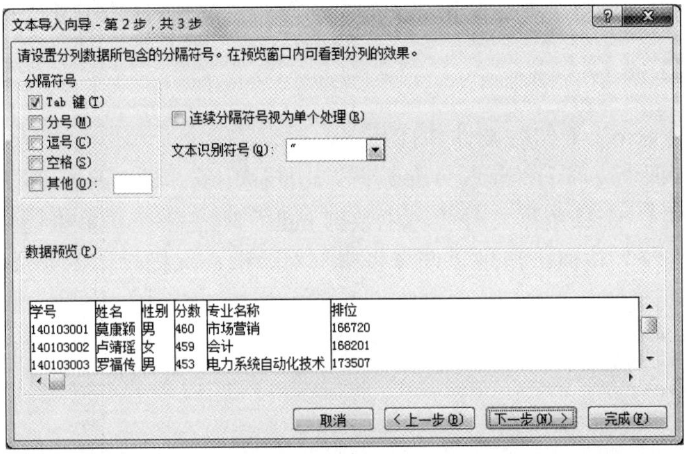

图 4-54 设置分隔符号

图 4-55 设置列数据格式

（5）单击"完成"按钮完成导入，效果如图 4-56 所示。

	A	B	C	D	E	F
1	学号	姓名	性别	分数	专业名称	排位
2	140103001	莫康颖	男	460	市场营销	166720
3	140103002	卢靖瑶	女	459	会计	168201
4	140103003	罗福传	男	453	电力系统自动化技术	173507
5	140103004	张靖康	男	452	建筑工程技术	174410
6	140103005	周晏	女	451	工商企业管理	175515
7	140103006	何健	男	449	财务管理	177730
8	140103007	郑钦基	男	447	电力系统自动化技术	179072
9	140103008	刘晓君	女	446	商务英语	180162
10	140103009	廖余娟	女	444	会计	181809
11	140103010	廖静怡	女	442	工程造价	183828
12	140103011	许炯辉	男	437	电力系统自动化技术	188043
13	140103012	侯乐斌	男	436	电力系统自动化技术	205362
14	140103013	谭茜文	女	432	电力系统自动化技术	192561
15	140103014	古海红	女	430	会计	194076
16	140103015	梁华魁	男	430	电力系统自动化技术	193737
17	140103016	何凯宇	男	429	电力系统自动化技术	195108
18	140103017	曾川非	男	429	电力系统自动化技术	194981

图 4-56　在 Excel 中完成文本文件的导入

2．从 Access 获取外部数据

【案例 4-19】将 Access "考生数据.mdb" 中的数据导入 Excel 中，并保存与它的即时更新。

【方法与步骤】

（1）新建一个 Excel 工作簿文件并打开它。

（2）单击 "数据" 选项卡 "获取外部数据" 功能区中的 "自 Access" 按钮，在弹出的 "选取数据源" 对话框中，选择数据文件 "考生数据.mdb" 所在路径并单击该文件。

（3）单击 "打开" 按钮，出现 "选择表格" 对话框，选择 "KSB"，如图 4-57 所示。

图 4-57　获取外部数据源 "KSB"

（4）单击 "确定" 按钮，出现 "导入数据" 对话框，"数据的放置位置" 选择 "现有工作表" 选项，并单击 A1 单元格，导入的数据将从当前工作表的 A1 单元格起顺序排列。也可以根据用户需要选择 "新建工作表"，Excel 将新建一个工作表，然后从 A1 单元格开始插入数据，如图 4-58 所示。

（5）在 "导入数据" 对话框中单击 "属性" 按钮，出现 "连接属性" 对话框，勾选 "打开文件时刷新数据" 复选框。这样，只要一打开这个导入外部数据的工作簿，就会启用自动刷新，来自动更新外部数据，如图 4-59 所示。

图 4-58　选择导入数据的放置位置

图 4-59　设置"连接属性"

（6）单击"确定"按钮返回"导入数据"对话框，再单击"确定"按钮，完成设置，工作表中 A1 单元格将会出现"考生数据：正在获取数据…"的提示行。几秒钟后，将会出现导入的外部数据，如图 4-60 所示。

A	B	C	D	E	F	G	H	I
ID	XM	XB	Birth	ZYMC	BKNF	XXDM	LXDM	KDDM
1	徐转萍	2.女	1999-12-08	高幼师1451班	2014	990010280	02.中级	990010280
2	陈顺心	2.女	1998-07-02	高幼师1451班	2014	990010280	02.中级	990010280
3	梁咏琪	2.女	1999-06-03	高幼师1451班	2014	990010280	02.中级	990010280
4	吕雪怡	2.女	1998-12-11	高幼师1451班	2014	990010280	02.中级	990010280
5	李梵	2.女	1998-10-09	高幼师1451班	2014	990010280	02.中级	990010280
6	刘晓晶	2.女	1999-07-13	高幼师1451班	2014	990010280	02.中级	990010280
7	龙家丽	2.女	1998-07-11	高幼师1451班	2014	990010280	02.中级	990010280

图 4-60　导入的外部数据

3. 自网站获取数据

Excel 不但可以从外部数据库中获取数据，也可以从网站中获取数据，具体方法如下。

（1）在桌面新建一个 Excel 工作簿，并命名为"自网站获取数据.xlsx"，并打开它。

（2）在"数据"选项卡的"获取外部数据"功能区中单击"自网站"按钮，弹出"新建 Web 查询"对话框。

（3）在"新建 Web 查询"对话框中的"地址"栏中输入目标网址，如 http://weather.china.com.cn/forecast/1-1-3.html 单击"转到"按钮，出现网页内容。在页面中单击要查询数据表左上角的图标，选中要查询的数据表，如图 4-61 所示。

（4）单击"导入"按钮，出现"导入数据"对话框，数据的放置位置选择"现有工作表"的 A1 单元格，单击"属性"按钮，出现"外部数据区域属性"对话框，勾选"打开文件时刷新数据"复选框，如图 4-62 所示。

（5）单击"确定"按钮返回"导入数据"对话框，再单击"确定"按钮，完成设置，如图 4-63 所示。

图 4-61 新建 Web 查询，选定网页中的数据表

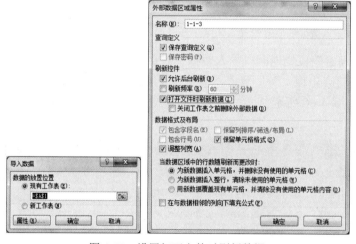

图 4-62 设置打开文件时刷新数据

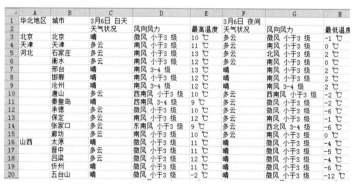

图 4-63 导入的网页数据

【思考与练习】

（1）筛选数据，使数据透视表中显示处长和副处长的基本工资情况。

（2）将图 4-49 所示的数据透视表行、列互换，即职务作为列字段，性别和年龄作为行字段。

任务 15　图表的创建与编辑

【任务描述】

本任务通过案例学习 Excel 中图表的建立与编辑方法。

【案例 4-20】根据图 4-64 所示的学生成绩表创建簇状柱形图图表。

	A	B	C	D	E	F
1				学生成绩表		
2	学号	姓名	大学英语	计算机应用	高等数学	平均分
3	14302101	杨妙琴	70	92	73	78
4	14302102	周凤连	60	86	66	71
5	14302103	白庆辉	46	73	79	66
6	14302104	张小静	75	75	95	82
7	14302105	郑敏	78	79	98	85
8	14302106	文丽芬	93	81	43	72
9	14302107	赵文静	96	85	31	71
10	14302108	甘晓聪	36	98	71	68
11	14302109	廖宇健	35	82	84	67
12	14302110	曾美玲	78	91	35	68

图 4-64　学生成绩表

【方法与步骤】

本案例采用图表向导创建图表。图表向导引导用户根据工作表的数据建立图表或修改现有图表的设置。无论采用哪种途径创建图表，都应先选定创建图表的数据区域。选定的数据区域可以是连续的，也可以是不连续的。

注意：若选定的数据区域不连续，第二个区域应和第一个区域所在的行或列具有相同的矩形；若选定的区域有文字，则文字应在区域最左列或最上行，用于说明图表中数据的含义。

（1）选择用来生成图表的数据区域（本例为$B$3:$F$12），如果图表中要包含这些数据标题，则应将标题包含在所选区域内。

（2）在"插入"选项卡"图表"功能区中单击"柱形图"按钮，在下拉列表中选择"二维图"中的"簇形柱形图"按钮，如图 4-65 所示。

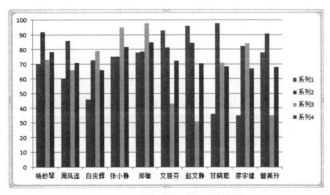

图 4-65　选择柱形簇形图结果

（3）选择图表，右击，在快捷菜单中选择"选择数据"，在"选择数据源"对话框的"图例项（系列）"列表框中单击"编辑"按钮，编辑图例，如图 4-66 所示。

图 4-66 "编辑数据系列"对话框

分别编辑每个数据系列，如图 4-67 所示。单击"确定"按钮，创建的图表如图 4-68 所示。

图 4-67 分别编辑每个系列

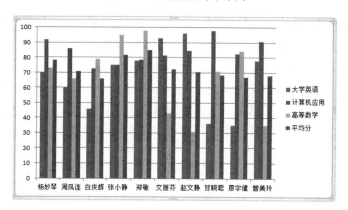

图 4-68 生成的图表

【相关知识与技能】

将单元格中的数据以各种图表的形式显示，可使繁杂的数据更加生动、易懂，可以直观、清晰显示不同的数据间的差异。当工作表中的数据发生变化时，图表中对应项的数据也自动更新。此外，Excel 还可以将数据创建为数据图，可以插入或描绘各种图形，使工作表中的数据、文字、图形并茂。

1. Excel 2010 中的图表

Excel 2010 提供了非常多的不同格式的图表供选用，包括二维图和三维图表。可以通过"插入"选项卡"图表"功能区选择需要的图表。

2. 图表可以分为内嵌图表和独立图表两种

内嵌图表与数据源放置在同一工作表中,是工作表中的一个图表对象,可以放置在工作表的任意位置,与工作表一起保存和打印;独立图表是独立于工作表的,打印时与数据表分开打印。本例创建独立图表。

3. 创建图表的方法

(1)使用"图表"选项卡创建图表。在"插入"选项卡"图表"功能区中选择需要的图表类型即可创建图表,如图 4-69 所示。

图 4-69 "图表"功能区

(2)一步创建独立图表。通过快捷键可以用 Excel 默认的柱形图一步创建一个独立的图表,操作步骤如下:

1)选择要用于创建图表的数据。

2)按 F11 键,产生一个名为 Chart1 的独立图表。

4. 图表的编辑

图表的编辑包括:图表的移动、复制、缩放和删除,改变图表类型等。单击图表,将显示"图表工具/设计"、"图表工具/布局"、"图表工具/格式"选项卡。其中:

"图表工具/设计"选项卡用于对图表的位置、图表样式、图表布局、图表数据和类型设计。

"图表工具/布局"选项卡用于对图表的属性、分析、背景、坐标轴、标签、插入选定内容进行布局。

"图表工具/样式"选项卡用于对图表的形状样式、艺术字样式、排列、大小进行格式化。

5. 嵌入式图表的移动、复制、缩放和删除

选定图表,拖动到图表到新的位置;若在拖动图表时按下 Ctrl 键,可以复制图表;将鼠标移动到图表中的━━━上,鼠标双向箭头时,拖动鼠标可以对图表进行缩放;按 Del 键可以删除该图表。

【技能拓展】创建迷你图

迷你图是工作表单元格中的一个微型图形,是 Excel 2010 的一个全新功能。在数据表格的旁边显示迷你图,可以一目了然反映一系列数据的变化趋势,或者突出显示数据中的最大值和最小值。

【案例 4-21】为图 4-70 的数据创建一个迷你图。

	A	B	C	D	E
1		第一季度	第二季度	第三季度	第四季度
2	销售计划	2000	2200	2400	2600
3	销售实绩	2010	2546	2386	2678

图 4-70 创建迷你图

【方法与步骤】

（1）在 Excel 2010 中单击"插入"选项卡中"迷你图"命令组中的"折线图"按钮，打开"创建迷你图"对话框。

（2）选择 B3:E3 单元格作为"数据范围"。

（3）选择 F3 单元格作为"位置范围"。

（4）单击"确定"按钮，关闭"创建迷你图"对话框。Excel 在 F3 单元格中创建一个折线迷你图，如图 4-71 所示。

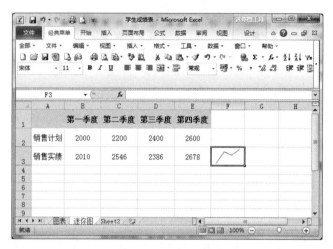

图 4-71　折线迷你图

与 Excel 公式填充一样，迷你图也可以使用填充法创建一组迷你图。

方法一：填充命令填充

根据图 4-64 的数据，选中 F2:F3 单元格区域，单击"开始"选项卡中的"填充"下拉按钮，在下拉菜单中单击"向上"按钮，将在 F2 单元格填充迷你图，如图 4-72 所示。

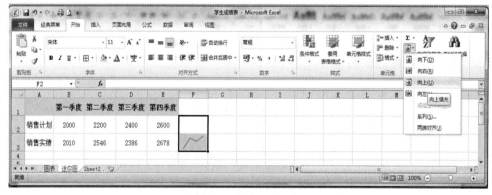

图 4-72　填充命令填充

方法二：填充柄填充

选中 F3 单元格，将光标移动到 F3 单元格的右下角，当光标变为十字形时（即填充柄），保持鼠标左键按下，向上拖动到 F2 单元格，释放鼠标左键，完成迷你图填充，如图 4-73 所示。

图 4-73　填充柄填充

【思考与练习】

将本任务案例创建的图表改成"折线图"和"三维柱形圆柱图"。

4.5　Excel 综合技能

任务 16　公式与函数的综合运用

【任务描述】

本任务通过案例学习 Excel 中公式与函数的运用。

【案例 4-22】利用逻辑函数评定成绩等级。若每科成绩大于 85 分，显示"优秀"；若低于 60 分，显示"差"，其余显示"良好"，评定结果如图 4-74 所示。

学号	姓名	英语	数学	计算机导论	总分	平均分	评定等级
10101	王涛	90	80	95	265	88	良好
10102	李冰	80	56	75	211	70	差
10103	谢红	55	75	82	212	71	差
10104	郑伟	62	67	88	217	72	良好
10105	袁明	50	70	60	180	60	差
10106	张莉	52	49	58	159	53	差
10107	张平	76	63	80	219	73	良好
10108	张娟	86	78	92	256	85	良好

图 4-74　评定等级

【方法与步骤】

（1）打开"学生成绩表"，添加"评定等级"字段，如图 4-75 所示。

学号	姓名	英语	数学	计算机导论	总分	平均分	评定等级
10101	王涛	90	80	95	265	88	
10102	李冰	80	56	75	211	70	
10103	谢红	55	75	82	212	71	
10104	郑伟	62	67	88	217	72	
10105	袁明	50	70	60	180	60	
10106	张莉	52	49	58	159	53	
10107	张平	76	63	80	219	73	
10108	张娟	86	78	92	256	85	

图 4-75　添加"评定等级"字段

（2）选定 H3 单元格，输入函数 "=IF(AND(C2>=85,D2>=85,E2>=85),"优秀",IF(OR(C2<60,D2<60,E2<60),"差","良好"))"，如图 4-76 所示。

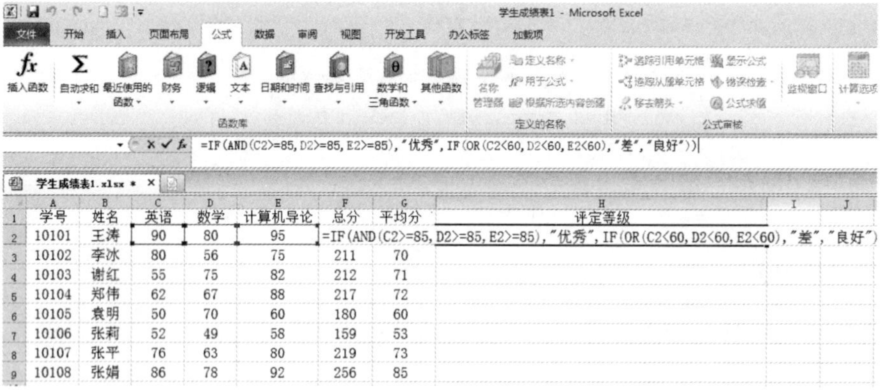

图 4-76　输入函数

（3）按回车键，显示结果如图 4-77 所示。

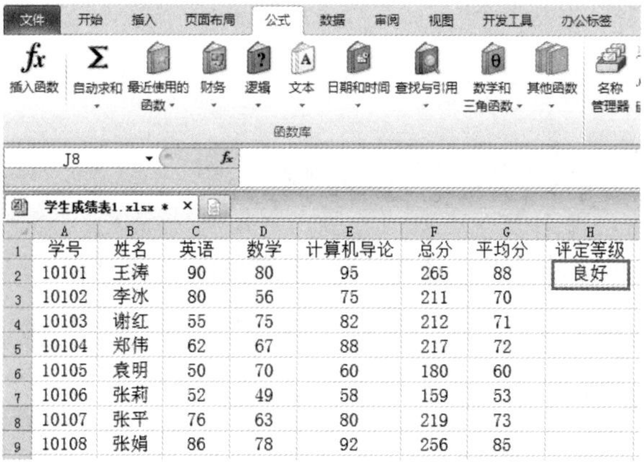

图 4-77　输入函数后得到的结果

（4）利用复制公式方法，复制 H2 单元格的函数，最终结果如图 4-78 所示。

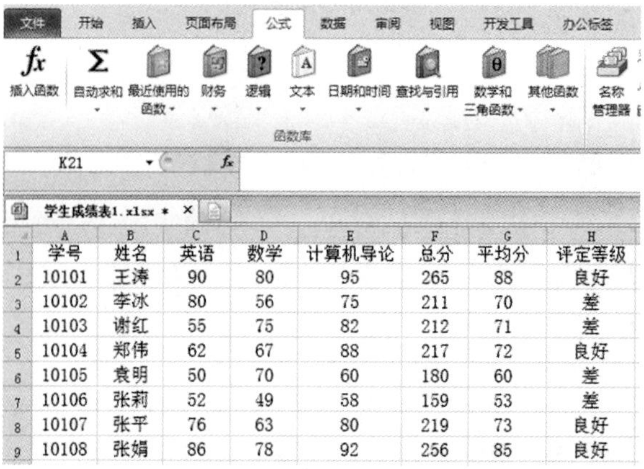

图 4-78　案例 4-22 操作结果

思考：结合本案例的操作，总结 IF 函数的使用方法。

【案例4-23】根据图4-79所示的学生成绩，利用公式求出空白项目的内容后，创建统计图。

图 4-79　学生成绩表

【方法与步骤】

本案例中需要使用几个函数：SUM()函数、AVERAGE()函数、RANK()函数、ROUND()函数、IF()函数、COUNTIF()函数、VLOOKUP()函数。

（1）在单元格 G7 中求总分：输入函数=SUM(C7:F7)，复制函数到 G8:G14，如图 4-80 所示。

学号	姓名	政治	英语	高等数学	计算机基础	总分	平均分	名次	评优条件
10101	王涛	80	90	80	95	345			
10102	李冰	82	80	56	75	293			
10103	谢红	68	55	75	52	250			
10104	郑伟	72	62	67	88	289			
10105	袁明	69	50	70	60	249			
10106	张莉	70	52	49	58	229			
10107	张平	88	76	63	80	307			
10108	罗娟	75	86	78	92	331			

图 4-80　计算总分的结果

（2）在单元格 H7 中求平均分并保留整数：输入函数=ROUND(AVERAGE(C7:F7),0)，复制函数到H8:H14 区域，如图 4-81 所示。

（3）在单元格 I7 中求名次：输入函数=RANK(H7,$H$7:$H$14,0)，复制函数到I8:I14 区域，如图 4-82 所示。

图 4-81　计算平均分的结果

图 4-82　计算名次结果

提示：计算名次的数据范围需要绝对引用。

（4）在单元格 J7 中判断出是否符合评优条件：输入函数=IF(H7>=85,"优秀，评优",IF(H7>=75,"良好",IF(H7>=60,"及格",IF(H7<60,"不及格"))))，复制函数到 J8:J14 区域，如图 4-83 所示。

图 4-83　计算评优的结果

（5）在单元格 M6 中计算"政治"的平均分：输入函数=AVERAGE(C7:C14)；在单元格 M7 中计算"英语"的平均分：输入函数=AVERAGE(D7:D14)；在单元格 M8 中计算"高等数学"的平均分：输入公式=AVERAGE(E7:E14)；在单元格 M9 中计算"计算机基础"的平均分：输入函数=AVERAGE(F7:F14)；结果如图 4-84 所示。

图 4-84　计算政治、英语、高等数学、计算机基础平均分结果

（6）用 COUNTIF 函数统计各分数段的学生人数：在单元格 M12 统计 85 分以上的人数，输入函数=COUNTIF(H7:H14,">=85")；在单元格 M13 中统计 75～84 分的人数，输入函数=COUNTIF(H7:H14,">=75")-M12；在单元格 M14 中统计 60～74 分的人数，输入函数=COUNTIF(H7:H14,">=60")-(M12+M13)；在单元格 M15 中统计 60 分以下的人数，输入函数=COUNTIF(H7:H14,"<60")，结果如图 4-85 所示。

图 4-85　统计各分数阶段人数

（7）要求在单元格 C2 中输入学号时，自动在 H2 显示学生姓名：在单元格 H2 中输入函数=VLOOKUP(C2,A7:J14,2,FALSE)，如图 4-86 所示。

图 4-86　输入学号后自动显示姓名

（8）用同样的方法输入学号后，自动显示政治等各项数据：在单元格 B4 中输入函数=VLOOKUP(C2,$A$6:$J$14,3,FALSE)；在单元格 C4 中输入=VLOOKUP(C2,$A$6:$J$14,4,FALSE)；在 D4 单元格中输入=VLOOKUP(C2,$A$6:$J$14,5,FALSE)；在 E4 单元格中输入=VLOOKUP(C2,$A$6:$J$14,6,FALSE)；在 F4 单元格中输入=VLOOKUP(C2,$A$6:$J$14,7,FALSE)；在 G4 单元格中输入=VLOOKUP(C2,$A$6:$J$14,8,FALSE)；在 H4 单元格中输入=VLOOKUP(C2,$A$6:$J$14,9,FALSE)；在 I4 单元格中输入=VLOOKUP(C2,$A$6:$J$14,10,FALSE)。函数输入完成后，如图 4-87 所示。

	A	B	C	D	E	F	G	H	I	J
1	一年级第一学期成绩表									
2	请输入要查询的学号：		10108				姓名：		罗娟	
3	科目	政治	英语	高等数学	计算机基础	总 分	平均分	名次	评优条件	
4	成绩	75	86	78	92	331	83	2	良好	
6	学号	姓名	政治	英语	高等数学	计算机基础	总分	平均分	名次	评优条件
7	10101	王涛	80	90	80	95	345	86	1	优秀，评优
8	10102	李冰	82	80	56	75	293	73	4	及格
9	10103	谢红	68	55	75	52	250	63	6	及格
10	10104	郑伟	72	62	67	88	289	72	5	及格
11	10105	袁明	69	50	70	60	249	62	7	及格
12	10106	张莉	70	52	49	58	229	57	8	不及格
13	10107	张平	88	76	63	80	307	77	3	良好
14	10108	罗娟	75	86	78	92	331	83	2	良好

图 4-87　输入完成函数得到的结果

（9）表格中各项数据计算完成后，即可制作直观的分数分布情况图表。在数据表中选择数据区域 L11:M15，在"插入"选项卡的"图表"功能区中单击右下角的向下箭头 ，弹出"插入图表"对话框；选择"饼图"中的"分离型三维饼图"选项，如图 4-88 所示；单击"确定"按钮，产生默认图表，如图 4-89 所示。

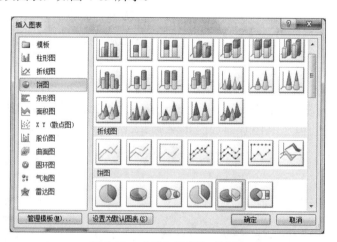

图 4-88　"插入图表"对话框

（10）单击图表，在"图表工具/布局"选项卡"标签"功能区中单击"图表标题"按钮，在下拉列表中选择"图表上方"选项，再输入图表标题"各分数阶段分布图"，如图 4-90 所示。

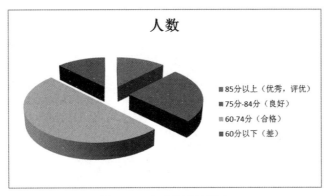

图 4-89　生成的默认图表

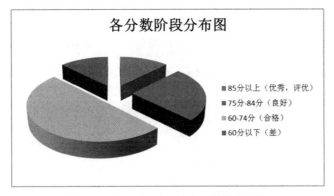

图 4-90　输入标题：各分数阶段分布图

（11）单击"图例"按钮，在下拉列表中选择"在底部显示图例"选项，如图 4-91 所示。

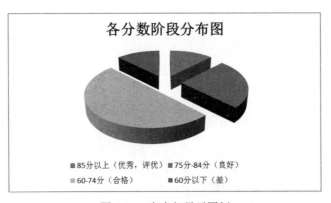

图 4-91　在底部显示图例

（12）在"图表工具/布局"选项卡"标签"功能区中单击"数据标签"按钮，在下拉列表中选择"其他数据标签选项"选项，弹出"设置数据标签格式"对话框，如图 4-92 所示。

（13）在"设置数据标签格式"对话框选中"标签选项"中的"百分比"复选框，如图 4-93 所示。

（14）格式化标题。选择标题"各分数阶段分布图"，右击，在快捷菜单中选择"字体"选项，设置参数后，单击"确定"按钮，如图 4-94 所示。

图 4-92　"设置数据标签格式"对话框

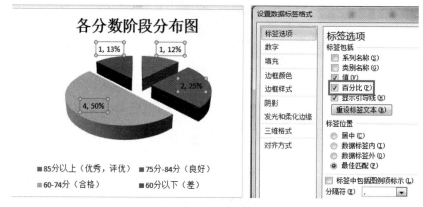

图 4-93　设置百分比

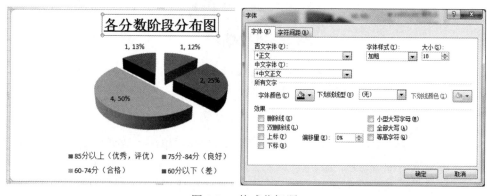

图 4-94　格式化标题

（15）在"格式"选项卡"形状样式"功能区单击右下角的向下箭头 ，弹出"设置图表区格式"对话框；在左边窗格中选择"边框样式"，在右边窗格中选中"圆角"复选框，如

图 4-95 所示；在左边窗格中选择"填充"，在右边窗格中设置填充格式，如图 4-96 所示。单击"关闭"按钮，最终效果如图 4-97 所示。

图 4-95　设置"边框样式"

图 4-96　设置"填充"效果

图 4-97　最终效果

【案例 4-24】根据图 4-98 提供的数据，求出当年利率和年限改变时每月的偿还金额（提示：使用模拟运算表进行计算）。

	A	B	C	D
1	年利率	贷款总额	年限	月偿还金额
2	5.80%	5000	5	¥-96.20
3				
4		年利率		
5	¥-96.20	4.50%	6.50%	7.80%
6	10			
7	15			
8	20			

图 4-98　模拟运算表数据

【方法与步骤】

（1）选择数据区域 A5:D8，其中 B5:D5 为"年利率"的变量，A6:A8 为"年限"的变量，因此，在模拟运算表中要引用原数据的"年利率、年限"来进行计算。

（2）在"数据"选项卡的"数据工具"功能区中单击"模拟分析"选项，在下拉框中选择"模拟运算表"，弹出"模拟运算表"对话框，在"输入引用行的单元格"点击 A2 单元格，在"输入引用列的单元格"点击 C2 单元格，如图 4-99 所示。

（3）单击"确定"，得出结果，如图 4-100 所示。

图 4-99 "模拟运算表"对话框

	A	B	C	D
1	年利率	贷款总额	年限	月偿还金额
2	5.80%	5000	5	¥-96.20
3				
4		年利率		
5	¥-96.20	4.50%	6.50%	7.80%
6	10	¥-51.82	¥-56.77	¥-60.14
7	15	¥-38.25	¥-43.56	¥-47.21
8	20	¥-31.63	¥-37.28	¥-41.20

图 4-100 模拟运算结果

【相关知识与技能】

Excel 2010 函数的使用见附录"Excel 2010 的常用函数"。

【思考与练习】

（1）根据图 4-75 的数据，增加字段"评优条件"，用 IF 函数判断：总分大于 200 且平均分大于 70 分，显示"合格"，否则显示"继续努力"。

（2）利用 Excel 2010 帮助功能中的介绍，熟悉常用函数或其他函数。

任务 17　Excel 2010 综合应用案例

【案例 4-25】根据图 4-101 所示的学生信息表创建"学生信息表.xlsx"。

			学生信息表				
编号	学号	姓名	性别	班级	专业	出生日期	证件号码
001	1001119	陈文巧	1.男	计算机2班	网络工程与管理	1992-06-01	441625199206014123
002	1001115	陈锡坚	1.男	计算机2班	网络工程与管理	1992-02-20	441522199202203333
003	1011128	陈俞亨	1.男	计算机2班	网络工程与管理	1993-04-09	440882199304090444
004	1011171	邓伟昌	1.男	计算机2班	网络工程与管理	1992-06-14	441900199206146555
005	1011186	杜文浩	1.男	计算机2班	网络工程与管理	1992-06-03	441900199206031666
006	1011199	方树均	1.男	计算机2班	网络工程与管理	1992-11-03	441900199211033145
007	1011120	符翼飞	1.男	计算机2班	网络工程与管理	1992-08-22	440882199208220489
008	1011124	龚雪琪	2.女	计算机2班	网络工程与管理	1992-10-07	441900199210070198
009	1011135	何欢	2.女	计算机2班	网络工程与管理	1992-04-10	445321199204101073
010	1011143	何振东	1.男	计算机2班	网络工程与管理	1992-04-03	441900199204032442
011	1011136	黄建强	1.男	计算机2班	网络工程与管理	1992-03-17	441900199203176888
012	1011125	黄钦雄	1.男	计算机2班	网络工程与管理	1992-04-15	440508199204150999
013	1011126	黄卫均	1.男	计算机2班	网络工程与管理	1992-10-15	441900199210153912

图 4-101 学生信息表

【方法与步骤】

本案例中需要使用单元格数据填充，利用函数从身份证号码自动截取出生日期、数据的有效性等综合技能知识。

（1）启动 Excel 2010，按组合键 Ctrl+S，弹出"另存为"对话框；输入工作簿名"学生信息表"，单击"确定"按钮。

（2）双击工作表标签 Sheet1，输入工作表名"学生信息表"，按回车键确认，如图 4-102 所示。

图 4-102　学生信息表

（3）在单元格 A1 中输入"学生信息表"，在 A2:H2 中分别输入：编号、学号、姓名、性别、班级、专业、出生日期、证件号码等数据，如图 4-103 所示。

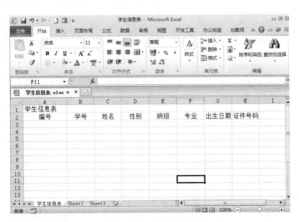

图 4-103　输入数据

（4）将字段"编号"的数据类型设置为"文本型"，分别在 A2、A3 单元格区域输入 001、002，利用填充柄功能填充数据，如图 4-104 所示，填充后的数据图 4-105 所示。

图 4-104　利用填充柄填充数据

图 4-105　利用填充柄填充后的工作表

（5）选定单元格区域 B3:B15，在"数据"选项卡"数据工具"功能区中单击"数据有效性"按钮，在下拉列表中选择"数据有效性"选项，在"数据有效性"对话框"有效性条件"功能区的"允许"列表框中选择"自定义"命名；在"公式"文本框中输入=COUNTIF(B:B,B3)=1，如图 4-106 所示。

（6）选择"出错警告"选项卡，在"标题"和"错误信息"文本框中自定义信息，"标题"信息：请注意输入学号；"错误信息"：学生的学号在本学院是唯一的，你输入的学号有误，请重新输入，如图 4-107 所示；当输入有重复的学号时，提示信息如图 4-108 所示。

图 4-106　自定义有效性条件

（7）分别输入学生的学号、姓名，如图 4-109 所示。

图 4-107　定义错误信息提示

图 4-108　输入重复学号后的提示信息

图 4-109　输入学生学号

（8）选择单元格区域 D3:D15，在"数据"选项卡"数据工具"功能区中单击"数据有效性"按钮，在下拉列表中选择"数据有效性"选项，在"数据有效性"对话框"有效性条件"组的"允许"列表框中选择"序列"选项，在"公式"文本框中输入"1.男,2.女"（不包括""），如图 4-110 所示；单击"确定"按钮。此时，在选择"性别"字段中的单元格后面显示一个向下的三角形，单击选择需要的"男"或"女"，图 4-111 所示为选择"性别"。

图 4-110　设置序列

编号	学号	姓名	性别
001	1001119	陈文巧	1.男
002	1001115	陈锡坚	1.男 2.女
003	1011128	陈俞亨	1.男
004	1011171	邓伟昌	1.男
005	1011186	杜文浩	1.男
006	1011199	方树均	1.男
007	1011120	符翼飞	1.男
008	1011124	龚雪琪	2.女
009	1011135	何欢	2.女
010	1011143	何振东	1.男
011	1011136	黄建强	1.男
012	1011125	黄钦雄	1.男
013	1011126	黄卫均	1.男

图 4-111 通过序列选择“性别”

（9）在单元格区域 E2:E15 中输入班级，在单元格区域 F3:F15 中输入专业，如图 4-112 所示。

	A	B	C	D	E	F	G	H
1	学生							
2	编号	学号	姓名	性别	班级	专业	出生日期	证件号码
3	001	1001119	陈文巧	男	计算机2班	网络工程与管理		
4	002	1001115	陈锡坚	男	计算机2班	网络工程与管理		
5	003	1011128	陈俞亨	男	计算机2班	网络工程与管理		
6	004	1011171	邓伟昌	男	计算机2班	网络工程与管理		
7	005	1011186	杜文浩	男	计算机2班	网络工程与管理		
8	006	1011199	方树均	男	计算机2班	网络工程与管理		
9	007	1011120	符翼飞	男	计算机2班	网络工程与管理		
10	008	1011124	龚雪琪	女	计算机2班	网络工程与管理		
11	009	1011135	何欢	女	计算机2班	网络工程与管理		
12	010	1011143	何振东	男	计算机2班	网络工程与管理		
13	011	1011136	黄建强	男	计算机2班	网络工程与管理		
14	012	1011125	黄钦雄	男	计算机2班	网络工程与管理		
15	013	1011126	黄卫均	男	计算机2班	网络工程与管理		

图 4-112 输入班级和专业

（10）在单元格区域 H3:H15 中输入证件号。输入证件号前，需要把单元格数据格式设置为文本型或数值型，如图 4-113 所示。

学生信息表							
编号	学号	姓名	性别	班级	专业	出生日期	证件号码
001	1001119	陈文巧	1.男	计算机2班	网络工程与管理		441625199206014123
002	1001115	陈锡坚	1.男	计算机2班	网络工程与管理		441522199202203333
003	1011128	陈俞亨	1.男	计算机2班	网络工程与管理		440882199304090444
004	1011171	邓伟昌	1.男	计算机2班	网络工程与管理		441900199206146555
005	1011186	杜文浩	1.男	计算机2班	网络工程与管理		441900199206031666
006	1011199	方树均	1.男	计算机2班	网络工程与管理		441900199211033145
007	1011120	符翼飞	1.男	计算机2班	网络工程与管理		440882199208220489
008	1011124	龚雪琪	2.女	计算机2班	网络工程与管理		441900199210070198
009	1011135	何欢	2.女	计算机2班	网络工程与管理		445321199204101073
010	1011143	何振东	1.男	计算机2班	网络工程与管理		441900199204032442
011	1011136	黄建强	1.男	计算机2班	网络工程与管理		441900199203176888
012	1011125	黄钦雄	1.男	计算机2班	网络工程与管理		440508199204150999
013	1011126	黄卫均	1.男	计算机2班	网络工程与管理		441900199210153912

图 4-113 输入证件号码

（11）选定单元格区域 G3:G15，将数据类型数值转换为日期型，如图 4-114 所示。

（12）单击“确定”按钮，在单元格 G3 中输入函数：=DATE(MID(H3,7,4),MID(H3,11,2),MID(H3,13,2))（自动截取出生日期），按“回车”键，利用填充柄向下填充公式，如图 4-115 所示。

图 4-114　设置单元格数据类型

	A	B	C	D	E	F	G	H
1						学生信息表		
2	编号	学号	姓名	性别	班级	专业	出生日期	证件号码
3	001	1001119	陈文巧	1.男	计算机2班	网络工程与管理	1992-06-01	441625199206014123
4	002	1001115	陈锡坚	1.男	计算机2班	网络工程与管理	1992-02-20	441522199202203333
5	003	1011128	陈俞亨	1.男	计算机2班	网络工程与管理	1993-04-09	440882199304090444
6	004	1011171	邓伟昌	1.男	计算机2班	网络工程与管理	1992-06-14	441900199206146555
7	005	1011186	杜文浩	1.男	计算机2班	网络工程与管理	1992-06-03	441900199206031666
8	006	1011199	方树均	1.男	计算机2班	网络工程与管理	1992-11-03	441900199211033145
9	007	1011120	符翼飞	1.男	计算机2班	网络工程与管理	1992-08-22	440882199208220489
10	008	1011124	龚雪琪	2.女	计算机2班	网络工程与管理	1992-10-07	441900199210070198
11	009	1011135	何欢	2.女	计算机2班	网络工程与管理	1992-04-10	445321199204101073
12	010	1011143	何振东	1.男	计算机2班	网络工程与管理	1992-04-03	441900199204032442
13	011	1011136	黄建强	1.男	计算机2班	网络工程与管理	1992-03-17	441900199203176888
14	012	1011125	黄钦雄	1.男	计算机2班	网络工程与管理	1992-04-15	440508199204150999
15	013	1011126	黄卫均	1.男	计算机2班	网络工程与管理	1992-10-15	441900199210153912

G3 fx =DATE(MID(H3,7,4),MID(H3,11,2),MID(H3,13,2)) → 利用函数从证件号中截取出生年月

图 4-115　利用函数截取出生日期

（13）对表格设置边框、字体等，如图 4-116 所示。

						学生信息表		
编号	学号	姓名	性别	班级	专业		出生日期	证件号码
001	1001119	陈文巧	1.男	计算机2班	网络工程与管理		1992-06-01	441625199206014123
002	1001115	陈锡坚	1.男	计算机2班	网络工程与管理		1992-02-20	441522199202203333
003	1011128	陈俞亨	1.男	计算机2班	网络工程与管理		1993-04-09	440882199304090444
004	1011171	邓伟昌	1.男	计算机2班	网络工程与管理		1992-06-14	441900199206146555
005	1011186	杜文浩	1.男	计算机2班	网络工程与管理		1992-06-03	441900199206031666
006	1011199	方树均	1.男	计算机2班	网络工程与管理		1992-11-03	441900199211033145
007	1011120	符翼飞	1.男	计算机2班	网络工程与管理		1992-08-22	440882199208220489
008	1011124	龚雪琪	2.女	计算机2班	网络工程与管理		1992-10-07	441900199210070198
009	1011135	何欢	2.女	计算机2班	网络工程与管理		1992-04-10	445321199204101073
010	1011143	何振东	1.男	计算机2班	网络工程与管理		1992-04-03	441900199204032442
011	1011136	黄建强	1.男	计算机2班	网络工程与管理		1992-03-17	441900199203176888
012	1011125	黄钦雄	1.男	计算机2班	网络工程与管理		1992-04-15	440508199204150999
013	1011126	黄卫均	1.男	计算机2班	网络工程与管理		1992-10-15	441900199210153912

图 4-116　设置完成后的数据表

【案例4-26】将图 4-117"学生成绩表"的内容复制到 Word 文档中，并使表格的内容在 Word 文档中能自动更新。

	A	B	C	D	E	F	G	H
1				学生成绩表				
2	学号	姓名	大学英语	计算机应用	高等数学	应用文写作	总分	平均分
3	14302101	杨妙琴	70	92	73	65	300	75
4	14302102	周凤连	60	86	66	42	254	64
5	14302103	白庆辉	46	73	79	71	269	67
6	14302104	张小静	75	75	95	99	344	86
7	14302105	郑敏	78	79	98	88	343	86
8	14302106	文丽芬	93	81	43	69	286	72
9	14302107	赵文静	96	85	31	65	277	69
10	14302108	甘晓聪	36	98	71	53	258	64
11	14302109	廖宇健	35	82	84	74	275	69
12	14302110	曾美玲	78	91	35	67	271	68

图 4-117　学生成绩表

【方法与步骤】

复制 Excel 的某些数据到 Word 文档中是最常见的一种信息共享方式，利用"选择性粘贴"，用户可以选择以多种方式对数据进行静态粘贴，也可以选择动态地链接数据。静态粘贴的结果是原数据的静态副本，与原数据不再有任何关联；而动态链接会在原数据发生改变时自动更新粘贴结果。

本案例要求复制 Excel 的"学生成绩表"到 Word 文档中，并且要求 Word 文档的数据能自动更新，需要用到动态链接数据。

（1）在"学生成绩表"中选择需要复制的 Excel 单元格区域（如图 4-117 中的 A1:H12），按 Ctrl+C 组合键进行复制。

（2）激活 Word 文档中的待粘贴位置，将所复制的内容粘贴到该位置。

单击"开始"选项卡，再单击"粘贴"按钮下方的下箭头，在下拉菜单中找到"选择性粘贴"项，如图 4-118 所示。单击它会弹出"选择性粘贴"对话框，如图 4-119 所示。

图 4-118　执行"选择性粘贴"

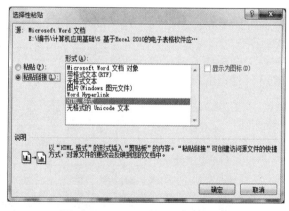

图 4-119　"选择性粘贴"对话框

（3）在"选择性粘贴"对话框中，可以调整其中的选项，按不同方式和不同形式进行粘贴。默认的粘贴选项是：粘贴为 HTML 格式。

因本案例要求数据粘贴后能够随着源数据的变化而自动更新，应使用"粘贴链接"方式进行粘贴。复制粘贴后的数据如图 4-120 所示。

学生成绩表

学号	姓名	大学英语	计算机应用	高等数学	应用文写作	总分	平均分
14302101	杨妙琴	70	92	73	65	300	75
14302102	周凤连	60	86	66	42	*254*	*64*
14302103	白庆辉	46	73	79	71	*269*	*67*
14302104	张小静	75	75	95	99	344	86
14302105	郑敏	78	79	98	88	343	86
14302106	文丽芬	93	81	43	69	286	72
14302107	赵文静	96	85	31	65	277	69
14302108	甘晓聪	36	98	71	53	258	64
14302109	廖宇健	35	82	84	74	275	69
14302110	曾美玲	78	91	35	67	271	68

图 4-120 将"学生成绩表"复制到 Word 后的结果

【相关知识与技能】

1. 链接 Excel 表格数据到 Word 文档中

复制 Excel 中的表格数据后，在 Word 文档中执行"选择性粘贴"命令，在"选择性粘贴"对话框中，单击"粘贴链接"选项，"粘贴链接"方式下各种形式的粘贴结果，在外观上与"粘贴"方式基本相同。如果粘贴以后，在 Excel 修改了源数据，数据的变化会自动地更新到 Word 中。此外，粘贴结果具备与源数据之间的超链接功能。以"粘贴链接"为"带格式文本(RTF)"为例，如果在粘贴结果中右击，在弹出的快捷菜单中单击"编辑链接"或"打开链接"，将激活 Excel 并定位到源文件的目标区域，如图 4-121 所示。

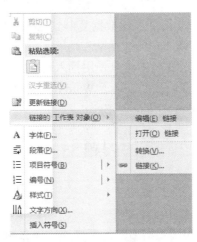

图 4-121 从粘贴结果链接到 Excel 工作表

2. 在 Word 文档中创建新的 Excel 工作表对象

除了使用复制粘贴方法来共享数据之外，还可以在 Office 应用程序文件中插入对象，比如在 Word 文档中创建新的 Excel 工作表对象，将其作为自身的一部分。

（1）激活需要新建 Excel 对象的 Word 文档。

（2）单击"插入"选项卡中的"对象"按钮，弹出"对象"对话框，利用此对话框，可以"新建"一个对象，也可以链接到一个现有的对象文件。

提示： "对象"对话框中显示的对象列表来源于本电脑安装的支持 OLE 的软件，例如，电脑上安装了 AutoCAD 制图软件的话，那么该列表中就会出现 CAD 对象，允许在 Word 文档中插入。

（3）选择"Microsoft Excel 工作表"项，单击"确定"按钮。

Excel 工作表插入到 Word 文档后，如果不被激活，则只显示为表格。双击它可以激活对象，进行编辑，此时 Word 的选项卡可变成 Excel 的选项卡。如图 4-122 所示。编辑完毕后，只需要激活 Word 文档中的其他位置，就会退出 Excel 工作表对象的编辑状态。

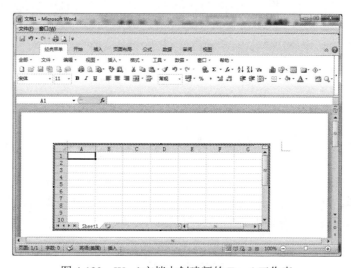

图 4-122 Word 文档中创建新的 Excel 工作表

在 Excel 中，将其他 Office 应用程序的数据复制到 Excel 中，与将 Excel 数据复制到其他 Office 应用程序的方法类似。借助"选择性粘贴"功能，以及"粘贴选项"按钮，用户可以按自己的需求进行信息传递。在 Excel 中也可以使用插入对象的方式，插入其他 Office 应用程序文件，作为工作表的一部分。在 Excel 中，除了 Word 与 Excel 能进行协同工作外，其他 Office 应用程序间也能协同工作，如 PowerPoint 与 Excel。

习题

一、简答题

1. 如何启动、退出 Excel 2010？退出时，怎样才能保存输入的内容？
2. 如何选定活动单元格和活动工作表？
3. 保存工作簿有哪些方法？各种方法使用什么命令？
4. 如何调整窗口大小？如何重排和分隔窗口？
5. 哪些方法可以在工作表中选择活动单元格？比较不同情况下用哪种方法最方便？

6．输入文本、数字、日期和时间各有什么规则？如何输入分数？

7．如何在工作表中输入公式和函数？什么情况下会产生错误值？

8．单元格的引用有哪几种表示法？什么是绝对引用和相对引用？

9．移动、删除、插入和复制对引用位置有什么影响？

10．在工作表中使用名字有什么好处？如何命名单元格、区域和工作表？

11．如何在公式中引用同一工作簿不同工作表的数据？

12．如何在工作表中移动和复制单元格？如何在工作表中插入行、列和单元格？

13．有哪些方法调整列宽和行高？试比较哪种方法最简便？

14．如何在工作表中设置文字和数字的格式？如何设定工作表数据的对齐方式？

15．如何在数据表中对数据进行排序？

16．数据筛选有哪几种方法？每种方法如何实现？

17．如何对数据进行分类汇总和合并计算？

18．如何创建图表？如何更改图表的图项及修改各图项？

19．如何建立迷你表？

20．如何创建一个数据透视表，请自行设计一个工作表，并用该工作表创建一个数据透视表。

二、上机操作题

1．根据图 4-123 创建工作表"成绩表.XLSX"，对工作表进行格式设置。

	A	B	C	D	E	F	G
1				成绩表			
2	学号	姓名	性别	大学英语	计算机应用	高等数学	应用文写作
3	14302101	杨妙琴	女	70	91.9	73	65
4	14302102	周凤连	女	60	86	66	42
5	14302103	白庆辉	男	46	72.6	79	71
6	14302104	张小静	女	75	75.1	95	99
7	14302105	郑敏	女	78	78.5	98	88
8	14302106	文丽芬	女	93	81.2	43	69
9	14302107	赵文静	女	96	84.5	31	65
10	14302108	甘晓聪	男	36	97.8	71	53
11	14302109	廖宇健	男	35	82.4	84	74
12	14302110	曾美玲	女	缺考	90.9	35	67

图 4-123　成绩表

（1）设置标题行字体为宋体，20 磅，加粗，并填充"细逆对角线条纹"鲜绿色的图案；

（2）设置纸张大小为 B5，方向为横向，页边距为 2 厘米。

（3）将"计算机应用"的数据设置为整数。

（4）将 A3:G4 区域的格式复制到 A5:G12 区域。

（5）在表中增加"总分""平均分""等级" 3 列。

（6）用函数求出表中学生的"总分""平均分"。

（7）用 IF 函数在"等级"列求出每个学生的等级。等级的标准：平均分 60 分以下为"不及格"，80 分以下为"中"，90 分以下为"良好"，90 分以上为"优秀"。

（8）在 D13:G13 区域，计算出各科成绩的最大值。

（9）采用自动筛选方法从"成绩表.XLSX"中筛选出性别为"女"和"计算机应用"成绩大于或等于 80 分的记录。

（10）在工作表中插入页眉，内容为"成绩表"；插入页脚，页脚样式为"第 1 页，共?页"。

2．根据图 4-124 创建工作表，并对工作表进行如下设置。

（1）当用户选中"间隔"列的第 3 至 13 行中的某一行时，在其右侧显示一个下拉列表框箭头，并显示"2 房 1 厅、3 房 1 厅、3 房 2 厅"选项供用户选择。

（2）当用户选中"租价"列的第 3 行至 13 行中的某一行时，在其右侧显示一个输入信息"介于 1000 与 5000 之间的整数"，标题为"请输入租价"，如果输入的值不是介于 1000 与 5000 之间的整数，会有出错警告，错误信息为"不是介于 1000 与 5000 之间的整数"，标题为"请重新输入"。

提示：通过"数据有效性"进行设置，"间隔"操作有效性条件为序列，"租价"有效性条件为介于整数之间。

	A	B	C	D	E
1	开富房产中介二手房项目				
2	物业名称/地址	推荐标题	间隔	面积	租价
3	荔湾区-东风西路	嘉和苑二期//三房豪华装修		84m²	
4	荔湾区-周门	园中园&大房大厅&周边配套完善		60m²	
5	荔湾区-周门北路(电梯)	周门北电梯楼笋租再现&三房二厅&家电全齐		100m²	
6	荔湾区-富力广场	富力广场※高层3房带主套※家电齐		110m²	
7	荔湾区-富力广场	富力广场小区低层3房精选笋盘		78m²	
8	荔湾区-司法大楼	龙津西路*司法大厦*家电齐		60m²	
9	荔湾区-富力广场	窗明几靓//简洁明了//家私全新		68m²	
10	荔湾区-富力广场	富力广场※高层3房带主套※家电齐		110m²	
11	荔湾区-富力广场	富力广场小区低层3房精选笋盘		78m²	
12	荔湾区-司法大楼	龙津西路*司法大厦*家电齐		60m²	
13	荔湾区-富力广场	窗明几靓//简洁明了//家私全新		68m²	

图 4-124　设置数据有效性

3．根据图 4-125 制作工资表，并进行如下操作：

（1）使用条件格式工具对"Sheet1"工作表中 D4:D15 区域（"基本工资"列）的有效数据按不同的条件设置显示格式，其中基本工资额少于 2000 的，设置填充背景为标准色浅蓝色；基本工资额大于或等于 2000 的，则设置标准色红色字体（条件格式中的值需为输入的值，不能为单元格引用项）。

（2）使用表中 B3:B15 以及 J3:J15 区域的数据制作图表，图表类型为二维簇状柱形图，横坐标轴下方标题为职工姓名，图表上方标题为职工工资表，在底部显示图例。

	A	B	C	D	E	F	G	H	I	J	K
1	工资表										
2	单位名称：XX 公司								XX 年 XX 月 XX 日		
3	编号	姓名	所属部门	基本工资	岗位工资	补贴	应发工资	扣养老金	请假扣款	实发工资	签字
4	0001	王耀东	办公室	3000.00	2000.00	3000.00	8000.00	300.00	100.00	7600.00	
5	0002	马一鸣	办公室	3000.00	2000.00	3000.00	8000.00	300.00	0.00	7700.00	
6	0003	崔静	销售部	2000.00	2000.00	3000.00	7000.00	200.00	33.00	6767.00	
7	0004	娄太平	销售部	2000.00	2000.00	3000.00	7000.00	200.00	0.00	6800.00	
8	0005	潘涛	生产部	1500.00	1500.00	3000.00	6000.00	150.00	100.00	5750.00	
9	0006	邹燕燕	财务部	2500.00	2000.00	2500.00	7000.00	250.00	250.00	6500.00	
10	0007	孙晓斌	生产部	1500.00	1500.00	3000.00	6000.00	150.00	0.00	5850.00	
11	0008	赵昌彬	销售部	2000.00	2000.00	3000.00	7000.00	200.00	0.00	6800.00	
12	0009	邱秀丽	财务部	2500.00	2000.00	2500.00	7000.00	250.00	583.00	6167.00	
13	0010	王富萍	生产部	1500.00	1500.00	3000.00	6000.00	150.00	0.00	5850.00	
14	0011	宋辉	销售部	2000.00	2000.00	3000.00	7000.00	200.00	333.00	6467.00	
15	0012	高辉	销售部	2000.00	2000.00	3000.00	7000.00	200.00	0.00	6800.00	

图 4-125　工资表

4. 根据图 4-126 制作工资表，并进行如下操作：

	A	B	C	D	E	F	G	H	I	J
1	一月工资表									
2	编号	姓名	职务	出生日期	性别	基本工资	补贴	津贴	扣款	应发工资
3	A1001	李宜静	科员	1982/1/1	女	1450	2580	1766	320	5476
4	A1002	李霅芬	副科长	1975/2/2	女	1700	3920	2778	460	7938
5	A1003	郑梅娟	科员	1980/3/3	女	1520	2620	1768	280	5628
6	A1004	肖艺峰	副处长	1968/4/5	男	1900	4020	2782	600	8102
7	A1005	何翠媚	科员	1977/5/4	女	1680	2640	1770	500	5590
8	A1006	范吉斯	副处长	1971/6/3	男	1790	3840	2780	400	8010
9	A1007	张方华	科员	1983/7/6	男	1470	2600	1758	350	5478
10	A1008	陈移安	科长	1975/8/9	男	1700	3760	2778	200	8038
11	A1009	陈田丰	处长	1956/3/4	男	2200	4400	4790	300	11090
12	A1010	袁海飞	科长	1979/12/10	男	1680	3780	2782	400	7842
13	A1011	江俏梅	科员	1980/11/23	女	1600	2630	1760	300	5690
14	A1012	甄正一	副科长	1976/10/8	男	1740	3700	2775	200	8015
15	A1013	赵善聪	科员	1981/8/4	男	1520	2560	1760	180	5660
16	A1014	冯晓阳	副处长	1957/9/13	男	2000	4200	3788	600	9388

图 4-126 工资表

（1）在 A18 单元格中插入内容为"数据透视表"的批注（输入前请先删除批注框内的内容）。

（2）以 A18 为左上角的区域制作数据透视表：按不同的职务、性别统计月发放工资的情况，其中"职务"作为行标签，"性别"为列标签，统计项为单位应发工资总额。设置透视表名称为职工工资透视表。

第 5 章　基于 PowerPoint 2010 的演示文稿制作

5.1　演示文稿的制作、编辑和格式设置

任务 1　初步认识 PowerPoint 2010

【任务描述】

本任务通过一个简单的案例，学会利用模板创建演示文稿，了解 PowerPoint 2010 的基本概念，掌握 PowerPoint 的基本操作，掌握对幻灯片进行简单的修改。

【案例 5-1】制作一个简单的演示文稿，要求：包含两张幻灯片，第一张幻灯片的内容是演示文稿的标题，第二张幻灯片的内容是相关主题介绍；最后将演示文稿以文件名 W5-1.pptx 保存。

【方法与步骤】

（1）启动 PowerPoint 2010：在"开始"菜单中选择"所有程序"→"Microsoft Office→ Microsoft Office PowerPoint 2010"选项，打开 PowerPoint 2010 窗口，如图 5-1 所示。

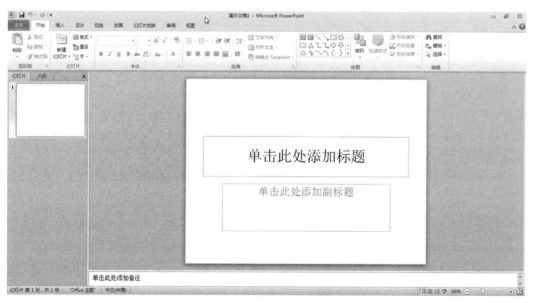

图 5-1　PowerPoint 窗口

（2）选择一种模板：在"文件"功能区选择"新建"选项，在"可用的模板和主题"选项区中选择自己需要的模板。

（3）在"样本模板"中列出 PowerPoint 所有样本模板的名称，用鼠标指向模板图标，可以看到该模板的名称，单击"创建"即可创建基于模板的幻灯片。本案例选择"宣传手册"模板，如图 5-2 所示。

图 5-2　选择"宣传手册"模板

（4）设置第一张幻灯片的版式：在"开始"选项卡的"幻灯片"功能区中单击"幻灯片版式"按钮，在下拉列表中选择"标题幻灯片"版式，进入 PowerPoint 的主工作窗口，即第一张幻灯片的工作窗口，如图 5-3 所示。

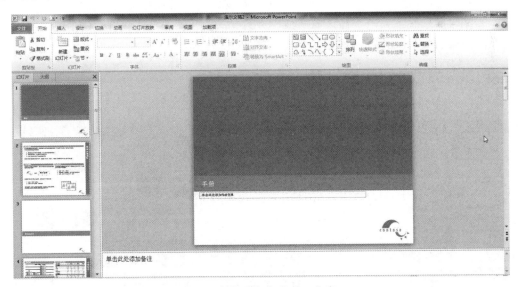

图 5-3　第一张幻灯片的工作窗口

说明： PowerPoint 2010 很多模板需要在线联机下载。

（5）向第一张幻灯片添加内容并进行字体设置：按照提示在演示文稿页面（幻灯片）上方第一个虚线框内单击，输入标题"广东 2017 发展计划"，字体设置为 32 号、宋体、加粗；

在第二个虚线框内单击，输入文字"我学习我践行"和"2017 年 03 月"，字体设置为 20 号、宋体、右对齐。第一张幻灯片制作完成，如图 5-4 所示。

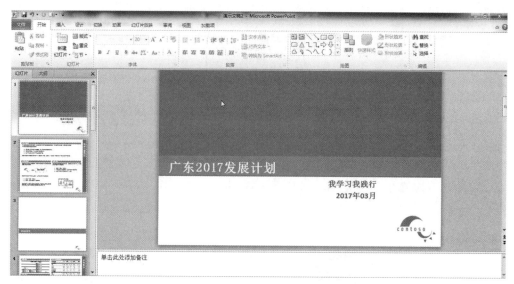

图 5-4　添加内容后的第一张幻灯片

（6）插入新的幻灯片：按 Ctrl+M 组合键，或在"开始"选项卡的"幻灯片"功能区中单击"新建幻灯片"按钮，在下拉列表中选择"节标题"版式，显示第二张幻灯片的工作窗口。

（7）在第二张幻灯片内添加文字：在虚线框中输入"学习心得，践行体会"；在"插入"选项卡的"文本"功能区中单击"文本框"按钮，在下拉列表中选择"横排文本框"选项；在第二张空白幻灯片内拖动鼠标插入一个文本框，在文本框内添加相关的内容和文字。

（8）插入剪贴画：弹出"插入剪贴画"对话框，按题意选择一张合适的剪贴画插入。第二张幻灯片制作完成，如图 5-5 所示。

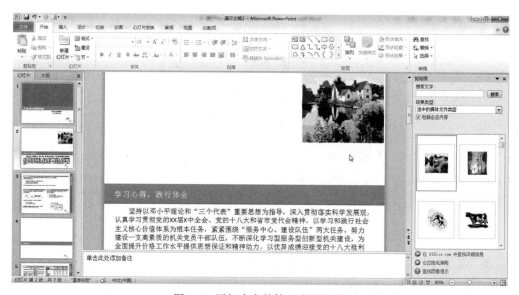

图 5-5　添加内容的第二张幻灯片

提示：占位符是带有虚线边缘的框，绝大多数幻灯片版式中都有这种框，可以在框内设置标题及正文等。由于演示文稿的标题文本有大有小，若标题文本的大小超出了占位符的容量，超出部分将无法显示。若要显示全部的标题文本，必须调整占位符的大小。

（9）保存演示文稿：在"文件"选项卡中选择"保存"选项，以文件名 W5-1.pptx 保存。

（10）放映演示文稿：按 F5 键，启动幻灯片的全屏幕放映，屏幕上显示第一张幻灯片；单击鼠标切换到第二张幻灯片，再单击鼠标回到第一张幻灯片的工作窗口。

（11）在"文件"选项卡选择"退出"选项，或在控制菜单中选择"关闭"命令，退出 PowerPoint。退出时，对正在操作的演示文稿提示是否保存文件，然后才退出。

【相关知识与技能】

用 PowerPoint 2010 制作幻灯片非常方便。在制作幻灯片的过程中，可以方便地输入标题和正文，可以根据制作者的喜好美化演示文稿并修改幻灯片的版面布局。

1. PowerPoint 的工作窗口

启动 PowerPoint 2010 后，打开 PowerPoint 工作窗口，如图 5-6 所示。

图 5-6 PowerPoint 的工作窗口

2. 建立演示文稿

在"文件"功能区中选择"新建"选项，打开 PowerPoint "新建演示文稿"任务窗格，提供了"空演示文稿""根据设计模板""根据内容提示向导""根据现有演示文稿"等创建新演示文稿方法，可以从中选择一种方法创建新的演示文稿。

（1）用"空演示文稿"创建演示文稿。

在"新建演示文稿"任务窗口中选择"空演示文稿"，打开"幻灯片版式"任务窗口。选择一种版式后，在空白幻灯片中插入各种对象，进行编辑、格式化和外观设计等。

　　（2）用"根据设计模板"创建新演示文稿。

　　"根据设计模板"可以创建风格各异的演示文稿。PowerPoint 提供几十种演示文稿设计模板，每种设计模板都包含一种背景颜色、背景设计方案以及由 8 种颜色配成的配色方案。用户也可以自己设计每张幻灯片，并通过选择幻灯片版式、设计背景、配色方案、设置字体、字号等制作个性化的演示文稿。如果添加到"内容提示向导"中，以后可以作为设计模板创建相应的演示文稿。

　　（3）用"根据内容提示向导"创建新演示文稿。

　　"根据内容提示向导"为用户提供建议和设计方案。根据不同的专题，PowerPoint 提供各种演示文稿的模板，如商务计划、项目总结、公司会议、市场计划等。

　　在创建演示文稿的过程中，向导提示用户做出一些选择，逐步完成创建演示文稿操作。创建的演示文稿幻灯片一般具有相同的结构、背景等。

　　（4）用"根据现有演示文稿"创建新演示文稿。

　　如果已有一份演示文稿接近新创建演示文稿的大纲、格式等，可以在该演示文稿中做一些改动后作为新的演示文稿。

【知识拓展】

1. PowerPoint 概述

　　PowerPoint 2010 是集文字、图形、动画、声音于一体的专门制作演示文稿的多媒体软件，并且可以生成网页。所谓演示文稿，是若干有内在联系的幻灯片组合。利用 PowerPoint 2010 可以方便地制作高质量的、交互式的多媒体演示文稿。如果在网络上发布演示文稿，可以以演示文稿为主题举行联机会议；或举行专家论坛，讨论新产品的推出，展示并获取意见；或在网络上作精彩演讲等。可见，PowerPoint 2010 具有网络、多媒体和幻灯片有机结合的鲜明特点。

2. 视图方式

　　PowerPoint 提供普通视图、幻灯片浏览视图、备注页视图等视图方式，可以方便地对演示文稿进行编辑和观看。单击 PowerPoint 工作窗口右下方的视图按钮，可以在各种视图之间切换；也可以在"视图"选项卡中切换视图方式。在一种视图中对演示文稿进行修改后，自动反映在演示文稿的其他视图中。

　　（1）普通视图。

　　PowerPoint 的默认视图方式，主要用来编辑演示文稿的总体结构或编辑单张幻灯片或大纲。

　　普通视图包含 3 种窗格，左边是大纲窗格，右边上部是幻灯片窗格，下部是备注窗格（见图 5-6）。默认情况下，幻灯片窗格较大，其余两个窗格较小，但可以通过拖动窗格边框来改变窗格大小。

　　在大纲窗格中，可以编辑和显示演示文稿大纲的内容，也可以键入和修改每张幻灯片中的标题及各种提纲性的文字，并自动将修改回填到幻灯片中。在幻灯片窗格可以查看每张幻灯片中的文本外观；可以向单张幻灯片添加图形和声音；可以创建超级链接和为其中的对象设置动画。备注窗格使演讲者可以添加与观众共享的演讲备注或其他信息。如果需要向备注窗格中插入图形、图片等，必须在备注页视图中操作。

　　（2）幻灯片浏览视图。

　　演示文稿的全部幻灯片以压缩形式排列。该视图方式最容易实现拖动、复制、插入和删除幻灯片的操作，但是不能对单张幻灯片进行编辑。如果要对单张幻灯片进行编辑，可以双击单张幻灯片，切换到其他视图方式下进行编辑。可以利用幻灯片浏览视图检查各幻灯片是否有什么不适合，再对文稿的外观重新设计。

（3）幻灯片放映视图。

一种动态的视图方式。单击视图按钮条中的"幻灯片放映"按钮后，从当前幻灯片开始全屏幕放映演示文稿。单击鼠标可以从当前幻灯片切换到下一张幻灯片，继续放映，按 Esc 键可立即结束放映。

（4）备注页视图。

备注页视图在视图按钮条上没有对应的按钮，只能在"视图"选项卡的"演示文稿视图"功能区中单击"备注页"按钮进行切换。备注页视图在屏幕上半部分显示幻灯片，下半部分用于添加备注。

3. 演示文稿的保存

在"文件"选项卡中选择"保存"选项，可以将建立的演示文稿保存在指定的文件中；若选择"另存为"选项，可将当前文稿保存为不同的文件类型。表 5-1 为 PowerPoint 保存演示文稿的文件类型。

表 5-1　PowerPoint 可保存的演示文稿文件类型

保存类型	拓展名	保存格式
演示文稿	pptx	典型的 PowerPoint 演示文稿
演示文稿模板	potx	存为模板的演示文稿
大纲/RTF	rtf	存为大纲的演示文稿
PowerPoint 放映	ppsx	以幻灯片放映方式打开的演示文稿
图形	jpg	压缩图形文件
图形	gif	图形交换文件格式
图形	png	便携网络图形文件格式
图形	bmp	设备无关位图格式
PowerPoint 宏	ppa	加载宏文件
网页	htm，html	网页格式

任务 2　制作学习计划

【任务描述】

本任务通过案例学习演示文稿的编辑，掌握在幻灯片中的插入文本、图片、形状、剪贴画、SmartArt 图形和数据表格等对象和添加项目符合等操作。

【案例 5-2】某学生预备在新的学期制作了一份学习计划，内容包括学习首页、主要内容、学习目标、学习意义、学习时间安排和致谢，以文件名 W5-2.pptx 保存，最终效果如图 5-7 所示。

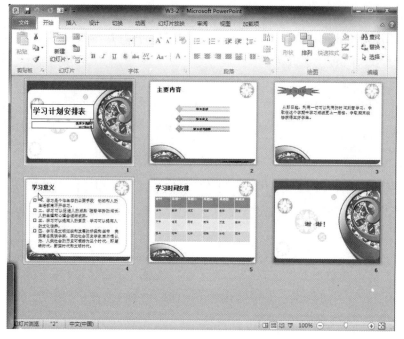

图 5-7　学习计划最终效果图

【方法与步骤】

创建演示文稿后，可以向幻灯片中插入文本。为了增强视觉效果，提高观众的注意力，向观众传递更多的信息，可以在幻灯片中插入图片、表格、图表和形状等各种对象。

1. 启动 PowerPoint 2010

2. 制作"学习计划"首页

具体步骤详细查看任务 1，会议简报首页如图 5-8 所示。

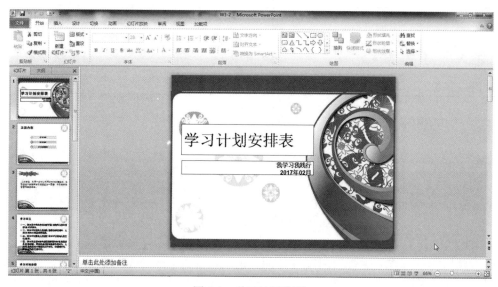

图 5-8　学习计划首页

3. 制作"学习计划"的主要内容

（1）插入新的幻灯片：按 Ctrl+M 组合键，或在"开始"选项卡的"幻灯片"功能区中单击"新建幻灯片"按钮，在下拉列表中选择"标题和内容"版式，显示第二张幻灯片的工作窗口，如图 5-9 所示。

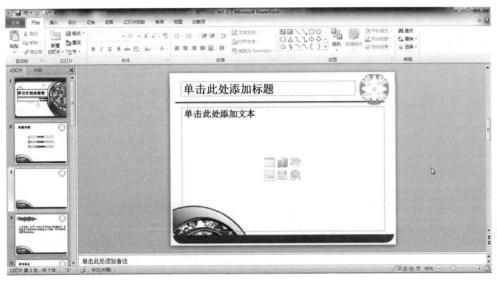

图 5-9 插入新幻灯片

（2）输入标题：在第二张幻灯片中的标题处输入"主要内容"。

（3）插入 SmartArt 图形：在"文本"占位符中选择"插入 SmartArt 图形"按钮，或在"插入"选项卡中单击"SmartArt"按钮，在弹出的"选择 SmartArt 图形"对话框中选择"列表"中的"垂直项目符号列表"，如图 5-10 所示。

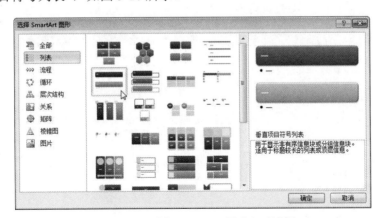

图 5-10 "选择 SmartArt 图形"对话框

（4）修改 SmartArt 图形：删除第二组信息块，为第一组信息块添加相应的文字，并设置文字字号，如图 5-11 所示。

4. 制作"学习计划"的"学习目标"页面

（1）插入新的幻灯片：按 Ctrl+M 组合键，或在"开始"选项卡的"幻灯片"功能区中单击"新建幻灯片"按钮，在下拉列表中选择"标题和内容"版式，显示第三张幻灯片的工作窗口，版式与前面的完全一样。

图 5-11　修改 SmartArt 图形

（2）删除"标题"占位符。

（3）在"标题"占位符处插入"爆炸形 1"形状。

（4）在插入的形状中输入"学习目标"，设置字体为 28、宋体、红色、加粗；调整形状到合适大小。

（5）在"内容"占位符中输入相应内容。

"学习目标"页面最终效果如图 5-12 所示。

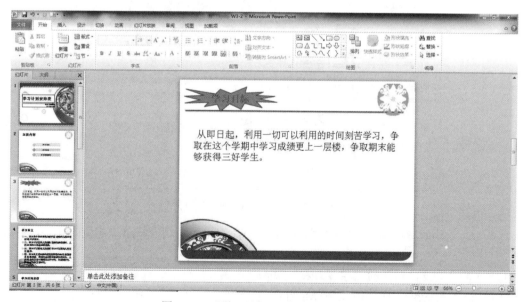

图 5-12　"学习目标"页面最终效果图

5．制作"学习计划"的"学习意义"页面

（1）插入新的幻灯片：按 Ctrl+M 组合键，或在"开始"选项卡的"幻灯片"功能区中单击"新建幻灯片"按钮，在下拉列表中选择"标题和内容"版式，显示第三张幻灯片的工作窗口，版式与前面的完全一样。

（2）在"标题"占位符处输入"学习意义"。

（3）插入形状：在"插入"选项卡中，单击"形状"按钮，在下拉列表中选择"圆角矩形"版式，在幻灯片空白处单击鼠标拖出该形状，如图5-13所示。

图 5-13　插入形状

（4）修改形状样式：双击"圆角矩形"形状，在"格式"选项卡中选择"彩色轮廓-红色"样式，如图5-14所示。在"形状效果"的下拉列表中选择"映像"中的"半映像，接触"，如图5-14所示。

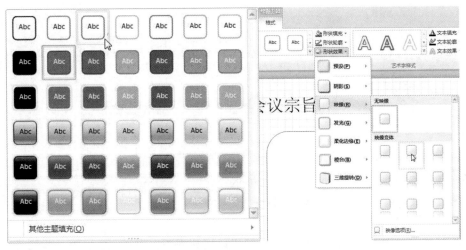

图 5-14　形状样式

（5）编辑文字：选择"圆角矩形"形状，右击选择"编辑文字"，输入相应文字，如图 5-15 所示。选中文字，在"开始"选项卡中，设置文本右对齐，添加"加粗空心方形项目符号"，并设置文字字号和颜色，效果如图 5-16 所示。

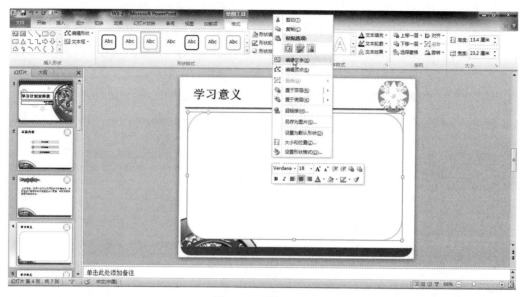

图 5-15 编辑文字

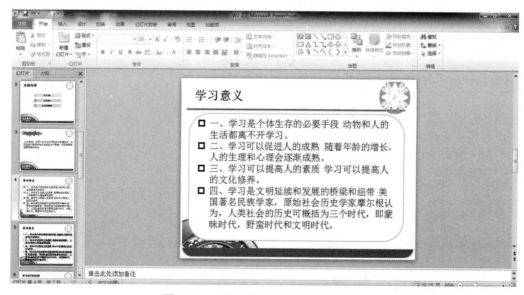

图 5-16 "学习意义"页面最终效果图

（6）在内容前面添加空心正方形项目形状。

6. 制作"学习计划"的"学习时间安排"页面

（1）插入新的幻灯片：按 Ctrl+M 组合键，或在"开始"选项卡的"幻灯片"功能区中单击"新建幻灯片"按钮，在下拉列表中选择"标题和内容"版式，显示第三张幻灯片的工作窗口，版式与前面的完全一样。

（2）在"标题"占位符处输入"学习时间安排"。

（3）在"插入表格"对话框的"列数"框中输入 6，"行数"框中输入 4，制作一个 6 列 4 行的表格，如图 5-17 所示，单击"确定"按钮。

图 5-17　"插入表格"对话框

（4）输入表格中的内容。与 Word 表格操作相同，单击第一个单元格，输入"时间"，依次完成表格中的全部内容。

（5）调整表格的行宽和列高：与 Word 表格操作相似，把鼠标放到行或列的边线上，当鼠标光标变为一个双箭头时，按住鼠标不放，向某个方向拖动后放开即可。

"学习时间安排"页面最终效果如图 5-18 所示。

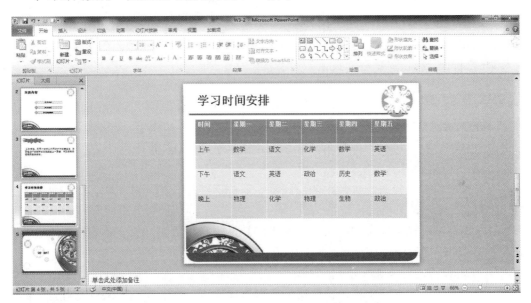

图 5-18　"学习时间安排"页面最终效果图

7．制作"学习计划"的"谢谢"页面

（1）插入新的幻灯片：按 Ctrl+M 组合键，或在"开始"选项卡的"幻灯片"功能区中单击"新建幻灯片"按钮，在下拉列表中选择"空白"版式，创建一"空白"版式的页面。

（2）插入横排文本框：选择"插入"→"文本框"→"横排文本框"，在幻灯片的合适位置插入横排文本框。

（3）输入文字：在文本框中输入"谢谢!"，设置文本 48、隶书、加粗、文字阴影，红色字体。

8．保存"学习计划"

（1）在"文件"选项卡中选择"另存为"选项，弹出"另存为"对话框，操作方法与 Word 类似。

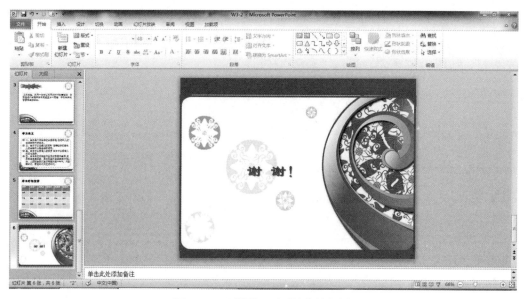

图 5-19 "谢谢"页面最终效果图

（2）单击"保存位置"下拉列表框，选择保存路径（如 E:\user），在"文件名"文本框中输入 W5-2.pptx，单击"保存"按钮。

【相关知识与技能】

1. 向幻灯片中添加文本

文本是幻灯片中最基本的对象，用户可以用多种方式向幻灯片中添加文本。

（1）在占位符中添加文本。

占位符指用模板创建新幻灯片中的虚线框。这些虚线框作为一些对象，如幻灯片标题、文本、艺术字、图片、表格等占位符。

单击虚线框可以输入要添加的文本，单击幻灯片的空白处可结束文本的输入。在占位符中添加文本是向幻灯片中添加文本最简单的方法。

（2）在占位符之外添加文本。

先在占位符之外插入文本框，再向文本框内添加文本。向"空白"版式幻灯片中添加文本时，也可以用这种方法。

（3）利用大纲视图输入文本。

在大纲窗格中，演示文稿以大纲形式显示。大纲由每张幻灯片的标题、各层次标题和正文组成。在作演示文稿的初期，首先建立演示文稿的提纲，即演示文稿的基本框架，然后才对每个层次标题、幻灯片的内容进行编辑。

2. 在幻灯片中插入图片等对象

在演示文稿中插入图片，作为一张、一组或所有幻灯片的背景或作为幻灯片的一个对象。可以插入"剪辑库"中的剪辑画图片，或插入从其他程序和位置导入的图片以及来自扫描仪或数码相机的相片。

3. 插入组织结构图

组织结构图由一系列图框和连线组成，可以形象地表示一个单位、部门的内部结构、管理层次及组成形式等,可以清楚地描述层次结构和相互关系。组织结构图也可以用来表示其他分类的信息,如商品物流、体育比赛项目等。

4. 插入表格

表格是一种简明、扼要的表达方式。可以用多种方法在 PowerPoint 中插入 Word 表格、绘制表格、插入 PowerPoint 表格、把 Excel 工作表复制或嵌入到演示文稿中等。

5. 制作图表幻灯片

制作图表幻灯片有两种方法:用版式中图标功能插入带图表版式的新幻灯片;用"插入"选项卡"插图"功能区中"图表"命令向幻灯片中插入图表。

【思考与练习】

(1)将第一张幻灯片的标题的字体设置为"黑体"。

(2)在第二张幻灯片的左下方插入 SmartArt 中的基本列表。

任务 3　编辑演示文稿

【任务描述】

本任务通过学习编辑演示文稿的方法。

【案例 5-3】在演示文稿 W5-2.pptx 的第 1 张幻灯片之后插入来自演示文稿 W5-1.pptx 的第二张幻灯片。

【方法与步骤】

可以在 PowerPoint 中同时打开多个演示文稿,并在不同的演示文稿之间插入、移动和复制幻灯片,方法与在同一个幻灯片里移动幻灯片类似。

(1)在幻灯片浏览视图下,打开源演示文稿 W5-1.pptx 和目标演示文稿 W5-2.pptx。

(2)在"视图"选项卡的"窗口"功能区中单击"全部重排"按钮,两个演示文稿的幻灯片浏览窗口并排显示,如图 5-20 所示。

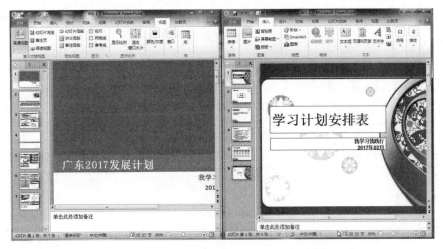

图 5-20　同时打开两个演示文稿的幻灯片浏览视图

（3）在源文件窗口 W5-1.pptx 中选中要插入的幻灯片 2，用鼠标拖动到目标位置，即可复制入来自源演示文稿中的一张幻灯片。

（4）将文件 W5-2.pptx 另存为 W5-2-1.pptx。

【相关知识与技能】

创建演示文稿后，可以对幻灯片进行编辑。可以在普通视图、大纲视图、幻灯片视图中对演示文稿进行编辑。一般在大纲视图里重组演示文稿大纲，在幻灯片视图里编辑单张幻灯片。

1. 用大纲视图重组演示文稿大纲

在演示文稿大纲中，可以方便地重新组织演示文稿的结构，改变演示文稿中各主题的顺序（如下层次标题的顺序）。可以把一个主题下的层次小标题移到另一个主题之下；还可以删除、复制、插入新主题。

（1）重排主题和层次小标题的顺序。选择一个主题或者一个层次小标题后，可以用鼠标拖动或用"大纲"工具栏（上移、下移）改变它们之间的相对位置，达到重排主题和层次标题顺序的目的。

（2）左移或右移主题和下层次标题。用大纲工具栏中的"升级"按钮（"左移"按钮）和"降级"按钮（"右移"按钮），可以很方便地提升或降低标题的级别。

2. 用幻灯片视图编辑幻灯片

在幻灯片视图中，左边有一个很小的幻灯片浏览窗格，显示演示文稿每张幻灯片的图标，拖动图标可以移动和复制幻灯片。窗口的右边显示当前选中的幻灯片，非常适合编辑单张幻灯片。

（1）编辑单张幻灯片。在幻灯片窗格中，可以对幻灯片内容进行编辑。如对图片、声音、表格等对象进行输入、移动、复制、格式化、删除、插入等操作。

（2）移动、复制和删除幻灯片。在幻灯片视图中移动、复制、删除幻灯片，应先扩大左边浏览窗格，然后进行移动、复制和删除幻灯片的操作。

（3）利用幻灯片浏览视图整体修改演示文稿。在幻灯片视图中移动、复制、删除幻灯片，应该扩大左边的幻灯片浏览窗格，然后进行移动、复制和删除幻灯片的操作。

（4）利用幻灯片浏览视图整体修改演示文稿。在幻灯片浏览视图中不能对单张幻灯片进行编辑，但可以对演示文稿的外观和结构进行修改。例如，对演示文稿的所有幻灯片，或一张、一组幻灯片进行配色方案或背景的设置，对幻灯片进行移动、复制、插入和删除等操作。

可以用鼠标拖动、菜单命令、工具栏按钮或快捷键移动、复制幻灯片。

（5）在普通视图、大纲视图、幻灯片视图中，可以在幻灯片（除第一张幻灯片外）前的任意位置插入新幻灯片，在幻灯片浏览选定的幻灯片。

任务 4　使用模板制作演示文稿

【任务描述】

本任务通过案例通过模板制作演示文稿。

【案例 5-4】制作"教育界简报四"，文件名为 W5-3.pptx 保存，最终效果如图 5-21 所示。

图 5-21　"教育界简报四"幻灯片最终效果图

【方法与步骤】

幻灯片可以用文字格式、段落格式、对象格式进行设置，使其更加美观。使用母版和模板可以在短时间内制作出风格统一的幻灯片。

（1）启动 PowerPoint 2010，单击选择新建/office.com 模板/主题中，选择教育界简报，单击"下载"，如图 5-22 所示。

图 5-22　"教育界简报四"模板下载

（2）编辑三张幻灯片：给第 1 张幻灯片输入标题为"教育界简报四"，副标题为"我学习我践行 2017 年 02 月"；给第二张幻灯片输入标题为"教育产业化"，内容见图 5-21，插入剪贴画；给第三张幻灯片输入标题为"为什么教育不能产业化"，内容见图 5-21，插入剪贴画。

（3）对文本进行格式：设置第 1 张幻灯片的副标题字体为宋体、32、蓝色、加粗；设置第 2 张幻灯片的内容字体为宋体、32、蓝色；设置第 3 张幻灯片的内容字体为宋体、20、蓝色、加粗。

（4）调整文本、图片的位置和大小，最终效果如图 5-21 所示。

（5）将幻灯片以文件名 W5-3.pptx 保存。

【相关知识与技能】

（1）幻灯片可以用文字格式、段落格式以及对象格式进行设置，使其更加美观。

1）"开始"选项卡的"字体"功能区中的选项可以对文字的字号、加粗、倾斜、下划线和字体颜色等进行设置。

2）"开始"选项卡的"段落"功能区中的选项可以对演示文稿中输入的文字段落进行设置。

3）插入的对象也可以进行填充颜色、边框、阴影等格式化，不同的对象需要使用同样格式时，可以用"格式刷"复制格式，不需要重复以前的操作。

（2）为了使演示文稿具有一致的外观，可以用母版、配色方案和应用设计模板等 3 种方法设置外观。

1）母版。母版用于预设每张幻灯片的格式，包括标题、正文的位置、大小、项目符号、背景图案等。PowerPoint 的母版有标题母版、幻灯片母版、讲义母版和备注母版 4 种。

在"视图"选项卡的"母版视图"功能区中单击"幻灯片母版"按钮，显示"幻灯片母版"视图，如图 5-23 所示。同时，打开"幻灯片母版"选项卡。

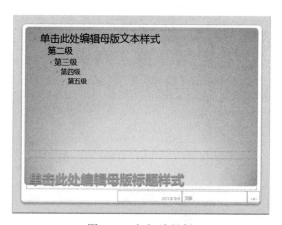

图 5-23　幻灯片母版

在母版中将光标指定对应位置（如标题），可以设置其样式或格式，修改该标题的设置即修改所有幻灯片对应的格式。例如，修改标题母版的日期和时间、幻灯片数字编号和页脚内容。

在母版中插入一个对象，表示在使用该母版的幻灯片中插入该对象。

在"幻灯片母版"选项卡的"母版版式"功能区中选中"标题"复选框，可以切换到"标题母版"视图，如图 5-24 所示。标题母版一般是幻灯片的封面，需要单独设计。

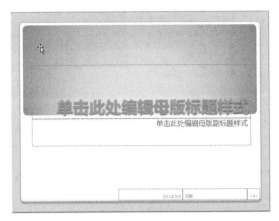

图 5-24　标题母版

2）幻灯片配色方案。在"幻灯片母版"选项卡的"编辑主题"功能区中单击"颜色"按钮，在下拉列表中选择合适的颜色，如图 5-25 所示，可以对幻灯片的文本、背景等进行重新配色。

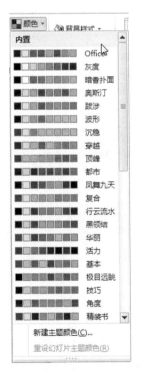

图 5-25　"应用配色方案"任务窗格

如果需要自定义颜色方案，可在"编辑主题"功能组中"颜色"按钮的下拉列表中选择"新建主题颜色"，可根据喜好定义各个细节。单击"确定"按钮，对包括标题幻灯片在内的所有幻灯片应用相同的配色方案，如图 5-26 所示。

图 5-26　"新建主题颜色"对话框

5.2　幻灯片的综合设置

任务5　设置幻灯片的切换效果

【任务描述】

本任务通过案例学习幻灯片切换的效果配置，进而掌握演示文稿的放映与打印。

【案例 5-5】为任务 2 案例制作的"学习计划"幻灯片设置切换效果。

【方法与步骤】

PowerPoint 提供了多种切换功能，以便在放映时运用各种功能加强放映效果。幻灯片切换效果分为细微型、华丽型和动态内容三大类，共 35 种效果。本案例给不同的幻灯片设置不同的效果。

（1）打开任务 2 案例中建立的"学习计划"演示文稿。

（2）设置第 1 张幻灯片的切换效果为"删除"，效果选项设置为"自底部"。

（3）设置第 2 张幻灯片的切换效果为"淡出"，效果选项设置为"平滑"。

（4）设置第 3 张幻灯片的切换效果为"形状"，效果选项设置为"圆"。

（5）设置第 4 张幻灯片的切换效果为"百叶窗"，效果选项设置为"水平"。

（6）设置第 5 张幻灯片的切换效果为"门"，效果选项设置为"垂直"。

（7）设置第 6 张幻灯片的切换效果为"摩天轮"，效果选项设置为"自右侧"。

（8）在"计时"功能区中设置声音为"风铃"。

（9）在"计时"功能区中设置持续时间为"02:25"。

（10）在"幻灯片放映"选项卡的"开始放映幻灯片"功能区中单击"从头开始"按钮，放映幻灯片。第一张幻灯片放映完时，单击幻灯片的任意位置切换到下一张幻灯片，最后再单击，完成放映并退出。

提示：放映幻灯片的其他两种方法是单击屏幕左下角的"幻灯片放映"按钮；按 F5 键。

（11）将幻灯片另存为 W5-2-2.pptx。

【相关知识与技能】

所谓幻灯片放映切换，是添加在幻灯片之间的特殊效果。在幻灯片放映的过程中，由一张幻灯片切换到另一张幻灯片时，可以用多种技巧将下一张幻灯片显示到屏幕上。

幻灯片动画效果可以使幻灯片的播放更具生动。幻灯片的动画效果有两种：一种是幻灯片内的动画效果，可以用不同动态效果出现幻灯片中的文字、图片、表格和图表等，控制幻灯片内各对象出现的顺序，突出重点和增加演示的趣味性；另一种是各种幻灯片间切换的动画效果。

【知识拓展】

1．幻灯片内的动画设计

幻灯片内的动画效果表现为对不同层次逐步演示幻灯片的内容，如先演示一级标题，然后逐级演示下一次标题，显示的方式可有飞入式、展开式、淡出式等。

对插入的图片、表格、艺术字等对象，可以在"动画"选项卡的"高级动画"功能区中单击"添加动画"按钮，打开动画窗格，可以在其中设置幻灯片中各对象；当一张幻灯片有多个动画时，可以在动画窗格中设置幻灯片内各种对象显示的顺序。

2．幻灯片的切换效果

选定需要设置切换效果的幻灯片，若有多张幻灯片采用相同的切换效果，则按 Shift 键同时单击所需要的幻灯片。在"切换"选项卡的"切换到此幻灯片"功能区中单击需要的幻灯片切换效果，即设定各张幻灯片之间的切换方式。

（1）手动控制放映：用鼠标单击的方式切换幻灯片。可以在放映过程中临时改变放映的次序，跳跃式地放映幻灯片。

（2）演讲者控制。

1）用 PageUp、PageDown、Space、Enter 键和 4 个方向键切换幻灯片。

2）在幻灯片的任意位置右击，在快捷菜单中选择"上一张""下一张"以及定位切换。

3）在幻灯片播放时，通过幻灯片左下角的控制按钮控制幻灯片的播放。

3．演示文稿的放映

演示文稿的放映可以有多种方式，用户可以在放映前设置播放方式。

（1）设置放映方式。

在"幻灯片放映"选项卡的"设置"功能区中单击"设置幻灯片放映"按钮，弹出"设置放映方式"对话框，如图 5-27 所示。

"放映类型"区域中有 3 个单选按钮：

1）演讲者放映（全屏幕）：可以完整地控制放映过程，采用自动或人工方式放映。

2）观众自行浏览（窗口）：可以利用滚动条或"浏览"菜单显示所需的幻灯片，这种方式很容易对当前放映的幻灯片进行复制、打印等操作。

3）在展台浏览（全屏幕）：用于无人管理时放映幻灯片，放映过程不能控制。

在"放映幻灯片"区域中可以选择放映全部还是部分幻灯片。

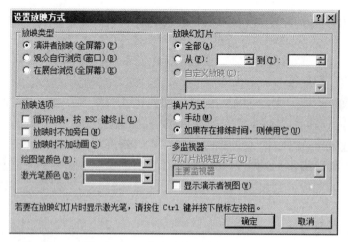

图 5-27 "设置放映方式"对话框

（2）放映幻灯片。

在"幻灯片放映"选项卡的"开始放映幻灯片"功能区中单击"自定义幻灯片放映"按钮，在列表框中选择"自定义幻灯片放映"，弹出"自定义放映"对话框；单击"新建"按钮，弹出"定义自定义放映"对话框；在"幻灯片放映名称"文本框输入幻灯片名，"在演示文稿中的幻灯片"列表框中选择需要播放的幻灯片；单击"添加"按钮。

4．演示文稿的打印

PowerPoint 以演示为主，主要通过计算机、投影仪或网络进行切换，因而对打印和页面设置的要求不高。

PowerPoint 的默认幻灯片长 24cm、宽 18cm，可以根据需要设置页面。方法：在"设计"选项卡的"页面设置"功能区中单击"页面设置"按钮，在弹出的对话框中进行设置。

打印演示文稿前可以打印预览，以便进行适当的调整；然后在"文件"选项卡选择"打印"选项，打印演示文稿。

【思考与练习】

（1）将第二张幻灯片的切换效果设置为"向下擦除""中速"。

（2）如何将幻灯片切换到"黑屏"或"白屏"暂停其演示？播放幻灯片时如何隐藏鼠标？

（3）如何将演示文稿保存为只需播放而无需编辑的幻灯片形式？

（4）如何将本案例的幻灯片设置为循环播放？

任务 6 为演示文稿添加动画等效果

【任务描述】

本任务通过案例学习如何为幻灯片添加动画效果，掌握在幻灯片中插入图表、修改图表的数据项目、设置图表的显示属性。

【案例 5-6】在演示文稿 W5-4.pptx 的基础上，制作 2016 年上半年中国房地产企业销售排行榜统计报告，设置幻灯片的动画效果，利用原始数据插入图表，最终实现效果如图 5-28 所示。

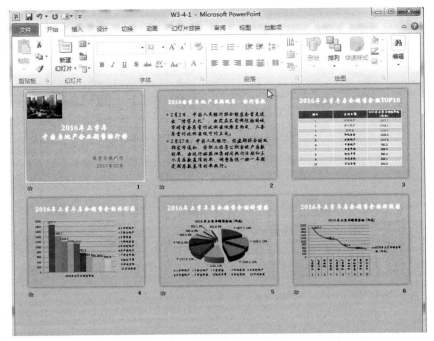

图 5-28　案例的效果图

【方法与步骤】

所谓动画效果，是当打开幻灯片时幻灯片中的各个主要对象不是一次全部显示，而是按照某种规律，动态的效果逐个显示出来。在幻灯片中使用动画效果，将使显示文稿看起来更生动。

制作图表时，PowerPoint 自动切换到"图表编辑环境"，Microsoft Graph 的功能区取代 PowerPoint 的功能区，只有标题栏没有变。因此，需要熟悉"图表编辑环境"的界面。

（1）打开素材演示文稿 W5-4.pptx。

（2）为标题栏添加动画效果。

1）选择标题幻灯片，在"动画"选项卡的"高级动画"功能区中单击"动画窗格"按钮，打开"动画窗格"任务窗格。

2）选中标题文字，在"动画"功能区中选择动画效果"进入"→"飞入"，如图 5-29 所示。

图 5-29　添加"进入"效果

3）在"动画窗格"中单击"标题 1：2016……"右边的向下的三角形（见图 5-30），在下拉列表中选择"效果选项"选项。出现如图 5-31 所示的"飞入"对话框，在"效果"选项卡中的"设置"组"方向"下拉列表框中选择"自左上部"选项，在"增强"组"动画文本"下拉列表框中选择"按字母"；在"计时"选项卡的"期间"列表框中选择"快速（1 秒）"，单击"确定"按钮，完成标题的自定义动画设置。

 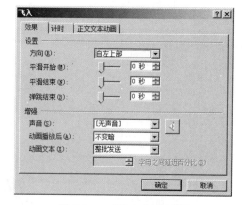

图 5-30　设置"飞入"动画效果　　　　　　图 5-31　"飞入"对话框

4）在幻灯片选中图片，在"动画"选项卡的"动画"功能区中选择"擦除"按钮；在"动画窗格"中单击"Picture2"右边向下箭头，选择"从上一项之后开始"，选择"效果选项"选项，在"擦除"对话框"设置"中的"方向"列表框选择"自底部"，在"计时"选项卡的"期间"列表框中选择"中速 2 秒"。

5）在幻灯片中选中文本"我学习我践行 2017 年 03 月"，在"动画"选项卡的"高级动画"功能区单击"添加动画"向下箭头，选择"更多进入效果"选项，弹出"更改进入效果"对话框，在"细微型"选项区域中选择"旋转"，如图 5-32 所示。

图 5-32　"更改进入效果"对话框

6）在"动画窗格"中单击"TextBox6"右边向下箭头，选择"从上一项之后开始"，选择"效果选项"选项，在"擦除"对话框"设置"中的"方向"列表框选择"自底部"，在"计时"选项卡的"期间"列表框中选择"中速 2 秒"；选择"效果"选项卡，在"增强"选项区的"动画文本"下拉列表框中选择"按字母"，单击"确定"按钮，完成标题的自定义动画设置。

设置完成后，可以按 F5 键放映幻灯片，观察动态效果。

（3）设置标题幻灯片的切换效果。

选择标题幻灯片，在"切换"选项卡的"切换到此幻灯片"功能区中单击"涟漪"按钮。单击"切换到此幻灯片"功能区右侧的"效果选项"，在下拉列表中选择"从左下部"，如图 5-33 所示。

图 5-33　"效果选项"下拉列表

（4）设置第二张幻灯片的动画效果。

1）设置标题动画效果：随机线条。

2）设置正文动画效果：脉冲。

（5）根据第三张幻灯片的数据，制作柱形图幻灯片（第四张幻灯片）。

1）插入新幻灯片：在"开始"选项卡"幻灯片"功能区中单击"新建幻灯片"按钮，在下拉列表中选择"标题与内容"版式。

2）在幻灯片中输入标题文字"2016 年上半年房企销售金额柱形图"。

3）插入图表，选择"内容"占位符中的"图表"按钮，选择"图表类型"为"柱形图"，"子图表类型"为"簇状柱形图"，如图 5-34 所示。单击"确定"按钮，在窗口出现样本数据和样本图表，如图 5-35 所示。

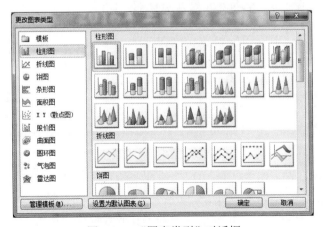

图 5-34　"图表类型"对话框

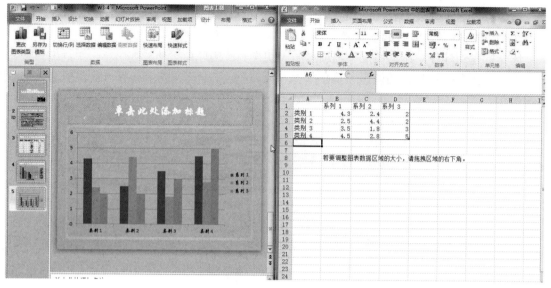

图 5-35　图表编辑状态

4）调整图表数据区域大小，变成 11 行 3 列，更改数据表中的数据，如图 5-36 所示。

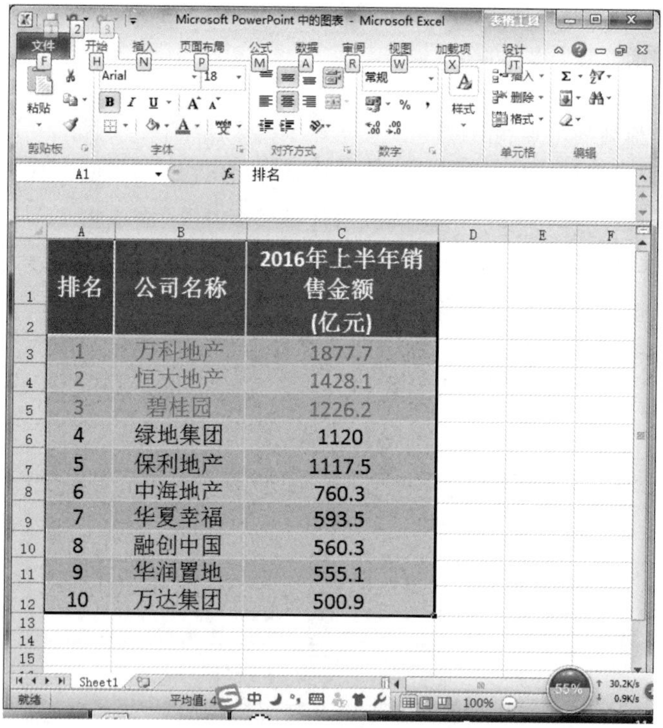

图 5-36　更改后的数据表

5）单击图表区域，在"图表工具/布局"选项卡的"当前所选内容"功能区中单击"图表区"的向下箭头，选择全部数据，如图 5-37 所示。在"图表工具/布局"选项卡的"标签"功能区单击"数据标签"按钮，在下拉列表中选择"其他数据标签选项"选项，弹出"设置数据标签格式"对话框，设置需要的格式，如图 5-38 所示。

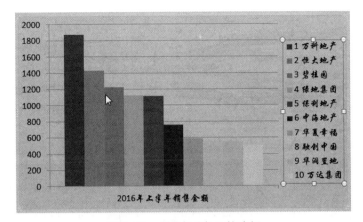

图 5-37　"图表对象"的选择

图 5-38　"设置数据标签格式"对话框

6）单击图表区域，在"图表工具/布局"选项卡"当前所选内容"功能区中单击"图表区"向下箭头，选择系列"东莞"。在"图表工具/布局"选项卡的"标签"功能区单击"数据标签"按钮，在下拉列表中选择"其他数据标签选项"选项，弹出"设置数据标签格式"对话框，设置需要的格式。

7）设置第四张幻灯片的切换效果为"推进"。

8）设置标题文字的动画效果。

① 选中标题文字。

② 在"动画"选项卡"动画"功能区中单击右边的向下箭头，在列表中选择"进入"→"飞入"按钮。

③ 在"动画窗格"中的"标题 1：2016…"右侧向下箭头选择"从上一项之后开始"。

④ 在"动画窗格"中的"标题 1：2016…"右侧向下箭头选择"效果选项"，在"飞入"对话框的"设置"选项区域选择"方向"列表框中"自右上部"选项。

⑤ 在"增强"选项区域中的"动画文本"中选择"按字母"选项。

⑥ 在"计时"选项卡中的"期间"列表框中选择"非常快（0.5 秒）"。

9）设置柱形图表的进入效果为"擦除""单击时""自底部""非常快"。

注意： 首先要选择柱形图。

10）单击"确定"按钮，完成第二张幻灯片的制作。

（6）根据第三张幻灯片的数据，制作饼型统计图幻灯片（第五张幻灯片）。

1）插入新幻灯片，选择"标题和内容"幻灯片版式。

2）在幻灯片中输入标题文字"2016 年上半年房企销售金额饼型图"。

3）插入图表，选择"内容"占位符中的"图表"按钮，选择"图表类型"为"饼图"，"子图表类型"为"分离型三维饼图"，如图 5-39 所示。单击"确定"按钮，图表效果如图 5-40 所示。

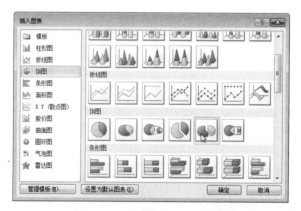

图 5-39　"图表类型"对话框

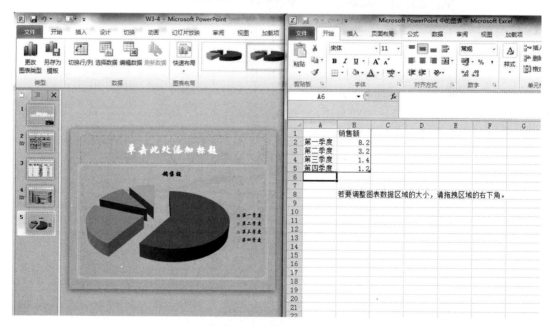

图 5-40　"饼图"的效果

4）将系统默认的数据表更改为如图 5-41 所示的内容。

	A	B	C
1 2	排名	公司名称	2016年上半年 销售金额 （亿元）
3	1	万科地产	1877.7
4	2	恒大地产	1428.1
5	3	碧桂园	1226.2
6	4	绿地集团	1120
7	5	保利地产	1117.5
8	6	中海地产	760.3
9	7	华夏幸福	593.5
10	8	融创中国	560.3
11	9	华润置地	555.1
12	10	万达集团	500.9

图 5-41　更改的数据表

5）单击"数据表"窗口右上角的"关闭"按钮，关闭数据表的显示。更改数据表内容后的图表如图 5-42 所示。

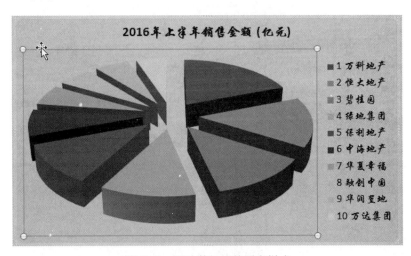

图 5-42　更改数据后的图表样式

提示：如果希望再次在屏幕上显示数据表，可以在图表区域右击，在弹出的快捷菜单中选择"编辑数据"命名。

6）在图表编辑区中选择图表，在"图表工具/布局"选项卡的"当前所选内容"功能区中单击"设置所选内容格式"按钮，弹出"设置图表格式"对话框；在"图例位置"选项区域中选择"底部"单选按钮，如图 5-43 所示。

7）在"图表工具/布局"选项卡的"标签"功能区单击"数据标签"按钮，在下拉列表中选择"其他数据标签选项"选项，弹出"设置数据标签格式"对话框，设置需要的格式，如图 5-44 所示。

8）图表编辑完成后，单击图表以外任意位置，退出图表编辑状态。第 5 张幻灯片的效果如图 5-45 所示。

图 5-43　"设置图例格式"对话框

图 5-44　"设置数据标签格式"对话框

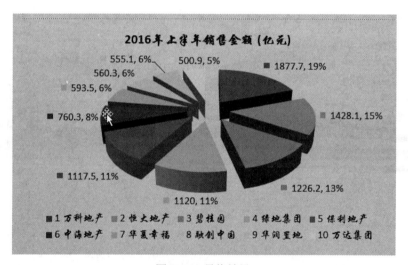

图 5-45　最终效果

9）设置幻灯片的切换方法为"溶解"，标题文字的进入效果为"飞入""上一项之后开始""自右上部""非常快（0.5 秒）"，设置动画文本"按字母"。

10）设置饼图的进入效果为"擦除""自左侧""中速（2 秒）"，在"飞入"对话框中"图表动画"选项卡的"组合类别"列表框中选择"按分类"。

（7）根据第三张幻灯片的数据，制作折线统计图幻灯片（第六张幻灯片）。

1）插入新幻灯片，选择"标题和内容"幻灯片版式。

2）在幻灯片中输入标题文字"2016 年上半年房企销售金额折线图"。

3）插入图表，选择"内容"占位符中的"图表"按钮，选择"图表类型"为"折线图"，"子图表类型"为"堆积折线图"，单击"确定"按钮，图表效果如图 5-46 所示。

4）将系统默认的数据表更改如图 5-47 所示的内容。

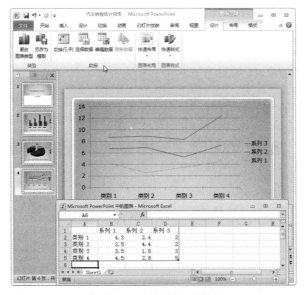

图 5-46　“折线图”的效果

排名	公司名称	2016年上半年销售金额（亿元）
1	万科地产	1877.7
2	恒大地产	1428.1
3	碧桂园	1226.2
4	绿地集团	1120
5	保利地产	1117.5
6	中海地产	760.3
7	华夏幸福	593.5
8	融创中国	560.3
9	华润置地	555.1
10	万达集团	500.9

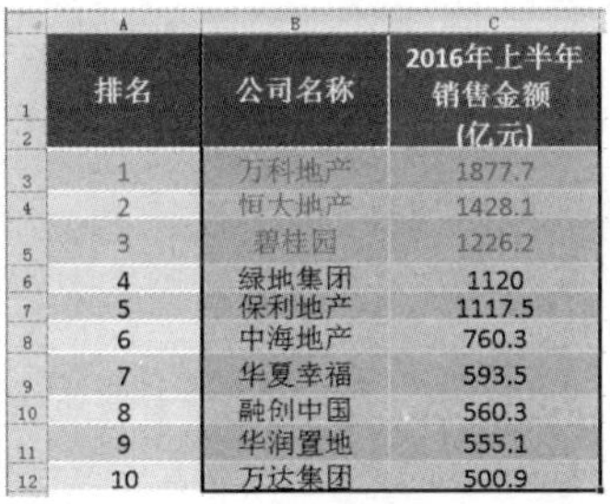

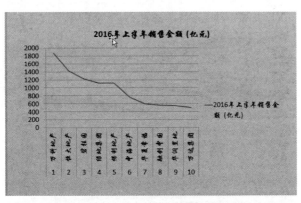

图 5-47　更改的数据表

5）单击“数据表”窗口右上角的“关闭”按钮，关闭数据表的显示。更改数据表内容后的图表如图 5-48 所示。

图 5-48　更改数据后的图表样式

提示： 如果希望再次在屏幕上显示数据表，可以在图表区域右击，在弹出的快捷菜单中选择“编辑数据”命名。

6）在“图表工具/设计”选项卡的“标签图表样式”中选择“样式 25”，如图 5-49 所示。

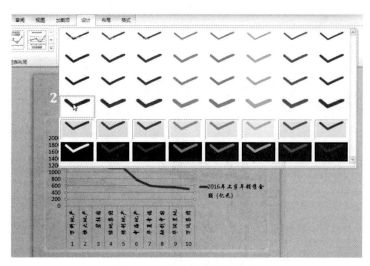

图 5-49　设置标签图表样式

7）在折线点上添加数据：分别在 1、3、5、7 四个点上添加数据标签，如图 5-50 所示。

8）图表编辑完成后，单击图表以外任意位置，退出图表编辑状态。第 6 张幻灯片的效果如图 5-51 所示。

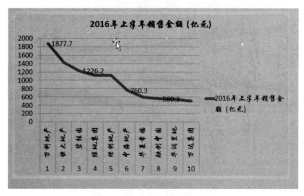

图 5-50　添加数据标签

图 5-51　最终效果

9）设置幻灯片的切换方式为"淡出"，设置表格的进入效果为"翻转式由远及近""从上一项之后开始""非常快（0.5秒）"。

（8）制作完成后，以文件名为 W5-4-1.pptx 保存。

【思考与练习】

（1）将第一张幻灯片的标题的动画设置为"溶解"，将第二张幻灯片的切换方式设置为"垂直百叶窗""中速"。

（2）如何将 Excel 数据就复制到演示文稿中？例如，在演示文稿最后插入一张幻灯片，该幻灯片的内容来自 Excel 中的某班成绩表。

（3）如何在幻灯片中插入 MP3?

任务7　演示文稿中的超链接

【任务描述】

本任务通过案例学习在演示文稿中建立超链接的操作方法。

【案例5-7】打开 W5-2-1.pptx，另存为 W5-2-2.pptx，选择第二张中的文本，建立超链接，连接到对应的页面，并且插入按钮返回到原来的页面。

【方法与步骤】

幻灯片放映时，单击建立超链接的文本或图形可转到某个文件、文件的某个位置、Internet 或 Intranet 上的网页。超链接可以转到新闻组、Gopher、Telnet 和 FTP 站点。用户可以创建指向新文件、现有文件和网页、网页上的某个具体位置和 Office 文件中的某个具体位置的超链接，也可以创建指向电子邮件地址的超链接，还可以指定在将鼠标指针停放在超链接上时显示的提示。

（1）打开文件 W5-2-1.pptx，另存为 W5-2-2.pptx，选择"学习目标"文本，并右击，在快捷菜单中选择"超链接"选项，弹出"插入超链接"对话框，链接第三张幻灯片，如图 5-52 所示。

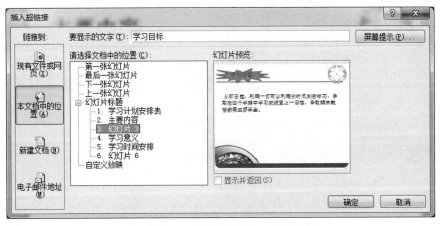

图 5-52　"插入超链接"对话框

（2）选择第三张幻灯片，在"插入"选项卡"插图"功能区中单击"形状"按钮，在下拉列表的"动作"选项中选择◁动作按钮，如图 5-53 所示，弹出"动作设置"对话框；选择"单击鼠标"选项卡，选中"超链接到"单选按钮，对幻灯片命名；在"超链接到幻灯片"对话框的"幻灯片标题"框选择"2.主要内容"，如图 5-54 所示；单击"确定"按钮。

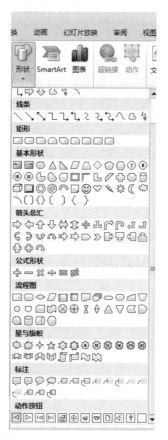

图 5-53　"动作按钮"选择列表

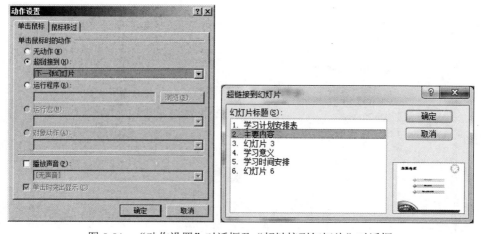

图 5-54　"动作设置"对话框及"超链接到幻灯片"对话框

（3）将第二张幻灯片中的文本"学习意义"和"学习时间安排"分别链接到第四张和第五张幻灯片，具体操作和（2）是一样的，并且也设置相应的返回按钮。

（4）最终效果如图 5-55 所示。

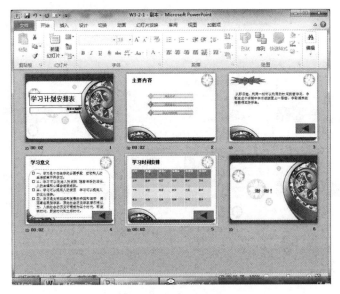

图 5-55　最终效果图

【相关知识与技能】

1. 用"超链接"命令创建超链接

先在幻灯片中选中文字，然后在"插入"选项卡"链接"功能区中单击"超链接"按钮，弹出"插入超链接"对话框，如图 5-52 所示。在"链接到"区域中选择"原有文件或网页""本文档中的位置""新建文档""电子邮件地址"，在"请选择文档中的位置"列表框中选择指定的幻灯片位置，单击"确定"按钮。

2. 用动作按钮创建超链接

在"插入"选项卡"插图"功能区中单击"形状"按钮，选择动作按钮并在幻灯片中画出动作按钮，弹出"动作设置"对话框；在"单击鼠标"选项卡中选择"超级链接到"单选按钮，在列表中选择超链接跳转的对象，再单击，即可激活链接对象。同样，"鼠标移过"选项卡可以设定链接对象，使鼠标移过时跳转到链接对象。

3. 编辑和删除超链接

编辑或删除超链接时，先选定已有链接对象并右击，在快捷菜单中选择"编辑超链接"选项，弹出相应的对话框，可以修改现有的链接；选择"取消链接"或"无动作"选项，可删除超链接。

任务 8　制作电子相册

【任务描述】

本任务通过案例学习用 PowerPoint 2010 制作全国十大旅游景点电子相册。

【案例 5-8】制作全国十大旅游景点电子相册，如图 5-56 所示。

图 5-56　电子相册效果图

【方法与步骤】

（1）打开 PowerPoint 2010，新建空白演示文稿，在"插入"选项卡中单击"图像"功能区中"相册"，选择"新建相册"，如图 5-57 所示。

图 5-57　新建相册

（2）插入并设置图片版式。

1）插入图片：在"相册"对话框中，点击"插入图片来自：文件/磁盘"选项，选择准备好的 10 张图片，如图 5-58 所示。

图 5-58　插入图片

2）设置图片版式：在"图片版式"的下拉列表中选择"1 张图片（带标题）"；在"相框形状"下拉列表中选择"圆角矩形"；在"主题"中，单击"浏览"后，弹出一个对话框，选择"Executive"主题，最后点击"创建"，如图 5-59 所示。

图 5-59　设置图片版式

3．第一张幻灯片修改副标题文本框，改为"全国十大旅游景点"，如图 5-60 所示。

图 5-60　调整后的相册首页

（4）设置第二张幻灯片：在"标题"文本框中输入"人间天堂杭州---杭州"；双击图片，在"格式"中的"图片样式"功能组中选择"映像圆角矩形"，如图 5-61 所示。

（5）用同样的方法将幻灯片另外的图片和文本框设置需要的效果。

（6）设置切换效果。

1）选中第一张幻灯片，在"切换"选项卡"切换到此幻灯片"功能区中选择"涟漪"效果，如图 5-62 所示。

2）设置换片方式：在"计时"选项卡中，取消"单击鼠标时"，选择"设置自动换片时间"，设为"00:03.00"，并点击"全部应用"，如图 5-63 所示。

图 5-61　第二张幻灯片的效果图

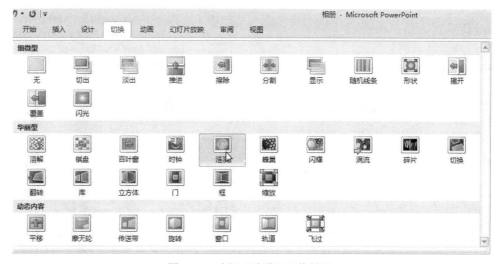

图 5-62　选择"涟漪"切换效果

图 5-63　设置换片方式

（7）为电子相册插入背景音乐。

1）插入音频：选中第一张幻灯片，在"插入"选项卡的"媒体"功能区中选择"音频"，在其下拉列表中选择"文件中的音频"，如图 5-64 所示，并选择一首轻音乐（安妮的仙境.mp3）。

图 5-64　插入音频

2）设置音频播放方式：双击 🔊 图表，在"播放"选项卡中的"音频选项"功能组中"开始"设为"跨幻灯片播放"；选择"循环播放，直到停止"，如图 5-65 所示。

图 5-65　设置音频播放方式

（8）将演示文稿转换为 PPSX 文件。

在演示文稿自动播放前，必须先把 PowerPoint 的演示文稿文件转换为 ppsx 文件，转换后可以用于直接播放，不需要安装 PowerPoint 2010。

在"文件"选项卡选择"另存为"选项，弹出"另存为"对话框。在"保存类型"下拉列表框中选择"PowerPoint 放映(*.ppsx)"，单击"保存"按钮。

【相关知识与技能】

本案例主要学习内容：

● 相册、文本、音频的插入；

● 图片版式的设置；

● 幻灯片启动切换效果以及幻灯片中对象的动画效果的设置。

网页可以让 Internet 上的所有人随时观看，与标准的演示文稿不同。本案例利用 PowerPoint 提供的保存放映功能，创建播放的 ppsx 演示文稿。

为了实现各种幻灯片之间的跳转，使用 PowerPoint 的超链接功能；为了修饰页面，使主页有一些动感，在页面中插入一些 GIF 动画。

【思考与练习】

（1）添加四张幻灯片，把第一、二张幻灯片的切换方式分别设置为"向下插入"和"向左下插入"，均为中速、单击鼠标换页、无声音；把第三、四张幻灯片中的文本动画效果设置为溶解，并伴有风铃声。

（2）如何快速复制其他演示文稿中的幻灯片？

（3）如何编辑音频淡入和淡出持续时间？试试看。

习题

一、简答题

1. 演示文稿和幻灯片是怎样的关系？
2. 创建演示文稿的方法有几种？选择其中一种叙述。
3. 新幻灯片的版式有多少种？分哪几类？
4. 如何向幻灯片中添加文本和图形？
5. 如何向幻灯片中添加声音？
6. 怎样更改幻灯片的背景？
7. 怎样对幻灯片演示文稿进行动画设置？
8. 叙述在演讲文稿内创建超链接的方法。
9. 某企业派一人参加展销会，在展销会上要放映该企业新产品的演示文稿，应该选择哪种放影类型？

二、上机操作题

1. 运用"内容提示向导"的"市场计划"建立一个演示文稿，至少由五张幻灯片组成，设计每张幻灯片中的动画效果和换页的动画，若每张幻灯片的放映时间为两秒，以展台放映方式循环放映。

2. 制作环江汽车技术开发公司简介演示文稿，包括首页、公司简介、组织结构、系列产品、经营理念五张幻灯片。

具体要求：

（1）五张幻灯片标题文字的进入效果都为"霹雳""之前""上下向中央收缩""非常快"，并设置其动画文本为"按字母"。

（2）设置每张幻灯片标题下方内容的进入效果为"飞入"，"开始"为"之后"，"方向"为"自左侧"，"速度"为"非常快"，动画文本为"按字母"。

（3）第三、四张幻灯片用绘图工具制作（类似于 Word 的绘图工具），画矩形或椭圆形，然后在里面写文字、画箭头和直线，再利用阴影、三维效果等来完成。

第6章 计算机网络基础

6.1 初步认识计算机网络

任务1 计算机网络的发展

【任务描述】

通过本任务了解计算机网络的定义及其发展概况。

【相关知识与技能】

计算机网络是 20 世纪 60 年代末期提出的一种新技术,涉及计算机和通信两个领域,是计算机技术和通信技术紧密结合的产物。随着半导体技术的迅速发展,计算机技术和通信技术都取得了日新月异的发展和辉煌的成就,并且促进了两者日益紧密的结合。计算机技术和通信技术的相互结合主要表现在两个方面:一方面,通信网络为计算机之间的数据传输和交换提供了必要手段;另一方面,计算机技术的发展渗透到通信技术中,又提高了通信网络的各种性能。计算机与通信的结合,产生了计算机网络。

计算机网络是将分散在不同地理位置上的,具有独立功能的多台计算机系统、各种终端设备、外部设备及其他附属设备,通过通信设备和通信线路连接起来,在网络协议和网络操作系统的管理和控制下,实现数据通信、资源共享和分布处理的系统。

计算机网络的发展大致经历了以下 4 个阶段:

(1)远程终端联机阶段。将计算机的远程终端通过通信线路与大型主机连接,构成以单个计算机为主的远程通信系统。系统中除一台中心计算机外,其余终端没有自主处理能力,系统的主要功能只是完成中心计算机和各终端之间的通信,各终端之间的通信只有通过中心计算机才能进行,因而又称为"面向终端的计算机网络"。

(2)计算机网络阶段。用高速传输线路将不同地点的计算机系统连接起来,甚至跨国连接,通过卫星传送信息等。系统中每台计算机都具有自主处理能力,不存在主从关系。在这个阶段中,出现了局域网(LAN)、城域网(MAN)、广域网(WAN)等网络。

(3)网络互连阶段。不同网络之间实现连接。实现网络互连需要有一个大家共同遵守的标准,国际标准化组织(ISO)于 1984 年颁布了"开放系统互连基本参考模型"(OSI),该模型将计算机网络分成 7 个层次,促进了网络互连技术的发展。

(4)信息高速公路阶段。网络互连技术的发展和普及、光纤通信和卫星通信技术的发展,促进了网络之间在更大范围内的互连。所谓信息高速公路,是把大量计算机资源用高速通信线路互连起来,实现信息的高速传送。

计算机网络已经成为当今计算机技术发展各个方面中最具发展潜力和最活跃的方向之

一，而且其发展的潜力十分强劲。现代企事业管理系统是一个复杂的大系统，系统内部存在大量且复杂的联系，需要资源共享（包括数据共享），进行信息传递、交换、加工和处理。这些信息包括文件、声音、数据、图像等，信息的传递距离和范围，小的可以是一个单位，大的可以是一个城市、省区、全国，甚至全世界。现在，传统的通信方式在许多方面已经逐步由计算机技术和通信技术结合的计算机网络取代。

　　计算机网络可以使远距离的计算机用户相互通信、数据处理和资源共享，从而能够实现远程通信、远程医疗、远程教学、电视会议、综合信息服务等功能。随着计算机技术和通信技术的发展，用于计算机网络的硬件和软件大量涌现，价格越来越便宜，操作越来越容易、方便，计算机网络已经成为人们工作和生活中不可缺少的工具，深受用户的欢迎，得到了越来越广泛的应用。

任务 2　计算机网络的功能

【任务描述】

通过本任务了解计算机网络的功能。

【相关知识与技能】

　　计算机网络的功能可归纳为以下几个方面：

　　（1）资源共享。资源共享包括硬件资源、软件资源和数据资源的共享，网络中的用户能在各自的位置上部分或全部地共享网络中的硬件、软件和数据，如绘图仪、激光打印机、大容量的外部存储器等，从而提高了网络的经济性。软件和数据的共享避免了软件建设上的重复劳动和重复投资，以及数据的重复存储，也便于集中管理。通过 Internet 可以检索许多联机数据库，查看到世界上许多著名图书馆的馆藏书目等，就是数据资源共享的一个例子。

　　（2）信息传输。信息传输是计算机网络的基本功能之一。在网络中，通过通信线路可以实现主机与主机、主机与终端之间各种信息的快速传输，使分布在各地的用户信息得到统一、集中的控制和管理。例如，可以用电子邮件快速传递票据、账单、信函、公文、语音和图像等多媒体信息，为大型企业提供决策信息，为各种用户提供及时的邮件服务。此外，还可以提供"远程会议""远程教学""远程医疗"等服务。

　　（3）提高系统的可靠性。在单机使用的情况下，如没有备用机，一旦计算机有故障便引起停机。当计算机连成网络后，网络上的计算机可以通过网络互为后备，提高了系统的可靠性。

　　（4）分布处理。分布处理是计算机网络研究的重点课题，可把复杂的任务划分成若干部分，由网络上的各计算机分别承担其中一部分任务，同时运行，共同完成，大大加强了整个系统的效能。

　　当网络中某一计算机负荷过重时，可将新的作业转给网络中其他较空闲的计算机去处理，以减少用户的等待时间，均衡各计算机的负担。

　　利用网络技术还可以把许多小型机或微型机连成具有高性能的计算机系统，使它具有解决复杂问题的能力，而费用却大为降低。

　　（5）增强系统的扩充性。计算机网络中的主机是通过通信线路松耦合的，可以很灵活地接入新的计算机系统，达到扩充网络系统功能的目的。

任务 3　计算机网络的分类

【任务描述】

通过本任务了解计算机网络的分类方法，以便进一步掌握计算机网络的基本知识。

【相关知识与技能】

根据组成计算机网络的地理范围大小的不同，可将计算机网络分为局域网（Local Area Network，LAN）、广域网（Wide Area Network，WAN）和城域网（Metropolitan Area Network，MAN）3 种。

（1）局域网（LAN），又称局部网，组成网络的各计算机地理分布范围较窄，一般用微型计算机通过高速通信线路相连。局域网的作用范围通常限定在有限的地理范围内，例如在一个单位或几幢相近的大楼范围内的计算机网络，连网计算机之间的距离一般在几米至几公里范围内。局域网的通信线路一般为电话线、同轴电缆、双绞线和光缆等。

（2）广域网（WAN），又称远程网，组成网络的各计算机之间地理分布范围广，组网费用很高，一般利用公用传输网络来组成。广域网的作用范围通常为几十公里到几千公里，常用于一个国家范围或更大范围内的信息交换，能实现较大范围内的资源共享和信息传送。远程网的通信设备通常使用公共的通信设备、地面无线电通信和卫星通信等设施，经常应用在铁道管理、银行核算和科技教育信息交换等各个方面。

（3）城域网（MAN），又称都市网，其作用范围在广域网和局域网之间，一般为一个城市。

按网络的使用范围划分，可将计算机网络分为公用网和专用网。

（1）公用网：由国家电信部门组建、控制和管理，为全社会提供服务的公共数据网络，凡是愿意按规定交纳费用的用户都可以使用。

（2）专用网：由某部门或公司组建、控制和管理，为特殊业务需要而组建的，不允许其他部门或单位使用的网络。

任务 4　Internet 基本概念

【任务描述】

通过本任务学习配置局域网的主机地址，实现访问 Internet，理解 TCP/IP 协议的基本概念，掌握正确配置 IP 地址的方法。

【案例 6-1】假设某单位局域网的路由器和交换机已配置好，所有线缆已经连接好。如果一台计算机要接入网络的 IP 地址为：192.168.10.24，子网掩码为 255.255.255.0，默认网关为192.168.10.1，首选 DNS 为 202.96.128.166，备用 DNS 为 202.96.128.68。如何设置它的 IP 协议与地址？

【方法与步骤】

（1）用鼠标单击任务栏右下角的"网络连接📶"图标，再单击"打开网络和共享中心"链接，打开"网络和共享中心"窗口，如图 6-1 所示。

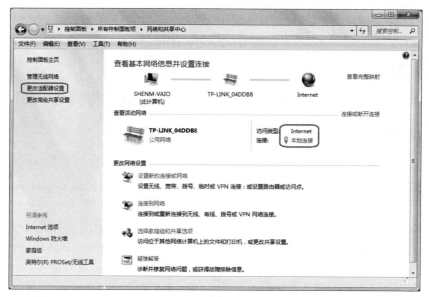

图 6-1 "网络和共享中心"窗口

（2）单击左侧空格中"更改适配器设置"选项，打开"网络连接"窗口。右击"本地连接"项目，单击快捷菜单中"属性"选项，打开"本地连接属性"对话框，如图 6-2 所示。

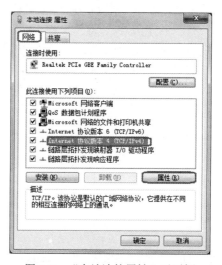

图 6-2 "本地连接属性"对话框

（3）在"本地连接属性"对话框中，单击列表框中"Internet 协议版本 4（TCP/IPv4）"选项，再单击"属性"按钮，打开"Internet 协议版本 4（TCP/IPv4）属性"对话框，如图 6-3 所示。

（4）选择"常规"选项卡，在 IP 地址文本框输入 IP 地址：192.168.10.24，单击"子网掩码"文本框，系统自动分配子网掩码：255.255.255.0，在"默认网关"文本框输入网关地址：192.168.10.1。接着在下面"首选 DNS 服务器"文本框输入：202.96.128.166，在"备用 DNS 服务器"文本框输入：202.96.128.68。

（5）单击"确定"，完成配置。

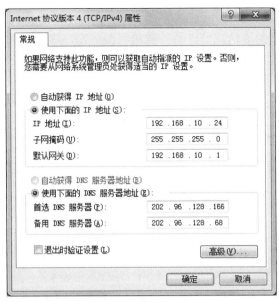

图 6-3　"Internet 协议版本 4（TCP/IPv4）属性"对话框

提示：如果用户的 IP 地址由所在的网络服务商提供，则选择"自动获得 IP 地址"项，同时选择"自动获得 DNS 服务器地址"项即可。

【相关知识与技能】

Internet 最早起源于美国，最初的目的只是满足国防和军事的通信需要，之后逐渐扩展到美国的院校和学术研究机构，最后覆盖到全球的各个领域，其性质也转向商业化为主的应用。

Internet 的基本定义：它是全球最大的计算机网络通信系统，把世界各地的各种计算机及网络（如计算机网、数据通信网和公用电话交换网等）互连起来，进行数据传输和交换，实现资源共享。特别是近几年无线网络和移动通信的迅速发展，4G 通信和智能手机的普及，更让网络的触角伸向有线网络无法达到的地方，基本上实现了"有人的地方就有网络"。

1. Internet 的网络协议

Internet 中采用 TCP/IP 协议。它是 Transmission Control Protocol/Internet Protocol 的缩写，称为传输控制协议/网际协议。它是 Internet 最基本、最核心的网络通信协议，是 Internet 的信息交换、寻址规则和格式规范的协议的集合。

TCP/IP 协议规定了 Internet 上的通信双方都必须有自己的 IP 地址，或者说要与 Internet 上其他用户和计算机进行通信，或寻找 Internet 中的各种资源时，都必须知道 IP 地址。TCP/IP 协议提供了一套 IP 地址方案进行分配与管理；还提供了另一种"域名"进行网站标识和管理。

当网中的用户 A 要与另一个用户 B 发送信息时，该信息被封装成一个一个的"数据包"，这些"数据包"内带有接收方的目标 IP 地址、发送方的源 IP 地址，首先被送到发送方对应的 Internet 服务器上，该服务器处于 Internet 中的某个特定网络。此时，"数据包"就沿该网络传送。当传送到互连设备（如路由器）上时，通过互连设备存储、转发至与接收方计算机 B 所处方向一致的相邻网络（或者说与目标 IP 地址一致的网络），"数据包"最终送到接收方计算机 B 所在的网络并为收件用户所接收。

（1）IP 地址。

IP 地址是 Internet 上的通信地址，是计算机、服务器、路由器的端口地址，每　个 IP 地址在全球是唯一的，是运行 TCP/IP 协议的唯一标识。

IP 地址采用"点分十进制"表示方法，用 4 个字节（32 位二进制数字）表示。每个字节对应一个小于 256 的十进制数，字节之间用句点"."分隔，如 192.168.10.58。

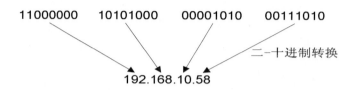

在 Internet 中，每台连接到 Internet 的计算机都必须有一个唯一的地址，凡是能够用 Internet 域名地址的地方，都能使用 IP 地址。当用户发出请求时，TCP/IP 协议提供的域名服务系统 DNS 能够将用户的域名转换成 IP 地址，或将 IP 地址翻译成域名。

在某些情况下，若用域名地址发出请求不成功时，改用 IP 地址可能会成功。因此，Internet 的用户最好能将与自己有关的域名地址和 IP 地址同时进行记忆。

（2）IP 地址的分类。

IP 地址包括两部分内容，一部分为网络标识，另一部分为主机标识。根据网络规模和应用的不同，IP 地址又分为五类：A 类、B 类、C 类、D 类和 E 类，常用的是 A、B、C 三类。以 IP 地址的第一个字节的最左边 1-4 个特征位来划分，参见图 6-4 所示。

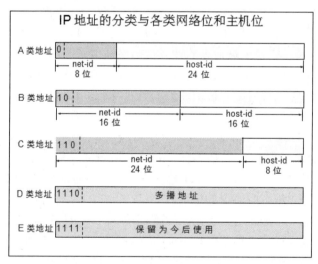

图 6-4　IP 地址的分类

A 类地址中第一字节表示网络地址，最高位为"0"特征位，后三个字节表示主机地址。

B 类地址中前两个字节表示网络地址，且最高 2 位为"10"特征位，后两个字节表示主机地址。

C 类地址中前三个字节表示网络地址，且最高 3 位为"110"特征位，后一个字节表示主机地址。

D 类地址中第一个字节最高 4 位为"1110"特征位，其余位表示多播地址。

E 类地址中第一个字节最高 4 位为"1111"特征位，其余位表示预留地址。

表 6-1 为 IP 地址的分类和应用范围。

表 6-1　IP 地址的分类和应用范围

分类	IP 地址的取值范围	网络个数	主机个数	应用
A	1.X.Y.Z ～ 126.X.Y.Z	126	1700 万左右	大型网络
B	128.X.Y.Z ～191.X.Y.Z	16384	65000	中型网络
C	192.X.Y.Z ～223.X.Y.Z	大约 200 万个	254	小型网络
D	223.X.Y.Z ～239.X.Y.Z			备用
E	240.X.Y.Z ～239.X.Y.Z			试验用

通常，用户使用的 IP 地址可以分为动态 IP 地址和静态 IP 地址两类。

当用户计算机与 Internet 连接后，就成为 Internet 上的一台主机，网络会分配一个 IP 地址给这台计算机，而这个 IP 地址是根据当时所连接的网络服务器的情况分配的。即用户在某一时刻连网时，网络临时分配一个地址，在上网期间，用户的 IP 地址是不变的；用户下一次再连网时，又分配另一个地址（并不影响用户的上网）。当用户下网后，所用的 IP 地址可能分配给另一个用户。这样一来，可以节省网络资源，提高网络的利用率。因此，一般的拨号上网用户都是动态地址。这对于信息的存取是没有影响的。

对于信息服务的提供者来说，必须告诉访问者一个唯一的 IP 地址，这就需要使用静态地址。这时用户既可以访问 Internet 资源，也可以利用 Internet 发布信息。

为确保 IP 地址在 Internet 网上的唯一性，IP 地址统一由美国的国防部数据网络信息中心 DDN NIC 分配。对于美国以外的国家和地区，DDN NIC 又授权给世界各大区的网络信息中心分配。目前全世界共有三个中心：

（1）欧洲网络中心 RIPE-NIC：负责管理欧洲地区地址。

（2）网络中心 INT-NIC：负责管理美洲及非亚太地区地址。

（3）亚太网络中心 AP-NIC：负责管理亚太地区地址。

ChinaNET 的 IP 地址由原邮电部经 Sprint 公司向 AP-NIC 申请并由邮电部数据通信局分配、管理。

2. 域名和域名服务系统 DNS

（1）域名（Domain Name）。

域名是在互联网上唯一标识一个网站所用的专有名称，它的作用是映射互联网上服务器的 IP 地址来连通服务器。

或者说，域名用字符来表示 Internet 上的一个节点主机或者网站地址。一般由用户的主机名、所属的机构或计算机网络名称以及国家或行业名称一起组成。

（2）域名服务系统 DNS（Domain Name System）。

TCP/IP 协议提供了域名服务系统管理 DNS，负责进行域名与 IP 地址之间的转换，使得 Internet 上每一个网站的主机都有唯一的 IP 地址与其域名相对应。

TCP/IP 协议规定的 Internet 标准域名地址形式：用户名 ID@域名。

其中：用户名 ID（User Id）：标识某地址处接收信息的具体用户，通常采用真实姓名的简写形式或入网名。

（3）域名的组成。

域名系统采用层次结构，各层次用圆点"."分隔开，例如，www.sina.com.cn，从右到左，子域名分别表示不同国家或地区的名称、组织类型、组织名称、分组织名称、计算机名称等。一般而言，最右边的子域名被称为顶级域名（Top Level Domain Name），既可以是表明不同国家或地区的地理性顶级域名，也可以是表明不同组织类型的组织性顶级域名。其中：

① 地理性顶级域名：以两个字母的缩写形式来完全地表达某个国家或地区，例如：

域名	国家	域名	国家	域名	国家	域名	国家
cn	中国	uk	英国	fr	法国	nl	荷兰
au	澳洲	jp	日本	fi	芬兰	no	挪威
ca	加拿大	de	德国	se	瑞典		
us	美国	ch	瑞士	sg	新加坡		

由于 Internet 起源于美国，由美国扩展到全球，因此，Internet 顶级域名的默认值是美国。当一个 Internet 标准地址的顶级域名不是地理性顶级域名时，该地址所标识的主机很可能位于美国国内。

② 组织性顶级域名：表明对该 Internet 主机负有责任的组织类型，例如：

域名	组织类型	域名	组织类型
com	商业组织	net	网络技术组织
edu	教育机构	gov	政府机构
mil	军事机构	org	非盈利组织

例如：标准地址 xiaohuali@scut.edu.cn 表明用户 xiaohuali 所使用的主机是中国教育科研网内华南理工大学的计算机。

注意：Internet 标准地址中不能有空格存在；Internet 标准地址一般不区分大小写字母，但为避免不必要的麻烦，最好全部采用小写字母的形式；用户名 ID 与域名的组合必须保持唯一性，才能保持 Internet 标准地址的唯一。

【知识拓展】

1. Internet 起源与发展

Internet 的英文原意是"互联各个网络"（Interconnect networks），简称"互联网"。1997年 7 月 18 日全国科学技术名词审定委员会推荐名为"因特网"。

Internet 起源于 20 世纪 60 年代的美国。自 Internet 建立后，进入 Internet 的人员、计算机和网络的数量迅速增长，以 Internet 为中心的互联网络逐渐向世界扩展。Internet 已经成为政府、学术、工业、商业、社会团体和个人等各界共用的国际互联网络，而且正以前所未有的速度发展。

Internet 能够迅速发展到全球的根本原因，在于其所拥有的巨大的信息资源。Internet 除了在教育科研方面得到广泛深入的应用外，在商业服务方面也迅速发展起来。作为信息和通信的资源，在人们的日常工作和日常生活中也日益发挥着重要的作用。

我国在20世纪80年代末也开始了与Internet的连接，1994年建立了以.cn为我国最高域名的服务器，从1994年开始建设教育科研网CERNET，至今已把大部分高校接入CERNET网；中国科学院建立了CASNET，连接各个研究所；ChinaNET向社会提供Internet服务等。

Internet提供的主要服务包括：电子邮件（E-mail）、远程登录（Telnet）、远程文件传输（FTP）、网上新闻（Usenet）、电子公告牌系统（BBS）、信息浏览（包括万维网WWW、广域信息服务系统WAIS、菜单式信息查询服务Gopher和文档查询Archie等）。Internet上的服务全部是基于TCP/IP协议，并且是客户机/服务器体系结构的，因而每一种服务都存在提供这种服务的服务器软件（Server）及其相应的面向用户的客户机软件（Client）。

Internet有以下几个特点：

（1）Internet是一个应用广泛的、连接简单的信息交流平台，可以实现文本、图形图像、声音、视频等各种信息的传送、存储和交换。

（2）Internet是一个庞大的信息资源库，网络遍布无数个涵盖不同行业、不同领域、不同范围的各种信息，这些信息为人们的日常生活和工作提供了各种服务。

（3）Internet是一个进行交易的"大商场"，用户不仅可以利用Internet平台获取各种免费经济信息、商品信息，还可以进行动态实时跟踪商品交易情况，直接在网上进行交易，不仅提高了效率，还使买卖双方摆脱了传统商业模式的框框。

如今Internet发展已引领一种新的社会形态，已经影响了多个行业，当前人们耳熟能详的电子商务、互联网金融、在线旅游、在线影视、在线房产等行业都是互联网扩展的杰作。

2. 企业网Intranet

Intranet是Internet的发展，是利用Internet各项技术建立起来的企业内部信息网络。简单地说，Intranet是建立在企业内部的Internet，是Internet技术在企业内部的实现，为企业提供了一种能充分利用通信线路经济而有效地建立企业内联网的方案。

Intranet采用Internet和WWW的标准和基础设施，但通过防火墙（Firewall）与Internet相隔离。Intranet针对企业内部信息系统结构而建立，其服务对象原则上是企业内部员工，以此联系公司内部各部门，促进公司内部的沟通，提高工作效率，增强公司竞争力。企业的员工能方便地进入Intranet，而未经授权的用户则不能闯入。

Intranet与Internet的最大区别是安全性。Intranet不是抛弃原有的系统，而是扩展现有的网络设施。各公司只要采用TCP/IP协议的网络，加上Web服务器软件、浏览器软件、公共网关接口（CGI）、防火墙（Firewall）等，就能建立Intranet与Internet的连接。

Intranet的典型应用领域包括：企业内部公共信息的发布，技术部门的信息发布和技术交流，财务等方面的信息发布；提供共享目录访问；提供企业内部通信、电子邮件和软件发布等。

【思考与练习】

（1）如何查看与设置本地计算机的IP地址？

（2）如何检查本地计算机的网卡连接和协议安装都是正确的？

（提示：单击"附件→命令提示符"选项，在窗口中输入命令：PING 127.0.0.1）

6.2　计算机网络的构成

任务 5　计算机网络的组成

【任务描述】

通过本任务了解计算机网络的组成，以便进一步掌握计算机网络的基本知识。

【相关知识与技能】

计算机网络由计算机通过通信线路互连而成，用户通过终端访问网络。从组成网络的设备或系统功能看，计算机网络由资源子网和通信子网构成。

1. 资源子网

资源子网由多台地理位置不同的计算机系统及终端设备组成，有些网络还有大容量的硬盘、高速打印机和绘图仪等供网络用户共享的外部设备，这些设备都统称为网络的节点，主要功能是提供网中共享硬件、软件和数据库等资源，承担面向应用的数据处理工作，向用户提供数据处理能力、数据存储能力、数据管理能力、数据输入/输出能力以及其他数据资源。一个具体的计算机网络，不一定所有网络资源都能为所有用户共享，这取决于设计和应用要求。软件资源包括本地系统软件、应用软件以及用于实现和管理共享资源的网络软件。

2. 通信子网

通信子网由传输介质、通信设备和通信软件组成，主要功能是进行数据传输、数据交换和通信控制，为用户共享网络资源提供通信手段和通信服务。

通信子网把资源子网中的各种资源连接起来，以实现资源子网中各种资源之间的信息交流和资源共享。

任务 6　计算机网络的拓扑结构

【任务描述】

通过本任务学习拓扑与拓扑结构的定义，理解局域网中常见的拓扑结构，以便进一步掌握计算机网络的基本知识。

【相关知识与技能】

拓扑是一种研究与大小、形状无关的线和面构成图形特性的方法。网络拓扑是指各种网络构成的图形的共同基本性质的研究。计算机网络由一组节点（Node）和连接节点的链路组成。节点分为两类：转接节点（支持网络线路连续作用，通过所连接的链路来转发信息，如电话交换机、集线器等）和访问节点（可以存储、处理、发送和接收信息的端点）。计算机网络的拓扑结构实质上是信道分布的拓扑结构。不同的拓扑结构可使信道的访问技术、通信性能、设备开销等各不相同，分别适用于不同的场合。信道的拓扑结构分为两类：点到点信道和广播信道。

在局域网中，构成网络的服务器、工作站等设备通过电缆在物理上连接起来的形式称为网络的拓扑结构。局域网的拓扑结构形状就是网络节点的位置和互连的几何布局,即连接到网络上的工作站(又称节点)互连的几何构形。局域网的拓扑结构分为星型、环型、总线型和树型等,有些特殊的网络也采用全互连结构。

1. 星型结构

星型结构的网络有一个中央节点,网络的其他节点(工作站、服务器等)都通过通信电缆与中央节点直接相连,如图 6-5(a)所示。任何两个节点之间的通信都要通过中央节点进行。一个节点要传送数据时,首先向中央节点发出请求,要求与目的节点建立连接,连接建立后,该节点才能向目的节点发送数据。这种网络结构的优点是数据的传输不会发生碰撞,系统增加节点成本低,容易扩充。但是,对较大型的网络系统,到达中央节点的线路较多,存在着通信调度和管理的问题,使得中央节点的结构比较复杂,并且一旦中央节点发生故障,整个网络将瘫痪。此外,星型结构还需要大量的电缆。

2. 环型结构

环型结构的网络中,各个节点连接成一个封闭的环路,各节点之间的数据传输是单向的,即数据沿一个方向在网上各节点之间环行传输,并且传输的数据都有地址信息,如图 6-5(b)所示。这种网络结构可以将网络延伸到较远的距离,电缆费用较低。但是,由于电缆连接的自我闭合,在环路中发生的断接也会导致整个系统的失效。

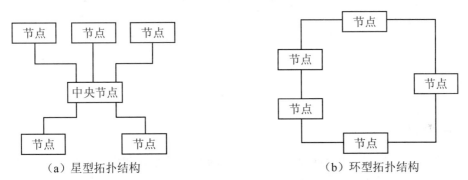

(a)星型拓扑结构　　　　　　　(b)环型拓扑结构

图 6-5　星型拓扑结构和环型拓扑结构

3. 总线型结构

总线型结构的网络中,各个节点通过相应的连接器连接到一条公共的总线上,总线主干的两端必须安装终端器,如图 6-6(a)所示。一个节点发出的信息,其他节点都可以收到。每个节点发出的信息包都带有目的地址,各个节点都对网上传输的信息包的地址进行检查,并接收与本节点地址相符的信息包。总线型结构使用的电缆较少,节点的安装和拆卸非常简单,一般情况下,某个节点发生的故障对整个网络不产生影响,系统的可靠性较高。但是,由于网络上的所有节点都共享一条总线电缆,传输电缆在高流量的环境中会成为网络的"瓶颈",而且任何电缆的故障都会导致整个网络瘫痪。

4. 树型结构

树型结构是在总线结构上加分叉而形成的,但不允许有闭合回路存在,如图 6-6(b)所示。树型结构是总线型结构的一般形式。和总线型结构一样,一个节点发送信息,网上的所有节点都可能接收。树型结构在单个局域网系统中采用不多,如果把多个总线网或星型网连接在一起,或者连接到另一个大型机或一个环型网上,即可形成树型拓扑结构。树型结构非常适合于分主次、分等级的层次型管理系统。

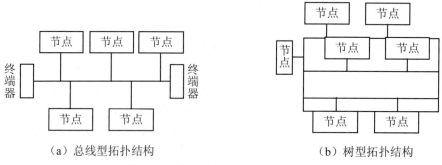

（a）总线型拓扑结构　　　　　　　（b）树型拓扑结构

图 6-6　总线拓扑结构和树型拓扑结构

【知识拓展】

信道是指信号的传输通道，可分为物理信道和逻辑信道。其中，物理信道是指用来传送信号的一条物理通道，由传输介质和相关设备组成。按使用的传输介质不同，信道可分为有线信道和无线信道。其中，有线信道可以是架空明线、同轴电缆、光缆及微波导管等信道。无线信道可以是微波信道、短波信道等。

信道所能传送信号的频率宽度（即可传送信号的最高频率和最低频率之差）称为信道的带宽。

任务 7　网络软件

【任务描述】

通过本任务学习网络协议的基本知识，理解 OSI 通信协议、IEEE802 通信协议和 TCP/IP 通信协议，了解网络操作系统的功能，以便进一步掌握计算机网络的基本知识。

【相关知识与技能】

计算机网络中的资源共享、用户通信、访问控制、文件管理等功能都要由网络软件来实现，网络软件主要包括网络协议软件、网络通信软件和网络操作系统。

1. 网络协议

计算机网络是由多种计算机和各类中断通过通信线路连接起来的复杂系统，网络的通信必须按照双方事先约定的规则进行。这些规则规定了传输数据的格式和有关的同步问题。

协议是两点之间信息传输的规则，包括检验传输错误的硬件和软件规则与过程。这些为进行网络中的数据交换而建立的规则、标准或约定称为网络协议。协议由字符集、用于信息定时和定序的规则集、检错和纠错过程组成。检错的常用手段有奇偶校验、字符回送、检验和、循环冗余检测（CRC）等。

网络协议是计算机网络中不可缺少的重要组成部分，是网络赖以工作的保证。网络离不开通信，通信离不开协议。如果通信双方无任何协议，则对所传输的信息无法理解，更谈不上正确的处理和执行。

协议规定了有关功能部件在通信过程中的操作。参照计算机系统多层体系结构的原理，网络系统的通信结构也采用分层结构的方法。

2. 网络的标准化组织

网络上所用到的标准是由某些团体组织所制定的，这些团体组织可能是专业团体，也可能是政府或国际性的公司等。为计算机网络制定标准的组织主要有以下 3 个：

（1）国际标准化组织（ISO，International Standards Organization），是世界上最著名的国际标准组织之一，主要由美国国家标准组织与其他国家的国家标准组织代表所组成。ISO 对网络最主要的贡献是为开放系统互连（OSI，Open Systems Interconnection）建立的参考模型。

（2）国际电子电气工程师协会 IEEE（Institute of Electricaland Electronic Engineer），是世界上最大的专业组织之一，对网络的主要贡献是对 IEEE 802 协议的定义（主要用于局域网）。

（3）ARPA（Advanced Research Projects Agency）或称 DARPA（Defense Advanced Research Projects Agency），由美国国防部组成，从 20 世纪 60 年代以来不断致力于研究不同种类计算机间的互相连接，如著名的 TCP/IP 协议和 FTP 协议。

3. 网络操作系统

网络操作系统是整个网络的核心。网络操作系统必须支持网络管理、数据通信，允许数据通信软件在系统上正常运行，进行接口控制、流控制、运行速率控制，支持拨号服务、文件传输协议、电子邮件服务、电子公告牌系统等。

网络操作系统的目标是在用户和网络资源之间形成一个操作管理机构，这个管理机构应该是计算机软件和通信协议的综合，并与单机操作系统提供同等的服务能力。简单地说，理想的网络操作系统必须对使用所有网络资源提供方便、一致和可控的存取方法；能调节资源之间的不兼容性，使它们能共同被利用；能支持对信息和文件的存取控制，并对资源的利用进行统计；能及时提供现有网络资源的状态信息。

网络操作系统具有单机操作和网络管理的双重功能。在启动网络操作系统之前，网络系统中各个独立的系统互不干扰，能够独立进行工作。网络操作系统启动后，网络系统中各相对独立的系统之间需要通信时，网络操作系统可提供多用户系统的功能。

任务 8　局域网的基本组成

【任务描述】

通过本任务学习局域网的基本组成，了解各部分的主要功能，以便进一步掌握计算机网络的基本知识。

【相关知识与技能】

局域网通常建立在集中的工业区、商业区、政府部门和大学校园中，有着非常广泛的应用领域，主要用于企事业单位的信息和过程管理、办公自动化、工业自动化、计算机辅助教学、银行系统、商业系统及校园网等方面。

1. 局域网的硬件组成

局域网的硬件组成通常包括：网络服务器、工作站、网络适配卡、通信电缆等。

（1）网络服务器：又称文件服务器，是网络的核心，负责管理网络系统中的文件系统，提供网络共享打印服务，处理工作站之间的通信，响应工作站上网请求等。网络服务器可以连接多种设备，如硬盘、打印机、调制解调器等，以供各工作站上的用户使用，实现设备、资源共享。网络软件、公共数据库等一般也是安装在网络服务器上。

（2）工作站：通过网卡和通信电缆连接到网络服务器上，每台工作站仍保持微型计算机的原有功能。工作站通过网络对网络服务器进行访问，从网络服务器中取得程序和数据后，在工作站上执行；对数据进行加工处理后，又将处理结果存回到网络服务器中。工作站面向用户，供用户直接使用。

（3）网络适配卡：又称网络接口卡（NIC），简称网卡，是将网络各个节点上的设备连接到网络上的接口部件。网卡负责执行网络协议、实现物理层信号的转换等功能，是网络系统中的通信控制器。网络服务器和每个工作站上都至少安装有一块网络适配卡，通过网卡与公共的通信电缆相连接。要根据局域网的传输介质、计算机总线类型和总线宽度来选择网卡。不同的传输介质、不同的总线类型、不同的总线宽度，应选用不同的网卡。

（4）通信电缆：即传输介质，是决定网络传输速率、网络段最大长度、传输可靠性（抗电磁场干扰）以及网卡复杂性的重要因素。总线网上由服务器到允许连接的最远工作站的一段传输介质，称为网络段（简称网段）。网络可以由多个网段组成，各网段之间用中继器连接。常用的传输介质类型有同轴电缆、双绞线和光纤电缆等，其中同轴电缆又分粗电缆和细电缆两种。电缆的选择与网卡的类型有关，不同传输介质的电气性能又有各自不同的特点。

（5）其他部件。

1）终端匹配器：连接在总线网的两头端点上，一个总线网需要两个终端匹配器。终端匹配器的作用是实现网络端点的阻抗匹配。

2）调制解调器（Modem）：用于远程网的互连，其作用是进行传输信号的转换，弥补通信线路质量的不足，如消除通信线路损耗失真和时延失真对数据传输的影响等。

2．网络软件

网络软件包括网络协议、通信软件和网络操作系统等。网络协议软件主要用于实现网络协议功能；网络通信软件用于管理各个工作站之间的信息传输，如网络驱动程序；网络操作系统是在网络环境中进行资源管理的程序，主要包括文件服务程序、打印服务程序和网络接口程序等。文件服务程序管理共享文件系统，打印服务程序实现共享打印机的管理，网络接口程序管理工作站对不同资源的访问。

目前常见的网络操作系统有 UNIX、Netware、Windows Server、Linux 等。

6.3　网络空间安全

任务 9　网络空间安全的内涵

【任务描述】

通过本任务了解计算机网络空间安全的发展概况和内涵，以便进一步掌握计算机网络的基本知识。

【相关知识与技能】

1991 年 9 月号《科学美国人》出版《通信、计算机和网络》专刊，第一次出现"网络空间 Cyberspace"一词。Cyberspace 是"连接各种信息技术的网络，包括互联网、各种电信网、各种计算机系统，及各类关键工业中的各种嵌入式处理器和控制器。在使用该术语时还应该涉及虚拟信息环境，以及人和人间的相互影响。"

关于 Cyberspace 的基础设施，是非常大的范围。底层为 CyberInfrastructure，即基础设施，包括了现在的互联网，也包括控制系统，计算机的硬件和软件，以及各种服务。在此之上，是物理的 Infrastructure，包括光纤通信，各种通信技术以及上层各种各样的应用技术。

在这个架构中，我们可以看到，互联网是网络空间重要的基础设施。互联网本身是计算机科学发展起来的，就是用计算机联网形成的，所以互联网计算机是 Cyberspace 最基本的元素。但是在这个基础之上，又向高层发展。

最近两年提出的互联网+是另一个层次的问题，有金融、能源、工业等等，互联网+才是互联网向网络空间扩展最重要的一个动作。互联网+的定义是"把互联网创新成果与经济社会各领域深度融合，推动技术进步、效力提升和组织变革，提升实力经济的创新力和生产力，形成更广泛的一个互联网基础设施和创新要素的经济社会发展的新形态"，这个定义与网络空间的定义是非常吻合的。

国家明确提出，要设立网络空间安全学科，要系统地培养高层次的人才。2014 年 6 月，国家成立网络空间安全一级学科的论证工作组，经过三四个月完成了初步的论证报告，经过半年多的征求意见，最后报告大概分为八个部分。

以下是前几个部分的简单介绍：

第一，基本概念。明确研究对象是网络空间安全。研究网络空间中的安全威胁和防护问题，包括基础设施、信息系统的安全和可信，以及相关信息的保密性、完整性、可用性、真实性和可控性等相关理论和技术。

第二，设置网络空间安全一级学科的必要性和可行性。

在论证报告中，明确成立网络空间安全一级学科之后，将逐步形成相对独立、自成体系的理论、知识基础和研究方法；可归属的主要二级学科方向有：基础理论、密码学、系统安全、网络安全、应用安全。

第三，二级学科方向的关系。五个方向的相互关系，这是比较重要的。安全基础为其他方向的研究提供理论、架构和方法学指导；密码学及应用是为系统、网络、应用安全提供密码安全机制；系统安全保证网络空间中的单元计算系统的安全；网络安全保证网络自身和传输信息的安全；应用安全保证大型应用系统的安全，也是安全的综合应用。

2015 年 6 月 17 日，国务院正式批复了一级学科的设置，2016 年 1 月 28 日，国家批准了首批 29 家一级学科和博士点的单位。今年将产生中国历史上网络空间安全的第一批博士生。

任务 10　网络空间安全的挑战与特点

【任务描述】

通过本任务了解网络空间安全的挑战及其特点。

【相关知识与技能】

1. 网络空间安全的挑战

互联网的规模越来越大，网络空间安全的挑战是非常明显的，也是错综复杂的。

第一，它是整体性的，不可分割的，许多网络威胁涉及网络空间的各个方面，计算系统方面、网络方面、应用方面等等。

第二，网络空间安全的问题越来越动态了，已经不是静态的了。网络本身的管理就是一个巨大的难题，很多网络故障是不能重现的，网络安全上更是难上加难。所以很多网络空间安全的事件是动态发生的，很多时候是不能重复的，这为解决这些问题带来极大的挑战。

第三，网络本身是越开放越大，其价值就越高。而从解决安全问题角度来说，越小越封闭就越好解决。网络安全事件一定是发生在开放环境下，不是发生在封闭环境下的，因此难以跟踪，难以溯源，这给解决问题带来极大挑战。

第四，整个网络的安全要有高成本的投入，任何解决方案都是相对的，在相对成本的情况下，如何尽可能让它安全，是另外一个需要平衡的问题。

第五，许多网络安全问题具备共性，是共通的，不是孤立的。这是全球化的问题，是共性的问题多，国际化的东西多，关联性的东西多。

2. 值得关注的几个方面的研究

第一，网络源地址验证的问题。这是互联网技术长期没有解决的问题，或者说没有很好解决的问题。在互联网中，所有传输的数据，是根据目的地来进行路由选择，对源地址是不认证的，这种机制使得可以假冒、仿照、劫持，带来的安全问题是巨大的。

第二，大规模的攻击，域名的劫持和假冒，路由的劫持和假冒。这些问题在互联网中每天都在发生。还有其他典型的安全挑战，如数据的完整性、身份认证，不可抵赖、保密、防护攻击，当然这只涉及网络本身的安全问题，不涉及内容的鉴别，不涉及密码学，是由互联网技术本身引起的安全问题。

习题

1. 什么是计算机网络？
2. 计算机网络如何分类？
3. 远程网和局域网各有什么特点？
4. 什么是网络的拓扑结构？常见的网络拓扑结构有哪几种？
5. 网络有哪些基本组成部件？各部件的作用是什么？
6. 网络中常用的传输介质有哪几种？各有什么特点？
7. 什么是网络协议？其作用是什么？
8. 开放性系统互连（OSI）的参考模型中，各层的作用是什么？
9. 局域网由哪些部分组成？
11. 什么是 TCP/IP？什么是 IP 地址？

第 7 章　程序设计基础

7.1　程序设计概述

任务 1　初步认识计算机软件与程序

【任务描述】

本任务学习软件、程序、文档资料等概念。

【相关知识与技能】

计算机系统主要由软件和硬件两大部分组成。硬件是计算机系统的机器部分，软件则是为使计算机高效地工作所配置的各种程序及相关的文档资料的总称。程序是经过组织的计算机指令序列，指令是组成计算机程序的基本单位。文档资料包括：软件开发过程中的需求分析、方案设计、编程方法等的文档及使用说明书、用户手册、维护手册等。软件一词源于程序，到了 20 世纪 60 年代初期，人们逐渐认识到和程序有关的文档的重要性，从而出现了软件一词。

计算机软件主要分为系统软件、支撑软件和应用软件 3 类。系统软件位于计算机系统中最靠近硬件的一层，一般包括操作系统、语言处理程序和编译程序。支撑软件是支撑软件开发与维护的软件。软件开发环境是现代支撑软件的代表，主要包括环境数据库、各种接口软件和工具组，三者的有机结合形成整体，协同支撑软件的开发与维护。应用软件是特定领域的专用软件，例如办公系统、银行系统、用于人口普查的软件等都是应用软件。

其他软件一般都通过系统软件发挥作用。计算机用户通过系统软件和工具软件来管理和使用计算机，由用户通过系统软件研制开发的用于生产、生活过程中控制和管理的软件称为应用软件。

计算机程序是指一组指示计算机或其他具有信息处理能力装置执行动作或做出判断的指令，通常用某种程序设计语言编写，运行于某种目标体系结构上。打个比方，一个程序就像一个用汉语（程序设计语言）写下的红烧肉菜谱（程序），用于指导懂汉语和烹饪手法的人（体系结构）来做这个菜。

在大多数计算机中，操作系统例如 Windows 等，加载并且执行很多程序。在这种情况下，一个计算机程序是指一个单独的可执行的映射，而不是当前在这个计算机上运行的全部程序。

程序里的指令都是基于机器语言；程序通常首先用一种计算机程序设计语言编写，然后用编译程序或者解释执行程序翻译成机器语言。有时，程序也可以用汇编语言编写，汇编语言实质就是表示机器语言的一组记号，在这种情况下，用于翻译的程序叫做汇编程序（Assembler）。

7.2 算法与数据结构

任务 2 算法及其描述

【任务描述】

本任务通过案例学习算法的概念及算法的描述。
【案例 7-1】求计算 1+2+3+4+5 的算法。

【方法与步骤】

（1）先计算 1+2，得到 3。
（2）将步骤（1）得到的结果加上 3，得到 6。
（3）将步骤（2）得到的结果加上 4，得到 10。
（4）将步骤（3）得到的结果加上 5，得到 15，计算结果为 15。

【相关知识与技能】

做任何事情都要有一个步骤，广义地讲，为解决一个问题而采取的方法和步骤就称为"算法"。

算法有两大用途：数值计算和非数值计算。
（1）数值计算：求方程的根、求函数的定积分等。
（2）非数值计算：查找、排序、图书检索、人事管理、文字处理等。

算法的设计师在设计一个算法后，不能只是自己明白，应该准确清楚地将自己设计的解题步骤记录下来，或提供交流，或编写程序供计算机执行。

【知识拓展】

瑞士著名计算机科学家尼克莱·沃思（Niklaus Wirth）早在 1976 年提出了这样一个公式：

算法+数据结构=程序

1974 年，图灵奖的获得者、著名计算机科学家、算法大师克努特（Donald E.Knuth）说："计算机科学是算法的学习"。

可见，算法是计算机科学中非常重要的概念，是计算机学科的核心内容，在程序编制、软件开发，乃至整个计算机科学中都占有重要地位。

所谓算法（Algorithm），是对特定问题求解步骤的一种描述，是指令的有限序列。描述算法需要一种语言，可以是自然语言、数学语言或者是计算机语言。

一个算法一般具有以下 5 个重要特性：
（1）输入：一个算法应该有 0 个或多个输入。
（2）有穷性：一个算法必须在执行有穷步骤之后正常结束，而不能形成无限循环。
（3）确定性：算法中的每一条指令都必须有确切的含义，不能有二义性。
（4）可行性：算法中的每一条指令都必须是切实可行的，即原则上可以通过已经实现的基本运算执行有限次来实现。

（5）输出：一个算法应该有 1 个或多个输出，这些输出是与输入有某种特定关系的量。

描述算法的语言工具很多，常见的有自然语言、计算机程序设计语言、伪代码语言和流程图语言等。本案例采用自然语言描述算法。

自然语言是人们日常所使用的语言，如汉语、英语、日语等。使用自然语言描述算法的优点是使用者不必对工具本身再花精力去学习，写出的算法通俗易懂。

使用自然语言描述算法存在以下缺点：

（1）有二义性，会引起某些步骤执行的不确定性。

（2）语句一般太长，从而导致算法冗长。

（3）自然语言的串行性，使得分支、循环较多时算法表示不清晰。

任务3 用程序设计语言描述算法

【任务描述】

本任务通过案例进一步学习算法的概念，理解用程序设计语言（C 语言）进行算法描述的方法。

【案例 7-2】用程序设计语言（C 语言）描述计算 1+2+…+100 的算法。

【方法与步骤】

用 C 语言对算法描述如下：
```c
main()
{
int x, y;
    x = 1; y=2;
while(y<=100)
    {
        x = x + y;
        y=y+1;
    }
printf("%d", x);
}
```

【相关知识与技能】

求解 1+2+…+100 的过程如图 7-1 所示，可得出以下规律：

（1）重复地进行相加运算。

（2）本次的和作为下一次相加运算的被加数。

（3）加数有规律地变化着。

用程序设计语言描述的算法清晰、简明、一步到位，写出的算法能直接由计算机处理。事实上，用程序设计语言来表示算法，就是对算法的实现。

用程序设计语言描述算法存在以下缺点：

$$1+2=3$$
$$3+3=6$$
$$6+4=10$$
$$10+5=15$$
$$…$$
$$4851+99=4950$$
$$4950+100=5050$$

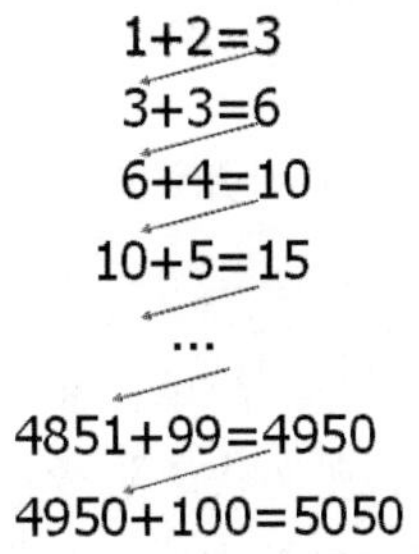

图 7-1　1+2+…+100 的运算过程

（1）要求设计者必须熟练掌握程序设计语言及其编程技巧。

（2）不同的程序设计语言不利于算法逻辑的交流，不利于问题的解决。

（3）要求描述计算步骤的细节，从而忽视了算法的本质。

（4）与自然语言一样，程序设计语言也是基于串行的。这使得算法的逻辑流程难以遵循，当算法的逻辑较为复杂时，这个问题就越显严重。

【思考与练习】

计算 1+2+⋯+100 还可以采用另一种算法。计算时，先计算 1+100, 2+99, ..., 49+52, 50+51，然后用 101×50 即可得到运算结果。依此类推，要计算 1+2+⋯+n，只要知道有多少个 n+1，即可得到计算结果。算法如下：

（1）$S \leftarrow n+1$。

（2）若 n 是偶数，则 $S \leftarrow (S \times n) \div 2$；否则，$S \leftarrow S \times (n-1) \div 2 + (n+1) \div 2$。

（3）S 的值就是计算结果，算法结束。

可见，同一个问题可以用不同的方法解决，即用不同算法解决同一个问题。因此，就存在一个算法的比较（分析）和选择问题，比较的依据是算法的效率。

任务 4 用伪代码描述算法

【任务描述】

本任务通过案例进一步学习算法的概念，理解用伪代码进行算法描述的方法。

【案例 7-3】用伪代码语言描述求 1+2+⋯+100 的算法。

【方法与步骤】

用伪代码对算法描述如下：

```
begin
y←2
x←1
while(y<=100)
{
    x←x+y
    y←y+1
}
print x
end
```

【相关知识与技能】

伪代码是用文字（数字、字母）和符号来描述算法的，用伪代码描述的算法结构清晰、格式紧凑、简单易懂。它为程序员提供了以特定编程语言编写指令的模板。伪代码表明了程序细节，在伪代码阶段检测并修复错误是简单的。在校验并接受伪代码之后，就可以把伪代码表示的指令转换成高级编程语言。

任务 5   用流程图描述算法

【任务描述】

本任务通过案例进一步学习算法的概念，理解用流程图进行算法描述的方法。

【案例 7-4】用流程图描述求 1+2+…+100 的算法。

【方法与步骤】

用流程图对算法描述如图 7-2 所示。

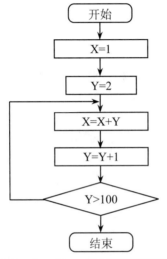

图 7-2   求 1+2+…+100 算法的流程图

【相关知识与技能】

流程图是人们经常用来描述算法的工具，由表示算法的图形组成。流程图包含一个符号集，每个符号表示算法中指定类型的操作，图形和操作之间的关系由美国国家标准化协会 ANSI（American National Standard Institute）规定，如表 7-1 所示。

表 7-1   流程图符号

符号	符号名称	功能说明
	终端框	算法开始与结束
	处理框	算法的各种处理操作
	预定处理框	算法调用的子算法
	注解框	算法的说明信息
	判断框	算法的条件转移
	输入输出框	输入输出操作
↓ →	流程线	指向另一操作
○← ←●	引入、引出连接符	表示流程延续

用流程图描述算法的优点是直观、清晰、易懂，便于检查、修改和交流。流程图表示的算法既独立于任何特定的计算机，又独立于任何特定的计算机程序设计语言。这一优点使得计算机专家不必熟悉特定的计算机和特定的程序设计语言。

流程图的缺陷是严密性不如程序设计语言，描述的灵活性不及自然语言。

任务6　初步认识数据结构

【任务描述】

本任务了解数据结构的基本概念和常用的几种数据结构，如线性表、数组、树和二叉树以及图等。

【相关知识与技能】

数据结构（Data Structure）是计算机专业的一门重要专业基础课，主要研究三部分内容：数据的逻辑结构、数据的存储结构以及对各种结构进行的运算。为数据选择一种好的结构是非常重要的。合理的数据结构能节省存储空间，并能极大地提高程序的执行速度。许多有经验的程序员都认为，程序设计的第一步是选择数据结构。

1．顺序存储结构

在程序设计中，由若干个数据元素组成的线性结构称为线性表。线性表是最简单和最常用的数据结构。在计算机内，可以用不同的方式来表示线性表，而最简单和最常用的方式是用一组地址连续的存储单元依次存储线性表的元素，一维数组就是以这种方式组织起来的结构。这样的结构被称为顺序存储结构。

例如，考虑一副扑克牌中相同花色的 13 张红桃，为了要在程序中引用每一张红桃，可以建立 13 个变量 Card1、Card2、…、Card13。每一张牌有确定的值，如"红桃 2""红桃 9"等。这种方法存在几个问题：首先，必须处理 13 个不同的变量；其次，在程序控制下，没有一种较好的方法来操作这些变量。当执行某些任务时（如洗牌或发牌），必须写出处理每一个变量的步骤。

一个更好的办法是建立一个数组变量 Card，包含 13 个分量：Card[1]、Card[2]、…、Card[13]。数组中每一项都有一个下标，其范围为 1～13，如图 7-3 所示。这种方法能解决上述两个问题。首先，只需要一个变量，而不是 13 个；其次，可以用另一个变量来指定下标，因此在程序控制下很容易访问任何一项。

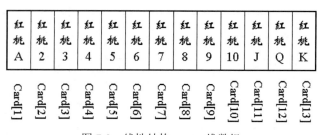

图 7-3　线性结构——一维数组

日常生活中的很多信息都是以数组来表示的，因而许多查找和排序算法也都是以数组为对象来设计的。数组中的每一个元素可以很简单，如一个数、一个字符或一个字符串；也可以很复杂，由若干个数据项组合而成，如 Card 的每个分量就包含两个数据项：面值和花色。

2. 链式存储结构

数组的最大优点是可随机存取元素。但它过分强调了数组的逻辑顺序与存储（物理）顺序的对应。例如，当向数组中插入一个元素时，为了给新元素留出空间，必须从插入位置开始到最后一个元素全部向后移动一个位置，腾出位置再插入新元素；而要删除数组中的一个元素时，要将该元素的所有后继元素向前移动一个位置。也就是说，无论是插入还是删除一个元素，都要移动大量的元素，效率低，且数组长度不易扩充。通常在建立数组时就指定了数组的大小，其后不允许改变。这意味着必须为可能要用到的最大数组保留足够的空间，而那些没用到的空间将会造成浪费。

解决上述问题的方法是使用链接，在每一个数据元素中添加一个指向另一个元素的指针。根据这个原理，可以建立一个称为链表的线性表，它包含一组数据元素。在数据结构中，这样的数据元素通常称作"节点"。每个节点除包含一个数据域外，还包含一个指针域，用以存放下一个节点的指针，这样的链表称为单链表。图 7-4 所示是一个具有附加头节点的单链表，指针变量 h 中存放的是附加头节点的指针，附加头节点只用来存放第一个具有数据的节点的指针，而第一个节点的指针域存放第二个节点的指针，如此下去，最后一个节点的指针域要置空（NULL），以表示它位于链表的尾部。

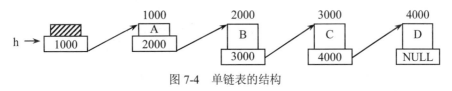

图 7-4　单链表的结构

在计算机内，指针实际上是某个存储单元的地址，例如在图 7-4 中，数据值为"A"的节点指针（地址）是 1000、"B"的节点地址是 2000、"C"的节点地址是 3000、"D"的节点地址是 4000。按链接方式来进行存储的线性结构称为链式结构，简称为链表。链表一般分为单链表、循环链表和双向链表。

使用链表进行元素的插入和删除非常方便。所要做的就是调整指针域的值。例如，在图 7-4 的单链表中，在数据值为"C"的节点前插入一个数据值为"E"的新节点，操作如图 7-5 所示。即用新插入节点的地址 5000 替换数据值为"B"的指针域的值 3000，而新节点的指针域置数据值为"C"的节点的地址"3000"，从而将新节点插入到数据值为"C"的节点前面。若要删除一个节点，只需要将欲删除节点的前趋节点的指针域的值改为欲删除节点的后继节点的地址即可。例如，删除图 7-4 单链表中数据值为"C"的节点，操作方法如图 7-6 所示。

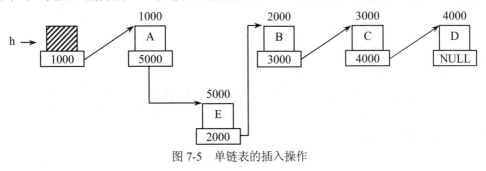

图 7-5　单链表的插入操作

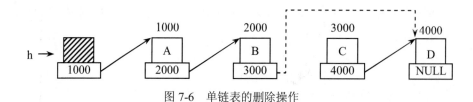

图 7-6　单链表的删除操作

3．栈与队列

对于一般的线性表，可以在任何位置上插入元素，也可以删除任何位置上的元素。如果限定插入和删除都只能在线性表的一端进行，这样的线性表称为栈；如果限定插入在线性表的一端，删除在另一端，这样的线性表称为队列。

栈是一个按"后进先出"（Last In First Out）方式工作的数据列表。表中允许进行插入、删除操作的一端称为栈顶，另一端称为栈底。栈顶的位置是动态的，对栈顶当前位置的标记称为栈顶指针。当栈中没有数据元素时，称为空栈。栈的插入操作通常称为进栈或入栈；栈的删除操作则称为退栈或出栈。

举一个生活中常见的例子：一个餐厅里有一叠盘子，如果要从中拿取盘子，只能从最上面开始取；当要再放上一个盘子时，也只能放在最上面。在这个例子中，一叠盘子相当于一个栈，从中拿取盘子相当于栈的删除操作，而再放上一个盘子相当于栈的插入操作。这个操作过程是一个典型的后进先出的例子。

图 7-7 所示是一个栈的动态示意图，图中箭头代表当前栈顶的指针位置，用 top 表示。图（a）表示一个空栈；图（b）表示插入一个数据元素 A 以后的状态；图（c）表示插入数据元素 B、C、D 以后的状态；图（d）表示删除数据元素 D 以后的状态；图（e）表示删除数据元素 C、B、A 以后的状态。从图 7-7 可以看出，若进栈顺序为 A、B、C，则出栈顺序为 C、B、A。图 8-7 显示的是一个顺序存储结构的栈，栈也可以用链式存储结构存储。

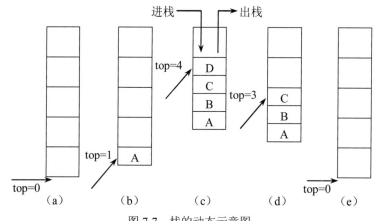

图 7-7　栈的动态示意图

队列与栈非常相似，队列按"先进先出"（First In First Out）方式工作。插入元素的那一端称为队尾，删除操作的那一端称为队头。队列的插入操作通常称为进队列或入队列；队列的删除操作称为退队列或出队列。

队列的应用我们并不陌生，在日常生活中经常会遇到拥挤的问题，随之而来的是排队，例如商场、银行的柜台前需要排队；购买球赛的门票需要排队；还有，共享一台打印机的各个计算机终端都可以向打印机发出打印请求，而计算机操作系统中对这些打印请求采用了队列的管理方式，当某个终端发出打印请求时，将其加入请求队列，放在队列的队尾；当打印机执行完当前打印任务后，就从请求队列的队头取出下一个打印请求执行。无论上述的哪种排队情况，其共同特点是先来者先离开，即先进先出。图 7-8 所示是一个队列的动态示意图。

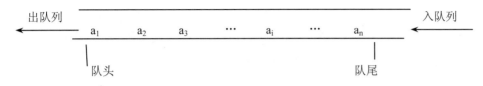

图 7-8　队列的动态示意图

4. 树和二叉树

以上顺序表、链表、栈和队列都是线性结构。树（Tree）是数据结构中的一种非线性结构。树在我们周围随处可见。这里讨论的树结构形同大自然中的树，也有树根、树叶和树枝。不同之处是：前者树根在上，后者树根在下。

例如家谱图，在顶端以最远最老的先辈开始，下面是他的孩子，再下面是孩子的孩子，一直进行下去……。这显然是一种像树一样的结构。数据结构中讨论树结构用的术语与自然界中树和家谱图中的术语很相似。

图 7-9 所示是一个树形结构图。A 为树根，称为根节点；E、F、G、H、I、J 为叶节点，其余节点为分支节点。A 下面有 3 棵子树，B、C、D 分别是这 3 棵子树的根节点。B、C、D 是 A 的孩子节点。同样，E、F 是 B 的孩子节点，G 是 C 的孩子节点，H、I、J 是 D 的孩子节点。反之，称 A 是 B、C、D 的双亲节点，D 是 H、I、J 的双亲节点，C 是 G 的双亲节点等。

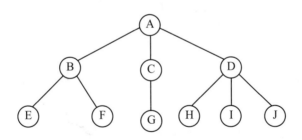

图 7-9　树形结构示意图

数据结构中的树结构主要用于描述数据元素之间的层次关系。通常，树结构的一个节点代表一个数据元素。显然树结构中的每一个节点可能有多个后继节点，因此树结构是一种非线性结构。

树的遍历是一个常用的操作。所谓遍历，是按某条搜索路径巡访树中的每个节点，使得每个节点均被访问一次，且仅一次。树的遍历方法有两种：一种是先根次序遍历，即先访问树的根节点，然后按先根次序遍历树的每一棵子树；另一种是后根次序遍历，即先依次后根遍历每棵子树，然后访问根节点。例如，对图 7-9 所示的树结构，先根遍历，得到树的先根序列为 A-B-E- F-C-G-D-H-I-J；而后根遍历，可得到树的后根序列为 E-F-B-G-C-H-I-J-D-A。

如果树结构每个节点的孩子节点个数最多为 2 个，这种树就是二叉树，如图 7-10 所示。二叉树有许多良好的性质和简单的物理表示，而且一般树结构都可以较方便地转换成二叉树。

二叉树虽然可以用顺序存储结构存储，但存储效率不高。通常，二叉树采用链式存储结构，又称为二叉链表。在二叉树中，每个节点除含有原来的数据元素的有关信息外，还增加了两个指针，分别指向左子树的根节点和右子树的根节点。

在树与二叉树之间有一个自然的一一对应的关系，每一棵树都能唯一地转换为对应的二叉树。把树转换成二叉树的方法：将树中所有的相邻兄弟用线连起来，然后去掉双亲到子女的连线，只留下双亲到第一个子女的连线。对图 7-9 所示的树用上述方式处理后，稍加倾斜，得到对应的二叉树，如图 7-11 所示。

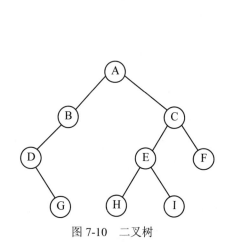

图 7-10　二叉树

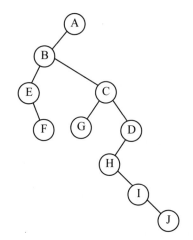

图 7-11　图 7-9 所示树对应的二叉树

7.3　程序设计

任务 7　初步认识程序设计

【任务描述】

本任务学习程序及计算机程序的基本概念。

【相关知识与技能】

"程序"一词，从广义上讲可以认为是一种行动方案或工作步骤。在日常生活中，我们经常会碰到这样的程序：某个会议的日程安排、一条旅游路线的设计、手工小制作的说明书等，这些程序表示的都是我们在做一件事务时按时间的顺序应先做什么后做什么。在本书中所说的程序指的是计算机程序，它实际上表示的也是一种处理事的时间顺序和处理步骤。由于组成计算机程序的基本单位是指令，因此计算机程序就是按照工作步骤事先编排好的、具有特殊功能的指令序列。

一个程序具有一个单一的、不可分的结构，它规定了某个数据结构上的一个算法。于是有以下公式：

$$算法+数据结构=程序$$

由此看来，我们前面提到的算法和数据结构是计算机程序的两个最基本的概念。算法是程序的核心，它在程序编制、软件开发，乃至在整个计算机科学中都占据重要地位。数据结构是加工的对象，一个程序要进行计算或处理总是以某些数据为对象，而要设计一个好的程序就需要将这些松散的数据按某种要求组成一种数据结构。然而，随着计算机科学的发展，人们现在已经意识到程序除了以上两个主要要素外，还应包括程序的设计方法以及相应的语言工具和计算环境。

任务8 常见程序设计语言

【任务描述】

本任务了解一些常见的程序设计语言的特点。

【相关知识与技能】

1. 面向机器语言

人们同计算机交流时必须使用计算机能的理解的语言，如命令语言和程序设计语言。命令语言主要是提供给操作者使用的，程序设计语言则是提供给软件开发者编写程序使用的。编写计算机程序、进行软件开发所用的计算机语言被称为"程序设计语言"。在电子计算机诞生的初期，人们开发的程序设计语言主要是低级语言，这样的语言有机器语言和汇编语言。

（1）机器语言。

机器语言是计算机的第一代语言。在 20 世纪 50 年代，人们直接利用硬件提供的指令系统编写程序。每条语句是一条二进制形式的指令码，可直接由计算机硬件识别和理解，因此把指令系统称为机器语言。计算机是一个电子、机械装置，也可以说是一个头脑简单，只认识"0"和"1"，动作迅速，但只会简单运算和传输数据的装置。

每一台计算机都配有一套机器指令，常称为指令系统。每一条指令让计算机执行一个简单而特定的动作。例如，从计算机内存储器的某一单元中取出一个数或把一个数送进该单元中等。最初，人们就是使用机器指令来让计算机做某些动作的。计算机接受这些指令，执行这些指令。一条条由"0"和"1"组成的指令的整体就称为程序。例如，用机器语言写的某一段程序为：

```
0000  0110  0000  0011
0011  1110  0000  0100
0000
```

其中，每一条机器指令都是用二进制代码表示的。

以上由"0""1"组成的 3 条指令对 Z80 机器而言就是完成 3 加 4 的运算。

用机器指令编写程序，要把解决问题的算法描述逐条转换成由"0""1"组成的机器指令。各种计算机的指令系统差别较大，用机器语言编写的程序只能用于特定的计算机。

人们用机器语言同计算机交流了一段时间后，越来越感到它的缺陷：烦琐、难编、难读、难懂，并且极易编错，编错了也难以查出，查出了也难以修改。读别人编的程序简直就像读"天书"一样，很难交流。机器语言记忆困难，与计算机硬件密切相关。使用机器语言编写程序的工作只能由计算机专业人员来完成。非计算机专业人员很难掌握它。

机器语言是面向硬件的语言，可以充分利用相应硬件的功能，编写出效率极高的程序。用高级语言编写的程序，在翻译程序时会产生无用的指令，因而在运行速度及程序的简洁方面都不如机器语言。

（2）汇编语言。

汇编语言是计算机的第二代语言，用帮助人们记忆的符号来表示计算机程序中的指令，例如将机器中代码的加减用"+""−"等容易被人们理解的符号代替，并把数据部分也用符号表示，这种符号形式的指令系统被称为"汇编语言"。

例如，把上述用机器语言书写的三条指令用汇编语言来表示，即成为：

LD B,03
LD A,04
ADD A,B

从英文字母的含义可知，第一条指令是把 3 送到寄存器 B 中（LD 是 load 的缩写）。同理，第二条是把 4 送到寄存器 A 中，第三条则是把 B 中的数加到 A 中去。

汇编语言最接近机器语言，其中的汇编语句基本上与指令一一对应，但汇编语言已不能被机器直接识别，它需要由翻译程序将其翻译成机器指令后，计算机才能识别并执行。这个翻译过程叫"汇编"。又因为汇编语言与相应的机器语言几乎是一一对应的，所以汇编语言程序运行效率高，而且速度快。

汇编语言比机器语言更便于程序员记忆，比机器语言程序易读、易查、易调试。为了提高使用汇编语言的效率，人们又设计了用一条汇编指令来描述若干条机器指令的宏指令，具有宏指令的汇编语言称为宏汇编。

随着各种型号计算机的出现，各种汇编语言也相伴而生，如"8086 汇编语言""Z80 汇编语言"等。但汇编语言毕竟还是与人们熟悉的自然语言或数学公式相差甚远。汇编语言在总体上仍依赖具体的机型，仍难以阅读，难以移植。例如，一种型号的计算机上的汇编语言无法用于其他型号的计算机。汇编语言同机器语言一样都是面向机器的语言，同属低级语言。在模仿人类语言的高级语言出现之后，汇编语言主要用于软件开发者编写与硬件特征密切相关、对运行效率要求极高的少量程序代码，如操作系统中的中断处理程序和输入/输出设备的驱动程序等。

2. 面向过程语言

从 20 世纪 50 年代中期开始，以 FORTRAN 语言为开端的各种程序设计语言应运而生，如 ALGOL 60、COBOL、BASIC、PL/1、Pascal、Ada、C 等，都是面向过程的语言。这些语言适用的领域各不相同。

面向过程的高级语言的发展是计算机科学中最富于智慧的成就之一，正是这一类语言的发展，才促使了计算机科学的发展。随后，如雨后春笋般地出现了面向对象的程序设计语言以及网络开发语言等。

3. 面向对象语言

第一个面向对象语言是 20 世纪 60 年代末期诞生的 Simula 67，它支持单继承和一定含义的多态和部分动态绑定。到了 80 年代初期，开创面向对象程序设计范例的先驱——Smalltalk

语言问世了。Smalltalk 把整个编程环境和基于菜单的交互式界面集成起来，对整个软件的发展产生了深远的影响。Smalltalk 语言囊括了众多的面向对象的特征：类、继承、支持对象标识等。Smalltalk 是第一个纯面向对象语言。进入 90 年代后，最引人注目的是 C++，它成为最典型的面向对象语言。

C++程序设计语言（简称 C++）是在 1983 年由美国 AT&T 公司 Bell 实验室开发出来的。C++是对 C 的扩充，是标准 C 的超集。它保持了 C 的紧凑、灵活、高效和易移植性的优点。同时，C++又从 Simula 67 中吸取了类，从 ALGOL 语言中吸取了引用，综合了 Ada 语言的类属，C++是一种面向对象范型的通用设计语言，主要用于大型软件系统的管理、编程和维护，现已成为计算机界最为流行的程序设计语言之一。

4．网络编程语言

网络编程语言是计算机的第五代语言。进入 20 世纪 90 年代，网络技术得到了飞速发展，尤其是进到 21 世纪后，Internet 得到了更为广泛的应用。网上书店、网上办公、网上购物、网上银行、网上聊天、网上电话、网上……，"网络"好像无所不能。所有这些主要归功于像 Java 这样的网络编程语言。

Java 语言是一种简洁的、面向对象的、用于网络环境的程序设计语言，由 Sun 公司于 1995 年 5 月正式对外发布。

由于 Java 具有简洁易学、面向对象、多线程以及安全等特点，使得它受到各种应用领域的重视，取得了很快的发展。现在，用 Java 语言编写的应用程序遍布在整个 Internet 上。

习题

1．"软件"指的是什么？计算机软件有哪几类？

2．什么是算法？算法有哪些特性？

3．丢番图对自己一生的描述："上帝给予的童年占六分之一，又过十二分之一，两颊长胡，再过七分之一，点燃起结婚的蜡烛。五年之后天赐贵子，可怜迟到的宁馨儿，享年仅及其父之半，便进入冰冷的墓。悲伤只有用数论的研究去弥补，又过四年，他也走完了人生的旅途。"列出方程，计算丢番图的实际年龄。

4．描述算法的方法有哪几种？试分别用流程图和 C 程序设计语言描述求 1+3+5+…+99 的算法。

5．数据的存储结构主要有哪几个？顺序存储结构与链式存储结构有哪些主要区别？栈与队列有什么区别？画一个由三代人构成的家谱树。

6．计算机能识别的语言是什么语言？它的程序是由什么样的指令组成的？

7．程序设计语言有哪几大类？试从每一类中举出一种有代表性的语言，简述之。

8．简述软件开发的基本过程。

第8章　数据库基本概念

任务1　信息、数据和数据处理

【任务描述】

本任务学习信息、数据、数据处理的基本概念。

【相关知识与技能】

数据库是指存储在计算机内、有组织、可共享的数据集合。它不仅包括数据本身，而且包括相关数据之间的联系。数据库技术主要研究如何存储、使用和管理数据。

数据是记录客观事实的符号。这里的"符号"不仅仅指数字、字母、文字和其他特殊符号，而且还包括图形、图像、声音等多媒体数据。

信息是经过加工后的数据，它会对接收者的行为和决策产生影响，具有现实的或潜在的价值。

数据与信息之间的关系（如图8-1所示）可以表示为：信息=数据+数据处理。

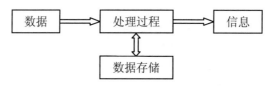

图8-1　数据与信息的关系

数据与信息的联系与区别如下：

（1）数据是信息的载体，但不是所有的数据都能表示信息，信息是人们消化了的数据。

（2）信息是抽象的，不随数据设备所决定的数据形式而改变；而数据的表示方式却具有可选择性。

所谓数据处理是指对各种数据进行收集、整理、组织、存储、加工及传播等一系列活动的总和。

任务2　认识数据模型

【任务描述】

本任务通过案例学习数据模型的相关概念、关系模式表示。

【案例8-1】将"教师"和"学生"两个实体用关系模式表示。

【方法与步骤】

将"教师"和"学生"两个实体用关系模式表示如下：

- 教师（<u>教师编号</u>，姓名，职称，所在系名）
- 课程（<u>课程号</u>，课程名，任课教师编号）

其中，下划线属性为关键字。下面用表 8-1 和表 8-2 表示以上关系。

表 8-1　教师关系

教师编号	姓名	职称	所在系名
001	王丽华	讲师	计算机系
008	孙军	副教授	电子系

表 8-2　课程关系

课程号	课程名	任课教师编号
99-1	软件工程	001
99-3	数据库原理	008

可以增加一个关系模式：教师-课程（教师编号，课程号），使相关的两个实体发生联系。具体的关系见表 8-3。

表 8-3　教师-课程

教师编号	课程号
001	99-1
008	99-3

【相关知识与技能】

用二维表格结构表示实体以及实体之间联系的数据模型称为关系模型。

以下是关系模型中的常用术语：

- 关系（Relation）：一个关系对应一张二维表。
- 元组（Tuple）：表中的一行称为一个元组。
- 属性（Attribute）：表中的一列称为一个属性，给每列起一个名称，该名称即属性名。
- 域（Domain）：属性的取值范围。
- 关键字（Primary Key）：能够唯一地标识一个元组的属性或属性组。
- 分量（Element）：元组中的一个属性值。
- 关系模式（Relation mode）：关系的描述，用关系名（属性名 1，属性名 2，…，属性名 n）来表示。

用关系模式表示实体，实体名用关系名表示，实体的属性对应关系的属性。

【知识拓展】

在数据模型中有"型"（Type）与"值"（Value）的概念。型是对数据结构和属性的说明；值是型的具体赋值。例如，职工记录（工号、姓名、出生年月、参加工作年月、部门等）定义为记录型，它确定了职工记录值的数据类型。显然，同一个型可以对应许多记录值，（02008，林昌虎，197804，200201，会计部）是其中的一个记录值。

"模式"（Schema）是数据库所有数据的型的描述，即模式描述了数据库所有数据的逻辑结构及其联系，它相对稳定。模式的具体取值称为"实例"（Instance），它反映数据库某个时刻的状态，因此它是随时间不断更新的。

任务 3　认识数据库系统

【任务描述】

本任务认识数据库系统，掌握数据库系统的组成及各组成部分的功能。

【相关知识与技能】

数据库系统（DBS）是具有管理和控制数据库功能的计算机系统。

数据库系统由数据库、数据库管理系统（DBMS）、支持数据库运行的软硬件环境、应用程序、数据库管理员和用户等组成。

1. 数据库（Data Base）

数据库是以一定的数据结构形式存储在一起的、相关且具有共享性、安全性、独立性且冗余少等特性的数据集合。

（1）共享性：数据库中的数据可被所有用户和程序共同使用，并由数据管理系统软件来统一地修改和管理，每个数据都符合类型和取值范围的规定，避免了数据的不一致性。

（2）独立性：全部数据以一定的数据结构单独地、永久地存储，与应用程序无关。

（3）安全性：对数据有很好的保护，防止不合法使用数据而引起的数据泄密和破坏，使每个用户只能按规定对数据进行访问和处理。

（4）数据冗余少：基本上没有或很少有重复的数据和无用的数据，也没有相互矛盾的数据，从而显著地节约存储空间。

2. 数据库管理系统（DataBase Management System，DBMS）

存放于计算机永久存储器中的数据库由 DBMS 进行统一管理。DBMS 是数据库系统的核心组成部分，为用户或应用程序提供访问数据库的方法，使用户能方便地定义数据和操纵数据，并能保证数据的独立性、共享性、完整性和安全性，实现最小的数据冗余。

DBMS 的主要功能如下：

（1）数据库的定义功能：DBMS 提供数据定义语言（Data Definition Language，DDL）定义它的体系结构、数据完整性约束以及保密限制等。

（2）数据库的操纵功能：DBMS 提供数据操纵语言（Data Manipulation Laguage，DML）实现对数据的操作。最基本的数据操作有查询、插入、删除和修改 4 种。

（3）数据库的保护功能：DBMS 对数据的保护主要有以下几个方面：

1）数据完整性控制：保证数据库中数据的正确性和有效性，防止对数据的误操作。

2）数据安全性控制：防止未经授权的用户非法访问数据库，以防数据的更改和破坏。

3）数据库的恢复：当数据库遭到破坏或数据出错时，DBMS 有能力将数据库恢复到最近某个正确的状态。

4）数据库的并发控制：正确处理多用户、多任务环境下对数据的正确操作，防止出错。

（4）数据库的维护功能：主要指数据库的性能监视、分析以及初始数据的录入、转换及转存等。

3. 支持数据库系统运行的软硬件环境

每种 DBMS 都有自己要求的软硬件环境，硬件是指需要的基本配置以及建议的配置，例如要有足够大的内存存放操作系统、DBMS 的核心模块、数据缓冲区和应用程序；有足够大的存取设备存放数据库，备份数据库。软件是指支持 DBMS 和数据库运行的操作系统（如 Windows、Linux 等），以及与数据库接口的高级语言及其编译系统。

4. 应用程序

根据不同用户的需要，采用与相关数据库接口的高级语言和编译系统（如 Visual Basic、Java 等）编写的应用程序，用以处理用户的业务。

5. 数据库管理员（DataBase Administrator，DBA）和用户

DBA 是指管理、维护数据库系统的人员，起着联络数据库系统与用户的作用；用户则是最终系统的使用和操作人员。大型数据库系统一般配备专职 DBA；微型计算机的数据库系统一般由用户自己承担 DBA 的角色。

DBA 的具体职责：决定数据库的内容与结构；决定数据库的存储结构和存取策略；实施数据库系统的保护；监督和控制数据库的使用和运行；改进与重组数据库系统。

图 8-2 表示了数据库系统各个部分的相互关系。

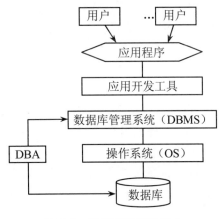

图 8-2 数据库系统的组成

习题

1. 简述数据与信息的联系与区别。
2. 简述数据库（DB）、数据库系统（DBS）和数据库管理系统（DBMS）三者之间的关系。
3. DBMS 目前最常用的模型是什么？
4. 试述数据库系统各组成部分的功能。
5. 名词解释：关系模型、关系、元组、属性、域、关键字。
6. 使用向导和查询设计器分别创建一个订单查询，查询中包括的字段有订单表的"订单号""订单时间"，产品表的"产品名称"，客户表的"客户名"。其中，查询字段的次序为订单号、客户名、产品名称、订单时间。

第9章 操作系统基本概念

任务1 操作系统在计算机系统中的地位

【任务描述】

本任务了解操作系统在计算机系统中的地位，进而理解操作系统在计算机系统中扮演的角色。

【相关知识与技能】

1946 年诞生的第一台计算机没有操作系统，甚至没有任何软件。计算机发展到今天，已经离不开操作系统。从微型计算机到巨型计算机，计算机系统一般都配置了一种或多种操作系统。如果一台计算机没有操作系统，用户将无法操作。

操作系统（Operating System，OS）是计算机系统软件中最重要的组成部分，控制和管理计算机系统资源，合理地组织计算机工作流程，为用户有效地使用计算机系统提供一个功能强大、使用方便和可扩展的工作环境。操作系统是计算机用户与计算机之间进行通信的一个接口，计算机用户通过操作系统与计算机资源打交道。

操作系统在计算机系统中占有重要的位置，所有其他软件都建立在操作系统基础上，并得到其支持和服务；操作系统是支持各种应用软件的平台。用户利用操作系统提供的命令和服务操作和使用计算机。可见，操作系统实际上是一个计算机系统中硬件、软件资源的总指挥部。

操作系统的性能决定了计算机系统的安全性和可靠性。若一个计算机系统没有操作系统，就犹如一个人没有大脑思维一样，将一事无成。

【知识拓展】

一个完整的计算机系统（无论大型机、小型机、微型机）都由硬件系统和软件系统组成。硬件是软件建立与活动的基础，软件是对硬件功能的扩充。硬件与软件有机地结合在一起，相辅相成，推动计算机技术飞速发展，并且在当今信息时代占据了举足轻重的地位。

按照在计算机系统中起的作用和需要的运行环境，计算机软件通常分为系统软件和应用软件。其中，系统软件用于计算机系统的控制、管理和维护，并为用户使用和其他程序的运行提供服务，包括操作系统、程序设计语言处理程序（汇编程序和编译程序等）、连接装配程序等；应用软件是为解决某一方面应用需要或某个特定问题而设计的程序，如财务软件、信息管理系统、游戏软件等，是应用范围很广的一类软件。随着计算机技术的发展，计算机硬件的功能越来越强，软件资源也日趋丰富。

计算机系统中硬件和软件是按层次结构组织的，如图 9-1 所示。

由图 9-1 可见，计算机的硬件、软件及应用之间是一种层次结构的关系。裸机（硬件）在最里层，其外层是操作系统。操作系统提供资源管理功能和服务功能，把裸机改造成为功能更强、使用更方便的机器。各种实用程序和应用程序运行在操作系统之上，它们以操作系统作为支撑环境，同时又向用户提供完成其进程所需的各种服务。

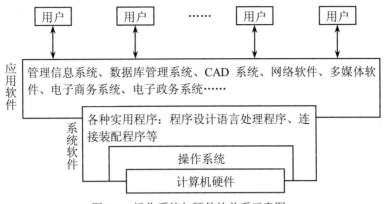

图 9-1　操作系统与硬件的关系示意图

操作系统是裸机上的第一层软件，也是最基本的系统软件，是对硬件系统功能的首次扩充。操作系统依赖于计算机硬件，直接管理系统中的各种硬件和软件资源。操作系统由 5 个部分组成：进程管理、存储管理、设备管理、文件管理和用户接口。操作系统的对外界面是系统调用。系统实用程序及各种应用软件通过系统调用访问计算机系统的软、硬件资源。

【思考与练习】

什么是操作系统？操作系统在计算机系统中处于什么地位？

任务 2　操作系统的基本功能

【任务描述】

本任务学习操作系统的基本功能，进而理解操作系统在计算机系统中扮演的重要角色。

【相关知识与技能】

为使系统中的程序能够有条不紊地运行，从资源管理的角度出发，操作系统应具有以下 5 个方面的功能：

（1）存储器管理。

存储器管理是对主存（又称内存）的管理。内存是程序运行的舞台，一个程序要在处理机上运行，其代码和数据就要全部或部分驻留内存。除操作系统要占相当大的内存空间外，在多道程序系统中，并发运行的程序都要占有自己的内存空间。因此，内存总是一种紧张的系统资源。

存储器管理的主要功能包括：内存的分配和回收、存储保护、地址变换、地址扩充。

（2）处理机管理。

处理机管理又称进程管理。所谓进程，是指程序的一次执行。在多道程序环境下，处理机的分配和运行以进程为基本单位进行。

进程管理的主要功能包括：进程控制、进程同步、进程通信和进程调度。

（3）设备管理。

计算机系统一般都配置多种类型的输入/输出设备，这些设备的操作性能有很大的差异（尤其在信息传输和处理速度方面）。由于输入/输出设备种类很多，使用方法各不相同，因此，设备管理应为用户提供一个良好的界面，使用户不必涉及具体的设备特性，可以方便、灵活地使用这些设备。

设备管理的主要任务包括：为用户程序分配输入/输出设备；完成用户程序请求的输入/输出操作；提高 CPU 和输入/输出设备的利用率；改善人机界面。

（4）文件管理。

计算机系统一般把大量信息（程序和数据）以文件的形式存放在外部存储器中，供用户使用。文件管理是对系统软件资源的管理。

文件管理系统的主要功能包括：文件存储空间的管理、目录管理、文件的读写管理、文件保护、提供接口。

（5）用户接口。

操作系统的重要目标是方便用户使用计算机。操作系统内核通过系统调用向应用程序提供接口，方便用户进程对文件和目录的操作、申请和释放内存、对各类设备进行 I/O 操作，以及对进程进行控制。此外，操作系统还通过命令接口向用户提供操作系统命令，使用户方便地与系统交互。在现代操作系统中，命令接口可分为命令行接口和图形接口。

操作系统通过用户接口提供对文件系统的操作命令，提供系统维护、系统开发接口，并向用户提供有关信息。操作系统的用户接口有 3 类：程序接口、命令行接口和图形接口。

在操作系统的总体设计过程中，把这些功能划分成许多小的单一功能，每个功能由一个或几个程序模块完成。设计和编制这些程序模块后，按一定结构原则组织模块间的相互调用关系，从而有效地完成操作系统的各种功能。

【思考与练习】

了解你正在使用的操作系统，试分析：在上机操作过程中，操作系统怎样为用户提供服务？

任务 3　Linux 操作系统初步

【任务描述】

本任务将学习 Linux 操作系统的相关知识，对 Linux 操作系统有一个初步的认识，进而对操作系统有一个更全面的了解。

【相关知识与技能】

1. Linux 的起源与发展

Linux 是一种类似 UNIX 风格的操作系统，在源代码级上兼容绝大部分 UNIX 标准（指 IEEE POSIX、System V、BSD），是一个支持多用户、多进程、多线程、实时性较好的功能强大且稳定的操作系统。Linux 可以运行在 x86 PC、Sun Sparc、Digital Alpha、680x0、PowerPC、

MIPS 等硬件平台上，是目前运行硬件平台最多的操作系统。

Linux 诞生于 1990 年。当时，芬兰赫尔辛基大学的学生 Linus Torvalds 用汇编语言编写了一个在 80386 保护模式下处理多任务切换的程序，后来从 Minix（Andy Tanenbaum 教授设计的很小的 UNIX 操作系统，主要用于操作系统教学）得到灵感，编写了一些硬件的设备驱动程序——一个小的文件系统，诞生了 0.0.1 版本的 Linux。该系统只具有操作系统内核的雏形，甚至不能运行，必须在有 Minix 的机器上编译后才能运行。

到 1993 年底 1994 年初，诞生了 Linux 1.0。该版本已经是一个功能完备的操作系统，而且内核写得紧凑高效，可以充分发挥硬件的性能，在 4MB 内存的 80386 机器上也表现得非常好。

由于硬件的高速发展，自拥有 2.1.xx 系列的内核以来，Linux 开始走高端的路子。Linux 具有良好的兼容性和可移植性，大约在 1.3 版本后，开始向其他硬件平台上移植，包括当前最快的 CPU。Linux 能应用于低档硬件平台，将硬件的性能充分发挥出来，并在高端平台上得到越来越广泛的应用。

2. Linux 的版本

Linux 有两种类型的版本，一种是内核（Kernel）版本，另一种是发行（Distribution）版本。

（1）内核版本。

内核版本主要是 Linux 的内核，由 Linus Torvalds 等人在不断地开发并推出新的内核。Linux 内核的官方版本由 Linus Torvalds 本人维护。核心版本的序号由 3 部分数字构成，形式为：

主版本号.次版本号.对当前版本的修订次数

或：

major.minor.patchlevel

其中，主版本号与次版本号共同构成当前内核版本号。

例如，2.2.6 表示对内核 2.2 版本的第 6 次修订。

根据约定，次版本号为奇数时，表示该版本中加入新的内容，但不一定很稳定，相当于测试版；次版本号为偶数时，表示这是一个可以使用的稳定版本。由于 Linux 内核的开发工作的连续性，内核的稳定版本与在此基础上进一步开发的不稳定版本总是同时存在的。对于一般用户，建议采用稳定的内核版本。

（2）发行版本。

发行版本是各公司推出的版本，发行版本与内核版本各自独立发展。一般而言，一个基本的 Linux 系统（自由软件）只是包含了 Linux 内核和 GNU（自由软件体系）软件的一些基层系统软件和实用工具，这样一个系统仅仅能够让那些 Linux 专家完成一些很基本的系统管理任务，若是要满足普通用户的办公或基于视窗的应用开发等需要，还必须在系统中加入 XFree86 视窗系统、GNOME 或 KDE 桌面环境及相应的办公应用软件（如 Open Office），以及很多针对不同硬件设备的内核映像等。发行版本是一些基于 Linux 内核的软件包。

Linux 发展到今天，产生了众多的发行版本。世界上影响力比较大的 Linux 发行版本一般都各有特点。

3. Linux 系统的图形用户界面与桌面环境

所有的 Linux 发行版本及其他版本的 UNIX，其图形界面标准均遵循 X Window（简称 X）。

　　X Window 与 Microsoft Windows 虽然在操作及外观上有许多相似之处，但二者的工作原理却有着本质的不同。Microsoft Windows 的图形用户界面（GUI）是与 Microsoft 操作系统紧密相关的，X Window 只是运行在内核（Kernel）上的应用程序。

　　Linux 的文字处理、图片编辑、电子邮件处理等桌面应用在 Linux 的发行版本中得到了充分的发展，并且具有一个能够与 Microsoft Office 相比的办公应用软件。

　　图形化桌面环境主要由 3 部分组成：面板图标、桌面图标和菜单系统。桌面上的图标是到文件夹、应用程序或可移动外部设备的快捷途径。双击桌面上的图标，可以打开相应的文件或启动相应的应用程序。

　　桌面环境通常是一组有着共同外观和操作感的应用程序、程序库、创建新应用程序的方法。由于 Linux 操作系统架构用在以网络为主的 UNIX 环境中，功能繁多且应用范围广，长期以来，人们开发的桌面环境（桌面管理程序）很多。目前，在 Linux 上最常见的桌面环境有两种：GNOME 和 KDE。每种桌面有不同的特征和外观，但其目的是一致的，即让用户在操作上得心应手。

习题

1．什么是操作系统？
2．操作系统具有哪些基本功能？
3．操作系统的发展经历了哪些阶段？
4．何谓批处理、分时系统和实时系统？各有什么特征？
5．多道程序设计的主要特点是什么？
6．操作系统的发展经历了哪些阶段？
7．分时操作系统的基本特点是什么？

第 10 章　计算机新技术简介

10.1　云计算技术

任务 1　云计算简介

【任务描述】

本任务了解云计算的定义及概况。

【相关知识与技能】

云计算（Cloud Computing）是一种新兴的商业计算模型。它将计算任务分布在大量计算机构成的资源池上，使各种应用系统能够根据需要获取计算力、存储空间和各种软件服务。

美国国家标准与技术研究院（NIST）定义：云计算是一种按使用量付费的模式，这种模式提供可用的、便捷的、按需的网络访问，进入可配置的计算资源共享池（资源包括网络、服务器、存储、应用软件、服务），这些资源能够被快速提供，只需投入很少的管理工作，或与服务供应商进行很少的交互。例如 Xen System，以及在国外已经非常成熟的 Intel 和 IBM，各种"云计算"的应用服务范围正日渐扩大，影响力也无可估量。

从计算机技术发展的历程看，云计算是分布式计算（Distributed Computing）、并行计算（Parallel Computing）、效用计算（Utility Computing）、网络存储（Network Storage Technologies）、虚拟化（Virtualization）、负载均衡（Load Balance）、热备份冗余（High Available）等传统计算机和网络技术发展融合的产物。

2006 年 3 月，亚马逊（Amazon）推出弹性计算云（Elastic Compute Cloud，EC2）服务。同年 8 月，Google 首席执行官埃里克·施密特（Eric Schmidt）在搜索引擎大会（SES San Jose 2006）首次提出"云计算"（Cloud Computing）的概念。Google"云端计算"源于 Google 工程师克里斯托弗·比希利亚所做的"Google 101"项目。

2007 年 10 月，Google 与 IBM 开始在美国大学校园，包括卡内基梅隆大学、麻省理工学院、斯坦福大学、加州大学伯克利分校及马里兰大学等，推广云计算的计划，这项计划希望能降低分布式计算技术在学术研究方面的成本，并为这些大学提供相关的软硬件设备及技术支持（包括数百台个人电脑及 BladeCenter 与 System X 服务器，这些计算平台将提供 1600 个处理器，支持包括 Linux、Xen、Hadoop 等开放源代码平台）；学生则可以通过网络开发各项以大规模计算为基础的研究计划。

2008 年 1 月 30 日，Google 宣布在台湾启动"云计算学术计划"，与台湾台大、交大等学校合作，将这种先进的大规模、快速将云计算技术推广到校园。

2008 年 2 月 1 日，IBM 宣布将在中国无锡太湖新城科教产业园为中国的软件公司建立全球第一个云计算中心（Cloud Computing Center）。

2008 年 7 月 29 日，雅虎、惠普和英特尔宣布一项涵盖美国、德国和新加坡的联合研究计划，推出云计算研究测试床，推进云计算。该计划要与合作伙伴创建 6 个数据中心作为研究试验平台，每个数据中心配置 1400 个至 4000 个处理器。这些合作伙伴包括新加坡资讯通信发展管理局、德国卡尔斯鲁厄大学 Steinbuch 计算中心、美国伊利诺伊大学香槟分校、英特尔研究院、惠普实验室和雅虎。

2008 年 8 月 3 日，美国专利商标局网站信息显示，戴尔正在申请"云计算"（Cloud Computing）商标，此举旨在加强对这一未来可能重塑技术架构的术语的控制权。

2010 年 3 月 5 日，Novell 与云安全联盟（CSA）共同宣布一项供应商中立计划，名为"可信任云计算计划（Trusted Cloud Initiative）"。

2010 年 7 月，美国国家航空航天局和包括 Rackspace、AMD、Intel、戴尔等支持厂商共同宣布"OpenStack"开放源代码计划，微软在 2010 年 10 月表示支持 OpenStack 与 Windows Server 2008 R2 的集成；而 Ubuntu 已把 OpenStack 加至 11.04 版本中。

2011 年 2 月，思科系统正式加入 OpenStack，重点研制 OpenStack 的网络服务。

我国云计算的发展历程主要经历了下面三个阶段：

（1）准备阶段（2007～2010）：用户对云计算认知度仍然较低，成功案例较少。各类企业主要是技术储备和概念推广阶段，解决方案和商业模式尚在尝试中。初期多以政府公共云建设为主。

（2）起飞阶段（2010～2015）：产业高速发展，生态环境建设和商业模式构建成为这一时期的关键词，进入云计算产业的"黄金机遇期"。此时期，成功案例逐渐丰富，用户了解和认可程度不断提高。越来越多的厂商开始介入，出现大量的应用解决方案，企业主动考虑将业务融入云中。

（3）成熟阶段（2015～）：云计算产业链、行业生态环境基本稳定；各厂商解决方案更加成熟稳定，提供丰富的产品。云计算应用取得良好的绩效，并成为 IT 系统不可或缺的组成部分，云计算成为一项基础设施。

任务 2　云计算的特点与分类

【任务描述】

本任务了解云计算的特点与分类。

【相关知识与技能】

云计算是通过使计算分布在大量的分布式计算机上，而非本地计算机或远程服务器中，企业数据中心的运行将与互联网更相似。这使得企业能够将资源切换到需要的应用上，根据需求访问计算机和存储系统。云计算特点如下：

（1）超大规模。

"云"具有相当的规模，Google 云计算已经拥有 100 多万台服务器，Amazon、IBM、微软、Yahoo 等的"云"均拥有几十万台服务器。企业私有云一般拥有数百上千台服务器。"云"能赋予用户前所未有的计算能力。

（2）虚拟化。

云计算支持用户在任意位置、使用各种终端获取应用服务。所请求的资源来自"云"，而不是固定的有形的实体。应用在"云"中某处运行，但实际上用户无需了解也不用担心应用运行的具体位置。只需要一台笔记本或者一个手机，就可以通过网络服务来实现我们需要的一切，甚至包括超级计算这样的任务。

（3）高可靠性。

"云"使用了数据多副本容错、计算节点同构可互换等措施来保障服务的高可靠性，使用云计算比使用本地计算机可靠。

（4）通用性。

云计算不针对特定的应用，在"云"的支撑下可以构造出千变万化的应用，同一个"云"可以同时支持不同的应用运行。

（5）高可扩展性。

"云"的规模可以动态伸缩，满足应用和用户规模增长的需要。

（6）按需服务。

"云"是一个庞大的资源池，可以按需购买；"云"可以像自来水、电、煤气那样计费。

（7）极其廉价。

由于"云"的特殊容错措施可以采用极其廉价的节点来构成云，"云"的自动化集中式管理使大量企业无需负担日益高昂的数据中心管理成本，"云"的通用性使资源的利用率较之传统系统大幅提升，因此用户可以充分享受"云"的低成本优势。云计算可以彻底改变人们未来的生活，但同时也要重视环境问题，这样才能真正为人类进步做贡献，而不是简单的技术提升。

（8）潜在的危险性。

云计算服务除了提供计算服务外，还必然提供了存储服务。对于信息社会而言，"信息"是至关重要的。另一方面，云计算中的数据对于数据所有者以外的其他用户（云计算用户）是保密的，但是对于提供云计算的商业机构而言确实毫无秘密可言。所有这些潜在的危险，是商业机构和政府机构选择云计算服务、特别是国外机构提供的云计算服务时，不得不考虑的一个重要的前提。

云计算作为发展中的概念，尚未有全球统一的标准分类。根据目前业界基本达成的共识，可以从不同角度将其分成以下主要类别。

（1）按服务模式分类。

从云计算的服务模式看，云计算可以认为包括以下几个层次的服务：基础设施即服务（IaaS），平台即服务（PaaS）和软件即服务（SaaS）。

IaaS（Infrastructure-as-a-Service）：基础设施即服务。消费者通过 Internet 可以从完善的计算机基础设施获得服务。例如：硬件服务器租用。

PaaS（Platform-as-a-Service）：平台即服务。PaaS 实际上是指将软件研发的平台作为一种服务，以 SaaS 的模式提交给用户。因此，PaaS 也是 SaaS 模式的一种应用。但是，PaaS 的出现可以加快 SaaS 的发展，尤其是加快 SaaS 应用的开发速度。例如：软件的个性化定制开发。

SaaS（Software-as-a-Service）：软件即服务。它是一种通过 Internet 提供软件的模式，用户无需购买软件，而是向提供商租用基于 Web 的软件，来管理企业经营活动。

（2）按运营模式分类。

云计算在很大程度上是从作为内部解决方案的私有云发展而来的。数据中心最早探索应用包括虚拟、动态、实时分享等特点的技术是以满足内部的应用需求为目的，随着技术发展和商业需求才逐步考虑对外租售计算能力形成公共云。因此，从部署类型或者说从"云"的归属来看，云计算主要分为私有云、公有云和混合云三种形态，见表 10-1。

表 10-1　按运营模式分类

部署模式类型	定义
私有云	通常由企业/机构自己拥有，特定的云服务功能不直接对外开放
公有云	企业/机构利用外部云为企业/机构外的用户服务，即企业/机构将云服务外包给公有云的提供商。这可以减少构建云计算设施的成本
混合云	包含私有云和公有云的混合应用。保证在通过外包减少成本的同时通过私有云保证对诸如敏感数据等部分的控制

任务 3　云计算的应用

【任务描述】

本任务了解云计算的典型应用。

【相关知识与技能】

（1）支撑高性能计算。

高性能计算要求为用户提供可定制的超级计算环境，而云计算允许用户依据自己需要更改操作系统，软件版本，服务节点规模，这不仅避免了与其他用户发生使用冲突，而且大大提升了计算的灵活度及便捷性。同时，云计算还可作为网格计算的支撑平台，被称为高性能计算云。

（2）改变传统模式，支持快捷的 DevOps 软件开发模式。

用户对软件研发企业或团队最迫切要求就是要能快速交付高品质软件产品，这通常需要软件研发企业或团队配备更多的设备，雇佣更多的员工，而软件研发企业或团队却是期望能在同样或更少资源的情况下交付更多的软件。另外，大多数软件研发企业或团队工作地很分散，导致许多软件研发企业或团队的不同项目组间难以实现统一流程及标准。

云计算可利用新一代的敏捷软件开发平台，提供一个开放、可伸缩、可扩展的软件交付环境，使软件交付过程变得实时、敏捷、高效、协作，大大提升软件开发效率。同时，软件研发企业或团队还可实时地了解项目当前的健康状况，及时沟通情况，再运用生命周期管理实现各开发工具间全程跟踪。云计算改变了软件开发的传统模式，把软件研发企业或团队的生产效率和创新能力提升到前所未有的水平。

（3）创新培训与教育模式。

许多初入社会的大学生和政府、企事业单位的新员工往往实践经验匮乏，究其原因是缺乏实践环境及训练机会。政府、企事业单位通过云计算建立培训学习门户，创建培训实践环境，可以尽快、高效地弥补他们的这种不足。在学习门户上及时发布受训课程内容，并提供交互培训手段。在培训实践环境中则通过云计算基础架构管理平台为每个受训人员提供动态的、虚拟化的 IT 环境，辅助受训人员熟悉各类 IT 技术、工具和软件。

（4）改善创新协作模式。

经济全球化、可用人力资源激增等等都对政府、企事业单位带来新的挑战，挑战使政府、企事业单位不得不把协作创新作为其优先战略。通过云计算可为政府、企事业单位提供协作创新的门户及创意孵化环境。

（5）提升互联网数据中心增值服务。

以往的互联网数据中心只提供带宽及机位租用业务，服务的种类单一，导致各互联网数据中心之间竞争白热化。云计算借助大型管理平台，可为互联网数据中心提供更多种类的增值服务，同时提升其利润。就 IBM 云计算管理平台来讲，它可提供的增值服务就包括：虚拟基础架构、运行软件，订购软件、超级计算等等。同时云计算还大大简化了互联网数据中心的管理，改善了其响应用户需求的迅速。

（6）创建集中、开放及自动化的企业数据中心。

云计算通过对企业数据中心的硬件设备虚拟化，通过将企业数据中心的软件版本标准化，使企业数据中心达到管理自动化、服务流程一体化。云计算将传统的企业数据中心改造成不仅以数据存储，更是以服务为中心的运行平台，在这种新平台上资源以完全共享方式而不是以往那种专有独占方式被使用。同时，用户可以自动部署和调整资源分配，实现资源随需掌控。云计算将为企业建立起一种以业务为根本的资源共享、服务集中、自动化及开放的数据中心。

10.2　大数据技术

任务 4　大数据技术简介

【任务描述】

本任务了解大数据技术的概况。

【相关知识与技能】

对于"大数据"（Big Data）研究机构 Gartner 给出了这样的定义。"大数据"是需要新处理模式才能具有更强的决策力、洞察发现力和流程优化能力来适应海量、高增长率和多样化的信息资产。

麦肯锡全球研究所给出的定义是：一种规模大到在获取、存储、管理、分析方面大大超出了传统数据库软件工具能力范围的数据集合，具有海量的数据规模、快速的数据流转、多样的数据类型和价值密度低四大特征。

大数据技术的战略意义不在于掌握庞大的数据信息，而在于对这些含有意义的数据进行专业化处理。换而言之，如果把大数据比作一种产业，那么这种产业实现盈利的关键，在于提高对数据的"加工能力"，通过"加工"实现数据的"增值"。

从技术上看，大数据与云计算的关系就像一枚硬币的正反面一样密不可分。大数据必然无法用单台的计算机进行处理，必须采用分布式架构。它的特色在于对海量数据进行分布式数据挖掘。但它必须依托云计算的分布式处理、分布式数据库和云存储、虚拟化技术。

随着云时代的来临，大数据（Big Data）也吸引了越来越多的关注。分析师团队认为，大数据（Big Data）通常用来形容一个公司创造的大量非结构化数据和半结构化数据，这些数据在下载到关系型数据库用于分析时会花费过多时间和金钱。大数据分析常和云计算联系到一起，因为实时的大型数据集分析需要像 MapReduce 一样的框架来向数十、数百甚至数千的电脑分配工作。

大数据需要特殊的技术，以有效地处理大量的允许范围内的数据。适用于大数据的技术，包括大规模并行处理（MPP）数据库、数据挖掘、分布式文件系统、分布式数据库、云计算平台、互联网和可扩展的存储系统。

大数据的应用能够帮助各行各业的企业从原本毫无价值的海量数据中挖掘出用户的需求，使数据能够从量变到质变，真正产生价值。如今，对于国家而言，大数据是战略资源，其战略地位堪比工业时代的石油资源，是衡量国家综合国力的重要标准之一；对于企业而言，大数据已经成为其核心的竞争力，决定企业长期发展的高度。大数据产业链如图 10-1 所示。

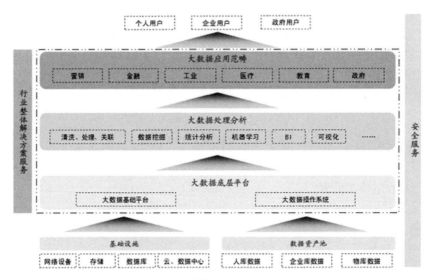

图 10-1　大数据产链业示意图

任务 5　大数据技术的特点

【任务描述】

本任务了解大数据技术的特点。

【相关知识与技能】

大数据就是互联网发展到现今阶段的一种表象或特征而已，在以云计算为代表的技术创新大幕的衬托下，这些原本看起来很难收集和使用的数据开始容易被利用起来了，通过各行各业的不断创新，大数据会逐步为人类创造更多的价值。想要系统地认知大数据，必须要全面而细致地分解它，着手从三个层面来展开（见图 10-2）。

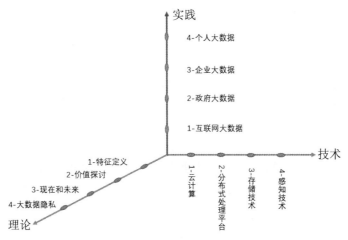

图 10-2　从三个层面认知大数据

第一层面是理论，理论是认知的必经途径，也是被广泛认同和传播的基线。在这里从大数据的特征定义理解行业对大数据的整体描绘和定性；从对大数据价值的探讨来深入解析大数据的珍贵所在；洞悉大数据的发展趋势；从大数据隐私这个特别而重要的视角审视人和数据之间的长久博弈。

第二层面是技术，技术是大数据价值体现的手段和前进的基石。在这里分别从云计算、分布式处理技术、存储技术和感知技术的发展来说明大数据从采集、处理、存储到形成结果的整个过程。

第三层面是实践，实践是大数据的最终价值体现。在这里分别从互联网的大数据，政府的大数据，企业的大数据和个人的大数据四个方面来描绘大数据已经展现的美好景象及即将实现的蓝图。

大数据（Big Data）是指"无法用现有的软件工具提取、存储、搜索、共享、分析和处理的海量的、复杂的数据集合。"业界通常用 4V 来概括大数据的特征，4V 即：数量（Volume）、多样性（Variety）、速度（Velocity）、价值（Value），如图 10-3 所示。

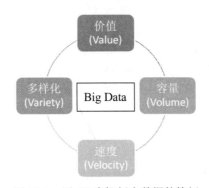

图 10-3　用 4V 来概括大数据的特征

其中：

Volume：表示大数据的数据量巨大。数据集合的规模不断扩大，已从 GB 到 TB 再到 PB 级，甚至开始以 EB 和 ZB 来计数。比如一个中型城市的视频监控头每天就能产生几十 TB 的数据。

Variety：表示大数据的类型复杂。以往我们产生或者处理的数据类型较为单一，大部分是结构化数据。而如今，社交网络、物联网、移动计算、在线广告等新的渠道和技术不断涌现，产生大量半结构化或者非结构化数据，如 XML、邮件、博客、即时消息等，导致了新数据类型的剧增。企业需要整合并分析来自复杂的传统和非传统信息源的数据，包括企业内部和外部的数据。随着传感器、智能设备和社会协同技术的爆炸性增长，数据的类型无以计数，包括：文本、微博、传感器数据、音频、视频、点击流、日志文件等。

Velocity：数据产生、处理和分析的速度持续在加快，数据流量大。加速的原因是数据创建的实时性，以及需要将流数据结合到业务流程和决策过程中的要求。数据处理速度快，处理能力从批处理转向流处理。业界对大数据的处理能力有一个称谓——"1 秒定律"，也就充分说明了大数据的处理能力，体现出它与传统的数据挖掘技术有着本质的区别。

Value：大数据由于体量不断加大，单位数据的价值密度在不断降低，然而数据的整体价值在提高。有人甚至将大数据等同于黄金和石油，表示大数据当中蕴含了无限的商业价值。根据 IDC 调研报告中预测，大数据技术与服务市场将从 2010 年的 32 亿美元攀升至 2015 年的 169 亿美元，实现年增长率达 40%，并且将会是整个 IT 与通信产业增长率的 7 倍。通过对大数据进行处理，找出其中潜在的商业价值，将会产生巨大的商业利润。

任务 6　典型的大数据平台——Hadoop

【任务描述】

本任务了解典型的大数据平台 Hadoop 的特点。

【相关知识与技能】

Hadoop 采用 Java 语言开发，是对 Google 的 MapReduce、GFS（Google File System）和 Bigtable 等核心技术的开源实现，由 Apache 基金会支持，是以 Hadoop 分布式文件系统（Hadoop Distributed File System，HDFS）和 MapReduce（Google MapReduce）为核心，以及一些支持 Hadoop 的其他子项目的通用工具组成的分布式计算机系统。主要用于海量数据高效的存储、管理和分析。Hadoop 有以下特点：

（1）成本低，Hadoop 平台可以使用普通机器组成的服务器集群来实现分发及处理数据，可以以极低的成本达到更高的服务性能，且具有很高的扩展性，集群的计算节点可以方便地扩展到数千个。

（2）可靠性高，Hadoop 能自动地维护数据的多份复制，按位存储和处理数据的能力，可以保障数据的可靠性，当某个节点的任务失败后能自动地重新部署计算任务，实现了工作的高可靠性。

（3）效率高，Hadoop 能够在节点之间动态地移动数据，并保证各个节点的动态平衡，因此处理速度非常快。

（4）适用大数据文件，无法高效存储大量小文件，且不支持多用户写入及修改任意文件。

Hadoop 由 HDFS、MapReduce、HBase、Hive 和 ZooKeeper 等成员组成，其中最基础、最重要的两种组成元素为底层用于存储集群中所有存储节点文件的文件系统 HDFS（Hadoop

Distributed File System）和上层用来执行 MapReduce 程序的 MapReduce 引擎，如图 10-4 所示。

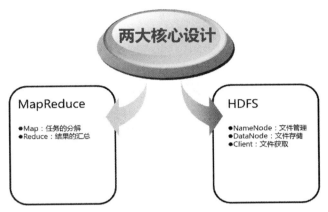

图 10-4　Hadoop 两大核心设计

　　HDFS 是一个高度容错性的分布式文件系统，可以被广泛的部署于廉价的 PC 上。它以流式访问模式访问应用程序的数据，这大大提高了整个系统的数据吞吐量，因而非常适合用于具有超大数据集的应用程序中。

　　MapReduce 是一种编程模型，用于大规模数据集的并行运算。Map（映射）和 Reduce（化简），采用分而治之的思想，先把任务分发到集群多个节点上，并行计算，然后再把计算结果合并，从而得到最终计算结果。多节点计算所涉及的任务调度、负载均衡、容错处理等，都由 MapReduce 框架完成，不需要编程人员关心这些内容。

10.3　移动互联网

任务 7　移动互联网的定义

【任务描述】

本任务了解移动互联网的定义。

【相关知识与技能】

当前移动互联网是目前 IT 领域最热门的概念之一。

工业和信息化部电信研究院在 2011 年的《移动互联网白皮书》中给出移动互联网的定义：移动互联网是以移动网络作为接入网络的互联网及服务，包括 3 个要素：移动终端、移动网络和应用服务。

该定义将移动互联网涉及的内容主要囊括为三个层面，分别是：

（1）移动终端，包括手机、专用移动互联网终端和数据卡方式的便携电脑。

（2）移动通信网络接入，包括 2G、3G、4G 和 WLAN 等。

（3）公众互联网服务，包括 Web，WAP 方式。

移动终端是移动互联网的前提，接入网络是移动互联网的基础，而应用服务则成为移动互联网的核心。

"小巧轻便"及"通讯便捷"两个特点，决定了移动互联网与传统互联网的不同之处。可以"随时、随地、随心"地享受互联网业务带来的便捷，还表现在更丰富的业务种类、个性化的服务和更高服务质量的保证，当然，移动互联网在网络和终端方面也受到了一定的限制。

与传统的桌面互联网相比较，移动互联网具有几个鲜明的特性：

（1）终端移动性。移动互联网的基础网络是一张立体的网络，2G、3G、4G 和 WLAN 或 WiFi 构成的无缝覆盖，使得移动终端具有通过上述任何形式方便联通网络的特性；移动互联网的基本载体是移动终端。顾名思义，这些移动终端不仅仅是智能手机、平板电脑，还有可能是智能眼镜、手表、服装、饰品等各类随身物品。它们属于人体穿戴的一部分，随时随地都可使用。

（2）业务即时性和精确性。由于具备了便捷性和便利性，人们可以充分利用生活中、工作中的碎片化时间，接受和处理互联网的各类信息。不再担心有任何重要信息、时效信息被错过了。无论是什么样的移动终端，其个性化程度都相当高。尤其是智能手机，每一个电话号码都精确地指向了一个明确的个体，使得移动互联网能够针对不同的个体，提供更为精准的个性化服务。

（3）感触性和定向性。这一点不仅仅是体现在移动终端屏幕的感触层面。更重要的是体现在照相、摄像、二维码扫描，以及重力感应、磁场感应、移动感应，温度、湿度感应等无所不及的感触功能。而基于位置的服务（LBS），不仅能够定位移动终端所在的位置。甚至可以根据移动终端的趋向性，确定下一步可能去往的位置，使得相关服务具有可靠的定位性和定向性。

（4）业务与终端、网络的强关联性和业务使用的私密性。由于移动互联网业务受到了网络及终端能力的限制，因此，其业务内容和形式也需要适合特定的网络技术规格和终端类型。在使用移动互联网业务时，所使用的内容和服务更私密，如手机支付业务等。

（5）网络的局限性：移动互联网业务在便携的同时，也受到了来自网络能力和终端能力的限制：在网络能力方面，受到无线网络传输环境、技术能力等因素限制；在终端能力方面，受到终端大小、处理能力、电池容量等的限制。

以上五大特性，构成了移动互联网与桌面互联网完全不同的用户体验生态。移动互联网已经完全渗入到人们生活、工作、娱乐的方方面面了。

任务 8　移动互联网的发展与趋势

【任务描述】

本任务了解移动互联网的发展与趋势。

【相关知识与技能】

移动互联网第一次把互联网放到人们的手中，实现 24 小时随身在线的生活。信息社会许给人类最大的承诺——随时随地随身查找资讯、处理工作、保持沟通、进行娱乐，从梦想变成活生生的现实。正如中国移动一句广告语所说的那样——"移动改变生活"，移动互联网给人们的生活方式带来翻天覆地变化。越来越多的人在购物、用餐、出行、工作时，都习惯性地掏出手机，查看信息、查找位置、分享感受、协同工作……每天数以亿计的用户登录移动互联网，在上面停留数十分钟乃至十个小时，他们在上面生活、工作、交易、交友……这些崭新的人类行为，如同魔术师的手杖，变幻出数不清的商业机会，使得移动互联网成为当前推动产业乃至经济社会发展最强有力的技术力量。

移动互联网的浪潮正在席卷到社会的方方面面，新闻阅读、视频节目、电商购物、公交出行等热门应用都出现在移动终端上，在苹果和安卓商店的下载已达到数百亿次，而移动用户规模更是超过了 PC 用户。这让企业级用户意识到移动应用的必要性，纷纷开始规划和摸索进入移动互联网，客观上加快了企业级移动应用市场的发展

移动互联网的发展带来了移动数据流量的井喷，推动移动网络的升级换代。已渗透到社会生活的方方面面，产生了巨大影响，"变化"仍是它的主要特征，革新是它的主要趋势。

（1）引领发展新潮流。有线互联网是互联网的早期形态，移动互联网（无线互联网）是互联网的未来。PC 机只是互联网的终端之一，智能手机、平板电脑、电子阅读器（电纸书）已经成为重要终端，电视机、车载设备正在成为终端，冰箱、微波炉等家用电器设备，甚至眼镜、手表等穿戴之物，都可能成为泛终端。

（2）业务融合。移动互联网和传统行业融合，催生新的应用模式。在移动互联网、云计算、物联网等新技术的推动下，传统行业与互联网的融合正在呈现出新的特点，平台和模式都发生了改变。这一方面可以作为业务推广的一种手段，如食品、餐饮、娱乐、航空、汽车、金融、家电等传统行业的 APP 和企业推广平台，另一方面也重构了移动端的业务模式，如医疗、教育、旅游、交通、传媒等领域的业务改造。移动互联网时代是融合的时代，是设备与服务融合的时代，是产业间互相进入的时代，在这个时代，移动互联网业务参与主体的多样性是一个显著的特征。技术的发展降低了产业间、以及产业链各个环节之间的技术和资金门槛，推动了传统电信业向电信、互联网、媒体、娱乐等产业融合的 ICT（Information Communications Technology）产业的演进，原有的产业运作模式和竞争结构在新的形势下已经显得不合时宜。在产业融合和演进的过程中，不同产业原有的运作机制和资源配置方式都在改变，产生了更多新的市场空间和发展机遇。

（3）重视终端体验。终端的支持是业务推广的生命线，随着移动互联网业务逐渐升温，移动终端解决方案也不断增多。目前，大量互联网业务迁移到手机上，为适应平板电脑、智能手机及不同操作系统，开发了不同的 APP，HTML5 的自适应较好地解决了阅读体验问题，但是，还远未实现轻便、轻质、人性化，缺乏良好的用户体验，有较大的提升空间。

（4）商业模式多样化。移动互联网业务的新特点为商业模式创新提供了空间。随着移动互联网进入快速发展阶段，网络、终端、用户等方面已经打好了坚实的基础，不盈利的情况已开始改变，移动互联网已融入主流生活与商业社会，货币化浪潮即将到来。移动游戏、移动广告、移动电子商务、移动视频等业务模式流量变现能力快速提升。

（5）兼容性有待提高。目前形成的 iOS、Android 等系统各自独立，相对封闭、割裂，应用服务开发者需要进行多个平台的适配开发，这种隔绝有违互联网互通互联之精神。不同品牌的智能手机，甚至不同品牌、类型的移动终端都能互联互通，是用户的期待，也是发展趋势。

（6）个性化用户体验。大数据挖掘成蓝海，精准营销潜力凸显。随着移动带宽技术的迅速提升，更多的传感设备、移动终端随时随地地接入网络，加之云计算、物联网等技术的带动，中国移动互联网也逐渐步入"大数据"时代。目前的移动互联网领域，仍然是以位置的精准营销为主，但未来随着大数据相关技术的发展，人们对数据挖掘的不断深入，针对用户个性化定制的应用服务和营销方式将成为发展趋势，它将是移动互联网的另一片蓝海。

10.4 物联网

任务 9 物联网的定义

【任务描述】

本任务了解物联网的定义。

【相关知识与技能】

物联网是新一代信息技术的重要组成部分，也是"信息化"时代的重要发展阶段。物联网的英文名称是："Internet of things（IoT）"。顾名思义，物联网就是物物相连的互联网。这有两层意思：其一，物联网的核心和基础仍然是互联网，是在互联网基础上的延伸和扩展的网络；其二，其用户端延伸和扩展到了任何物品与物品之间，进行信息交换和通信，也就是物物相息。物联网通过智能感知、识别技术与普适计算等通信感知技术，广泛应用于网络的融合中，也因此被称为继计算机、互联网之后世界信息产业发展的第三次浪潮。物联网是互联网的应用拓展，与其说物联网是网络，不如说物联网是业务和应用。

1. 物联网的技术架构

（1）感知层：由各种传感器构成，包括温湿度传感器、二维码标签、RFID 标签和读写器、摄像头、红外线、GPS 等感知终端。感知层是物联网识别物体、采集信息的来源。

（2）网络层：由各种网络，包括互联网、广电网、网络管理系统和云计算平台等组成，是整个物联网的中枢，负责传递和处理感知层获取的信息。

（3）应用层：物联网和用户的接口，它与行业需求结合，实现物联网的智能应用。

2. 物联网的特征

（1）物联网是各种感知技术的广泛应用。

物联网上部署了海量的多种类型传感器，每个传感器都是一个信息源，不同类别的传感器所捕获的信息内容和信息格式不同。传感器获得的数据具有实时性，按一定的频率周期性地采集环境信息，不断更新数据。

（2）物联网是一种建立在互联网上的泛在网络。

物联网技术的重要基础和核心仍旧是互联网，通过各种有线和无线网络与互联网融合，将物体的信息实时准确地传递出去。在物联网上的传感器定时采集的信息需要通过网络传输，由于其数量极其庞大，形成了海量信息，在传输过程中，为了保障数据的正确性和及时性，必须适应各种异构网络和协议。

（3）物联网不仅仅提供了传感器的连接，其本身也具有智能处理的能力，能够对物体实施智能控制。

物联网将传感器和智能处理相结合，利用云计算、模式识别等各种智能技术，扩充其应用领域。从传感器获得的海量信息中分析、加工和处理出有意义的数据，以适应不同用户的不同需求，发现新的应用领域和应用模式。

（4）物联网的精神实质是提供不拘泥于任何场合，任何时间的应用场景与用户的自由互动，它依托云服务平台和互通互联的嵌入式处理软件，弱化技术色彩，强化与用户之间的良性互动，更佳的用户体验，更及时的数据采集和分析建议，更自如的工作和生活，是通往智能生活的物理支撑。

任务 10　物联网的应用

【任务描述】

本任务了解物联网的应用。

【相关知识与技能】

目前，我国物联网初步具备了一定的技术、产业和应用基础，呈现出良好的发展态势。我国物联网在安防、电力、交通、物流、医疗、环保等领域已经得到应用，且应用模式正日趋成熟。在安防领域，视频监控、周界防入侵等应用已取得良好效果；在电力行业，远程抄表、输变电监测等应用正在逐步拓展；在交通领域，路网监测、车辆管理和调度等应用正在发挥积极作用；在物流领域，物品仓储、运输、监测应用广泛推广；在医疗领域，个人健康监护、远程医疗等应用日趋成熟。除此之外，物联网在环境监测、市政设施监控、楼宇节能、食品药品溯源等方面也开展了广泛的应用。

我国物联网在产业发展、技术研发、标准研制和应用拓展等领域已经取得了一些进展，但我国物联网发展还存在一系列瓶颈和制约因素。主要表现在以下几个方面：核心技术和高端产品与国外差距较大，高端综合集成服务能力不强，缺乏骨干龙头企业，应用水平较低，且规模化应用少，信息安全方面存在隐患等。因此，当我国物联网由起步发展进入规模发展的阶段后，机遇与挑战并存。

（1）国际竞争日趋激烈。美国已将物联网上升为国家创新战略的重点之一；欧盟制定了促进物联网发展的 14 点行动计划；日本的 U-Japan 计划将物联网作为四项重点战略领域之一；韩国的 IT839 战略将物联网作为三大基础建设重点之一。发达国家一方面加大力度发展传感器节点核心芯片、嵌入式操作系统、智能计算等核心技术，另一方面加快标准制定和产业化进程，谋求在未来物联网的大规模发展及国际竞争中占据有利位置。

（2）创新驱动日益明显。物联网是我国新一代信息技术自主创新突破的重点方向，蕴含着巨大的创新空间，在芯片、传感器、近距离传输、海量数据处理以及综合集成、应用等领域，创新活动日趋活跃，创新要素不断积聚。物联网在各行各业的应用不断深化，将催生大量的新技术、新产品、新应用、新模式。

（3）应用需求不断拓宽。在"十三五"期间，我国将以加快转变经济发展方式为主线，更加注重经济质量和人民生活水平的提高，亟需采用包括物联网在内的新一代信息技术改造升级传统产业，提升传统产业的发展质量和效益，提高社会管理、公共服务和家居生活智能化水平。巨大的市场需求将为物联网带来难得的发展机遇和广阔的发展空间。

（4）产业环境持续优化。国家高度重视物联网发展，明确指出要加快推动物联网技术研发和应用示范；大部分地区将物联网作为发展重点，出台了相应的发展规划和行动计划，许多行业部门将物联网应用作为推动本行业发展的重点工作加以支持。随着国家和地方一系列产业支持政策的出台，社会对物联网的认知程度日益提升，物联网正在逐步成为社会资金投资的热点，发展环境不断优化。

10.5　虚拟现实技术

任务 11　虚拟现实技术简介

【任务描述】

本任务了解虚拟现实的概况。

【相关知识与技能】

虚拟现实技术是仿真技术的一个重要方向，是仿真技术与计算机图形学、人机接口技术、多媒体技术、传感技术、网络技术等多种技术的集合，是一门富有挑战性的交叉技术前沿学科和研究领域。

虚拟现实技术（VR，Virtual Reality）主要包括模拟环境、感知、自然技能和传感设备等方面。模拟环境是由计算机生成的、实时动态的三维立体逼真图像。感知是指理想的 VR 应该具有一切人所具有的感知。除计算机图形技术所生成的视觉感知外，还有听觉、触觉、力觉、运动等感知，甚至还包括嗅觉和味觉等，也称为多感知。自然技能是指人的头部转动，眼睛、手势或其他人体行为动作，由计算机来处理与参与者的动作相适应的数据，并对用户的输入作出实时响应，并分别反馈到用户的五官。传感设备是指三维交互设备。

虚拟现实技术通常具备以下四个特征：

（1）多感知性，指除一般计算机所具有的视觉感知外，还有听觉感知、触觉感知、运动感知，甚至还包括味觉、嗅觉、感知等。理想的虚拟现实应该具有一切人所具有的感知功能。

（2）存在感，指用户感到作为主角存在于模拟环境中的真实程度。理想的模拟环境应该达到使用户难辨真假的程度。

（3）交互性，指用户对模拟环境内物体的可操作程度和从环境得到反馈的自然程度。

（4）自主性，指虚拟环境中的物体依据现实世界物理运动定律动作的程度。

虚拟现实是多种技术的综合，是一种先进的计算机用户接口，它通过给用户同时提供视、听、触等各种直观而又自然的实时感知交互手段，因此具有多感知性、存在感、交互性、自主性等重要特征。虚拟现实技术不是一项单一的技术，而是多种技术综合后产生的，其核心的关键技术主要有动态环境建模技术、立体显示和传感器技术、系统开发工具应用技术、实时三维图形生成技术、系统集成技术等五大项。

（1）动态环境建模技术。动态环境建模技术是虚拟现实比较核心的技术，它的目的是获取实际环境的三维数据，并根据应用的需要，利用获取的三维数据建立相应的虚拟环境模型。

（2）立体显示和传感器技术。虚拟现实的交互能力依赖于立体显示和传感器技术。现有的虚拟现实还远远不能满足系统的需要，虚拟现实设备的跟踪精度和跟踪范围有待提高。同时，显示效果对虚拟现实的真实感、沉浸感，都需要通过高的清晰度来实现。

（3）系统开发工具应用技术。虚拟现实技术应用的关键是寻找合适的场合和对象，即如何发挥想象力和创造力。选择适当的应用对象可以大幅度地提高生产效率、减轻劳动强度、提高产品开发质量。为了达到这一目的，必须研究虚拟现实的开发工具。例如，虚拟现实系统开发平台、分布式虚拟现实技术等。

（4）实时三维图形生成技术。目前，三维图形技术已经较为成熟，其关键是如何实现"实时"三维效果的生成。为了达到实时的目的，至少要保证图形的刷新率不低于 15 帧/秒，最好是高于 30 帧/秒。在不降低图形的质量和复杂度的前提下，如何提高刷新频率将是该技术的研究内容。

（5）系统集成技术。集成技术包括信息的同步技术、模型的标定技术、数据转换技术、数据管理模型、识别和合成技术等等。由于虚拟现实中包括大量的感知信息和模型，因此系统的集成技术也起着至关重要的作用。另外，虚拟现实系统主要由检测模块、反馈模块、传感器模块、控制模块、建模模块构成。检测模块，检测用户的操作命令，并通过传感器模块作用于虚拟环境。反馈模块，接受来自传感器模块信息，为用户提供实时反馈。传感器模块，一方面接受来自用户的操作命令，并将其作用于虚拟环境；另一方面将操作后产生的结果以各种反馈的形式提供给用户。控制模块则是对传感器进行控制，使其对用户、虚拟环境和现实世界产生作用。建模模块获取现实世界组成部分的三维表示，并由此构成对应的虚拟环境。在五个模块的协调作用下，最终够建出 3D 模型，实现对现实的虚拟。

任务 12 　虚拟现实技术的应用

【任务描述】

本任务了解虚拟现实技术的应用情况。

【相关知识与技能】

虚拟现实技术能够再现真实的环境，并且人们可以介入其中参与交互，使得虚拟现实系统可以在许多方面得到广泛应用。随着各种技术的深度融合，相互促进，虚拟现实技术在教育、军事、工业、艺术与娱乐、医疗、城市仿真、科学计算可视化等领域的应用都有极大的发展。虚拟现实技术主要应用在医疗、教育、影音娱乐、军事训练等多个领域。

1. 教育领域

传统的教育方式，通过印在书本上的图文与课堂上多媒体的展示来获取知识。虚拟现实技术能将三维空间的事物清楚的表达出来，使学习者直接、自然地与虚拟环境中的各种对象进行交互作用，并通过多种形式参与到事件的发展变化过程中去，从而获得最大的控制和操作整个环境的自由度。这种呈现多维信息的虚拟学习和培训环境，将为学习者掌握一门新知识、新技能提供最直观、最有效的方式。虚拟现实技术在很多教育与培训领域，诸如虚拟实验室、立体观念、生态教学、特殊教育、仿真实验、专业领域的训练等应用中具有明显的优势和特征。例如，学生学习某种机械装置，如水轮发动机的组成、结构、工作原理时，传统教学方法都是利用图示或者放录像的方式向学生展示，但是这种方法难以使学生对这种装置的运行过程、状态及内部原理有一个明确的了解。而虚拟现实技术就可以充分显示其优势：它不仅可以直观地向学生展示出水轮发电机的复杂结构、工作原理以及工作时各个零件的运行状态，而且还可以模仿出各部件在出现故障时的表现和原因，向学生提供对虚拟事物进行全面的考察、操纵乃至维修的模拟训练机会，从而教学和实验效果事半功倍。

2．军事领域

虚拟现实的最新技术成果往往被率先应用于航天和军事训练，利用虚拟现实技术可以模拟新式武器如飞机的操纵和训练，以取代危险的实际操作。利用虚拟现实仿真实际环境，可以在虚拟的或者仿真的环境中进行大规模的军事实习的模拟。虚拟现实的模拟场景如同真实战场一样，操作人员可以体验到真实的攻击和被攻击的感觉。这将有利于从虚拟武器及战场顺利地过渡到真实武器和战场环境。迄今，虚拟现实技术在军事中发挥着越来越重要的作用。

3．工业领域

虚拟现实技术已大量应用于工业领域。对汽车工业而言，虚拟现实技术既是一个最新的技术开发方法，更是一个复杂的仿真工具，它旨在建立一种人工环境，人们可以在这种环境中以一种自然的方式从事驾驶、操作和设计等实时活动。并且虚拟现实技术也可以广泛用于汽车设计、实验和培训等方面，例如，在产品设计中借助虚拟现实技术建立的三维汽车模型，可显示汽车的悬挂、地盘、内饰甚至每个焊接点，设计者可确定每个部件的质量，了解各个部件的运行性能。在建筑行业中，虚拟现实可以作为那些制作精良的建筑效果图的更进一步的拓展。它能形成与交互的三位建筑场景，人们可以在建筑物内自由的行走，可以操作和控制建筑物内的设备和房间装饰。一方面，设计者可以从场景的感知中了解、发现设计上的不足；另一方面用户可以在虚拟环境中感受到真实的建筑空间，从而做出自己评判。

4．艺术与娱乐

由于在娱乐方面对虚拟现实的要求不是太高，故近几年来 VR 在该方面发展最为迅速。作为显示信息的载体，VR 在未来艺术领域方面所具有的潜在应用能力也不可低估。VR 所具有的临场参与感与交互能力可以将静态的艺术（比如油画、雕刻等）转化为动态的，可以使欣赏者更好地欣赏作者的艺术。VR 提高艺术表现能力，例如，敦煌"九层楼"实景与虚拟三维效果。

5．医疗

在医学教育和培训方面，医生见习和实习复杂手术的机会是有限的，而在 VR 系统中却可以反复实践不同的操作。VR 技术能对危险的、不能失误的、很少或难以提供真实演练的操作反复地进行十分逼真的练习。目前，国外很多医院和医学院已开始用数字模型训练外科医生。其做法是将 X 光扫描、超声波探测、核磁共振等手段获得信息综合起来，建立起非常接近真实人体和器官的仿真模型。

6．城市仿真

由于城市规划的关联性和前瞻性要求较高，城市规划一直是对全新的可视化技术需求较为迫切的领域之一。从总体规划到城市设计，在规划的各个阶段，通过对现状和未来的描绘（身临其境城市感受、实时景观分析、建筑高度控制、多方案城市空间比较等），为改善生活环境，以及形成各具特色的城市风格提供了强有力的支持。规划决策者、规划设计者、城市建设管理者以及公众，在城市规划中扮演不同的角色，有效的合作是保证城市规划最终成功的前提。VR 技术为这种合作提供了最理想的桥梁，运用 VR 技术能够使政府规划部门、项目开发商、工程人员及公众可从任意角度实时互动真实地看到规划效果，更好地掌握城市的形态和理解规划师的设计意图，这样决策者的宏观决策将成为城市规划更有机的组成部分，公众的参与也能真正得到实现，这是传统手段如平面图、效果图、沙盘乃至动画等所不能达到的。

7．科学计算可视化

在科学研究中人们总会遇到大量的随机数据，为了从中得到有价值的规律和结论，需要对这些数据进行分析，而科学可视化功能就是将大量字母、数字数据转化成比原始数据更容易理解的可视图像，并允许参与者借助可视虚拟设备检查这些"可见"的数据。它通常被用于建设分子结构、地震、地球环境的各组成成分的数字模型。

在 VR 技术支持下的科学计算可视化与传统的数据仿真之间存在着一定的差异，例如为了设计出阻力小的机翼，人们必须分析机翼的空气动力学特性，因此人们发明了风洞试验方法，通过使用烟雾气体使得人们可以用肉眼直接观察到气体与机翼的作用情况，因而大大提高了人们对机翼动力学特性的了解。虚拟风洞的目的是让工程师分析多旋涡的复杂三维性质和效果、空气循环区域、旋涡被破坏时的乱流等，而这些分析利用通常的数据仿真是很难可视化的。

习题

1. 什么是云计算，通常包含哪些方面的内容？
2. 云计算技术有什么特点，云计算是如何分类的？
3. 云计算技术主要应用在哪些方面？
4. 什么是大数据技术，它是如何定义的？
5. 大数据技术与传统的数据处理技术相比有什么特点？
6. 什么是移动互联网？
7. 什么是物联网，它有什么特点？
8. 虚拟现实技术主要应用在哪些方面？

第11章　计算机科学专业能力的培养与职业道德

任务1　计算机专业能力的培养

【任务描述】

本任务了解计算机专业能力的组成与培养目标。

【相关知识与能力】

1. 计算机专业能力的组成

计算机科学技术包括科学与技术两方面。科学侧重于研究现象、揭示规律；技术侧重于研制计算机和研究使用计算机进行信息处理的方法与技术手段。科学是技术的依据，技术是科学的体现；技术得益于科学，又向科学提出新的课题。科学与技术相辅相成、互为作用，二者高度融合是计算机科学技术学科的突出特点。计算机科学技术除具有较强的科学性外，还具有较强的工程性。因此，它是一门科学性与工程性并重的学科，表现为理论性和实践性紧密结合的特征。

计算机科学与技术学科包含计算机科学、计算机工程、软件工程、信息工程等领域，计算机科学技术的迅猛发展，除源于微电子学等相关学科的发展外，主要源于其应用的广泛性与强烈需求。

问题的符号表示及其处理过程的机械化、严格化的固有特性，决定了数学是计算机科学与技术学科的重要基础之一，数学及其形式化描述、严密的表达和计算是计算机科学与技术学科的重要工具，建立物理符号系统并对其实施变换是计算机科学与技术学科进行问题描述和求解的重要手段。

计算机科学技术的研究范畴包括计算机理论、硬件、软件、网络及应用等，按照研究的内容，也可以划分为基础理论、专业基础和应用三个层面。

（1）计算机理论的研究。包括：离散数学、算法分析理论、形式语言与自动机理论、程序设计语言理论、程序设计方法学等。

（2）计算机硬件的研究。包括：元器件与存储介质、微电子技术、计算机组成原理、微型计算机技术、计算机体系结构等。

（3）计算机软件的研究。包括：程序设计语言的设计、数据结构与算法、程序设计语言翻译系统、操作系统、数据库系统、算法设计与分析、软件工程学、可视化技术等。

（4）计算机网络的研究。包括：网络结构、数据通信与网络协议、网络服务、网络安全等。

（5）计算机应用的研究。包括：软件开发工具、完善既有的应用系统、开拓新的应用领域等。

2. 计算机专业能力的培养目标

为所有计算机专业毕业生建立一个统一的培养目标标准是困难的，但给出一个基本标准是有意义的。一般来说，计算机专业能力的培养目标包括以下几个方面：

（1）掌握计算机科学与技术的理论和本学科的主要知识体系。

（2）在确定的环境中能够理解并应用基本的概念、原理、准则，具备对工具及技巧进行选择与应用的能力。

（3）完成一个项目的设计与实现，该项目应该涉及到问题的标识、描述与定义、分析、设计和开发等，为完成的项目撰写适当的文档。该项目的工作应该能够表明自己具备一定的解决问题和评价问题的能力，并能表现出对质量问题的适当的理解和认识。

（4）具备在适当的指导下进行单独工作的能力，以及作为团队成员和其他成员进行合作的能力。

（5）能够综合应用所学的知识。

（6）能够保证所进行的开发活动是合法的和合乎道德的。

学校应该为有才华的学生提供发挥全部潜能的机会，使这些有才华的学生能应用课程中学到的知识进行创造性的工作，能在分析、设计、开发适应需求的复杂系统过程中做出有创意的贡献；能够对自己和他人的工作进行确切的评价与检验。这些优秀学生未来将有可能领导这门学科的发展。因此，需要在对学生的教育过程中有意识地为其成长提供帮助和锻炼机会，更要鼓励他们树立强烈的创新意识和信心，鼓励他们去探索。

【知识拓展】

知识、能力和素质的关系：

（1）"知识"是基础、是载体、是表现形式。知识具有"载体"的属性，能力和素质的培养与教育必须部分地通过具体知识的传授来实施。在许多场合下，能力与素质是通过知识表现出来的。

（2）"能力"是技能化的知识，是知识的综合体现。应强调运用知识发现问题、分析问题、解决问题的能力。要保证知识运用的综合性、灵活性与探索性，这就需要有丰富的知识为支撑。

（3）"素质"是知识和能力的升华。高素质可使知识和能力更好地发挥作用，同时还可促使知识和能力得到不断的扩展和增强。

知识、能力、素质是进行高科技创新的基础。只有将三者融会贯通于教育的全过程，才可能培养出高水平人才。

任务2　计算机人员的职业道德

【任务描述】

本任务了解企业的道德准则和从业人员道德准则，了解计算机用户道德；了解与计算机科学技术有关的法律法规。

【相关知识与能力】

1. 企业道德准则

一个企业或机构必须保护它的数据不丢失或不被破坏，不被滥用或不被未经许可的访问。

否则，这个机构就不能有效地为其客户服务。

要保护数据不丢失，企业或机构应当有适当的备份。一个公司或机构有责任尽量保证数据的完整性和正确性，要使所有的数据绝对正确是不可能的，但如果发现了错误，应当尽快更正。雇员在数据库中查阅某个人的数据，并在工作以外使用这个信息是不允许的。公司应该制定针对雇员的明确的规范，并且严格执行。

2. 计算机专业人员道德准则

计算机专业人员包括程序员、系统分析员、计算机设计人员以及数据库管理员等。计算机专业人员有很多的机会可以使用计算机系统，因此，系统的安全防范很大程度上在于计算机专业人员的道德素质。因此，计算机专业人员除遵循基本道德准则外，还应遵循专业准则。专业准则包含几个方面，其中最重要的是资格和职业责任。

资格要求专业人员要跟上行业的最新进展。由于计算机行业涵盖了众多领域并且发展迅速，可以说，没有一个人在所有领域都是行家里手，这就要求专业人员应尽力跟上自己所属的那个特殊领域的技术发展。

职业责任提倡尽可能做好本职工作，即使用户目前还不能意识到最好的工作同较差工作之间的差别，也要尽心尽职做好工作。要确保每一个程序尽可能正确，即使没有人能在近期内发现它的错误，也要尽一切可能排除错误的隐患。职业责任的另一个重要方面是离开工作岗位时应保守公司的秘密。离开公司时，专业人员不应该带走本人为公司开发的程序，也不应该把公司正在开发的项目告诉别的公司。

计算机专业人员有机会接触公司的数据以及操作这些数据的设备，也具有使用这些资源的技能。而大多数公司都没有完善的检查公司专业人员行为的措施。要保证数据的安全和正确，公司在一定程度上依赖于计算机专业人员的道德。

3. 计算机用户道德

用户或许没有想到坐在一台计算机前会产生道德问题，但事实的确如此。例如，几乎每一个计算机用户迟早都会碰到关于软件盗版的道德困惑。其他的道德问题包括浏览色情内容和对计算机系统的未经授权的访问等。

（1）软件盗版。

对于计算机用户来说，最迫切的道德问题之一是计算机程序的复制。有些程序是免费提供给所有人的，这种软件称为自由软件，用户可以合法地复制或随意下载这种软件。

有些软件称为共享软件。共享软件具有版权，其创作者将它提供给所有的人复制和试用。作为回报，如果用户在试用后仍想继续使用这个软件，软件的版权拥有者有权要求用户登记或付费。

大部分软件都是有版权的软件，软件盗版包括非法复制有版权的软件，法律禁止对这些软件不付费的复制和使用。

大多数软件公司不反对为软件做备份，以便以后磁盘或文件破坏时备用。但是，用户不应该制作备份送给他人或出售。如果软件装在某大学计算机实验室的计算机上，也不应将它复制到另一所大学的计算机系统上。

随着计算机和网络的普及，各种各样的信息可以通过网络及其存储介质散布。这些信息包括杂志上的文章、文字作品、书的摘录、图形图像、Internet 上的作品等。每个人应该负责而有道德地使用这些信息，无论自己的作品是对这些信息的直接引用还是只引用了大意，都应该在引文或参考文献中注明出处，指出作者的姓名、文章标题、出版地点和日期等。

大学或研究所等拥有很多台计算机，可以用较低的单台价格为所有计算机购买软件。这种称为场所许可的协议是用户与软件出版商达成的一种合同，该合同允许在机构内部对软件进行多份复制使用。但是，将复制品带出机构则违反了合同。

编写一个软件需要很多的时间和精力。通常，从项目的启动到开始取得销售收入需要两至三年或更长时间，软件盗版增加了软件开发及销售的成本，并且抑制了新软件的开发。从总体上来说于人于己都是不利的。

（2）不做"黑客"。

未经授权的计算机访问是一种违法行为。新闻媒体用"黑客"（hacker）称那些试图对计算机系统进行未经授权访问的人，而"闯入者"（cracker）则用来称呼访问未经授权系统的计算机犯罪者。

"黑客"和"闯入者"的行为都是错误的，它们至少违反了"尊重别人隐私"的道德准则。

（3）公用及专用网络自律。

随着在线信息服务、公用网络（如 Internet）和 BBS 的发展，资料的在线公布已成为现实。最具爆炸性的问题是色情内容。Internet 是一个开放的论坛，很难受到检查。只要没有限制从网上获取资料，上述问题就不可能获得彻底解决，只能靠成年人来保护未成年人，使他们不受计算机色情危害。

目前有些软件专营店出售可以对网址进行选择及屏蔽的过滤软件。当然，十分重要的还在用户的自律，不要在网上制造和传播这类东西。

任务3　计算机专业学生的职业规划

【任务描述】

本任务了解与计算机科学技术有关的职业、职位及择业的基本原则；懂得终身学习的重要性，树立终身学习的理念；尝试进行职业生涯规划。

【相关知识与能力】

1. 与计算机专业有关的职业种类

一般说来，与计算机专业有关的职业可以分为 4 个领域：计算机科学、计算机工程、软件工程和计算机信息系统。这些领域中的职业在工作性质、专业训练等方面都有不同的要求。

（1）计算机科学。

该领域的工作者把重点放在研究计算机系统中软件与硬件之间的关系，开发可以充分利用硬件新功能的软件，以提高计算机系统的性能；此外，还包括操作系统、数据库管理系统、语言的编译系统等的研究与开发，一些工具软件（如字处理软件、图形处理软件、通信软件等）的开发也应有受过计算机科学技术严格训练的人员来担任。

这个领域内的职业包括研究人员及大学的专业教师。他们在专业方面的发展机会多于被提升到管理岗位的机会。这类专业人员对数学训练的要求相对高一些。

（2）计算机工程。

该领域从事的工作比较侧重于计算机系统的硬件，注重于新型计算机和计算机外部设备的硬件开发及网络工程等。计算机工程师也要进行程序设计，但开发软件不是他们的主要目标。

计算机工程涉及的行业也很广泛，有对计算机硬件及外部设备的开发，也有专门设计电子线路（包括 CPU）的。这些行业的专业性要求也很高，除计算机科学技术系的学生可以胜任该类工作外，电子工程系的学生也是比较合适的人选。

（3）软件工程。

软件工程师的工作是从事软件的开发和研究。他们注重于计算机系统软件的开发（如操作系统、数据库管理系统、编译系统等），也可以从事工具软件的开发（如办公软件、辅助设计软件、客户管理软件、电子商务软件等）。

除此之外，社会上各行各业的应用软件也需要大量的软件工程师参与开发或维护。这类人员除需要有较好的数学基础和程序设计能力外，对软件生产过程中的各个环节也应熟知并掌握。如果这些人还具有相关行业、领域的知识，必定会大受欢迎。

（4）计算机信息系统。

该领域的工作涉及社会上各种企业、机构的信息中心或网络中心等，包括处理企业日常运作的数据，对企业现有软硬件设施的技术支撑、维护，以保证企业的正常运作。

这类工作人员一般要求对商业运作有一定基础。计算机科学技术专业的学生以及"信息管理系统"专业的学生在学习一些商科知识后都能胜任该类工作。如果是企业信息部门的主管，对在商业运作的了解和对计算机系统的熟悉方面要求更高，许多高等学校培养的软件工程硕士比较合适这类岗位。

2. 与计算机专业有关的职位

与计算机科学与技术专业有关的职位很多，比较能体现专业特色的职位有：

（1）系统分析员。

作为一个系统分析员，应具有比较丰富的项目开发经验，能和需要开发信息系统企业中的有关人员一起做出需求分析，并设计满足需求的计算机软件系统和硬件配置，能与开发人员一起实现这个信息系统。

（2）Web 网站管理员。

Web 网站管理员是目前需求量最大的工作岗位之一，其职责主要是设计、建设、监测、评估、更新公司的网站。随着网络的扩展，越来越多的企业使用 Internet 和公司内部局域网，Web 网站管理员的重要性和需求不断增加。

（3）数据库管理员。

数据库管理员在企业中有着非常重要的作用。他们负责数据库的创建、整理、连接以及维护内部数据库。除此之外，他们还要存取和监控某些外部（包括 Internet 数据库在内的）数据库。

作为一个数据库管理员，可能还需要一些比较专业的数据库技术，如数据挖掘和数据仓库技术等。

（4）程序员。

程序员的工作是和系统分析员紧密联系在一起的。程序员应能开发一个软件或修改现有程序。作为一个程序员，要学会使用几种程序设计语言（如 VC++、Java 等），许多系统分析员往往是从程序员做起的。

（5）技术文档书写员。

主要是写文档，以解释如何运作一个计算机程序，其工作与系统分析员、用户紧密相连。将信息系统文档化，写一份清楚的用户手册等，是技术书写员的职责，有些技术文档书写员本身也是程序员。

（6）网络管理员。

企业中几乎所有的信息系统都与网络连接。网络管理员应能确保当前信息系统与网络系统运行正常，构建新的网络系统时，能提出切实可行的方案并监督实施。大多数企业中，随着 Internet 在企业信息化方面作用的增强，这种职业的重要性日趋增强。作为一个网络管理员，还要确保计算机系统的安全和个人隐私保护。

（7）计算机认证培训师。

在信息领域工作，有些企业要求有一些与工作相关的证书，许多计算机公司就其产品提供了各种认证书，有关专业技术人员只有通过了这些公司指定的考试课程，就可以获得这些公司授权机构颁发的证书，而获得这些证书对就业有很大帮助。于是，计算机证书培训师应运而生。这些培训师往往对大公司的产品有深入的了解和丰富的使用经验，具有一定的教学经验。成为职业培训师可以获得比较高的薪酬。现在，微软公司、Cisco 公司、Oracle 公司等都颁发认证证书，我国信息产业部也已开始推行信息化工程师认证证书的工作。

3. 终身学习

选择信息产业中的某项职业后，意味着今后将面临技术的不断变换和不断的学习。在这一领域工作的人面临的最大挑战，就是要紧跟飞速发展的技术。因此，在信息技术领域工作的人一定要树立"终身学习"的概念，不断学习新技术，学会对新事物产生兴趣。进行学习和紧跟新技术的方法很多。

（1）参加研讨会。有关计算机新技术的研讨会很多，争取参加这样的研讨会是了解新技术的很好途径。

（2）参加培训。有些专题培训对用户来讲是很重要的，这样培训可以帮助用户了解所使用的计算机系统有哪些新的改进和新的功能，有些大公司还会在培训后颁发关于他们产品的认证证书。

（3）在线学习。Internet 上每天都会发布有关新技术的信息。可以利用搜索引擎了解与自己工作领域相关的新技术，并设法掌握它。

（4）阅读专业杂志、报刊。信息技术类的专业杂志和报刊非常丰富。各类出版物的定位也不一样，有专业性强的（如各类学报），也有综合信息类的（如计算机世界、中国计算机用户等），可以针对感兴趣的某一领域，选择和自己的职业最接近的杂志和报刊作为重点阅读对象。

（5）参加学术会议及展览会。计算机界每年都会举办各种学术会议，这些会议上可以了解到某一专业领域中目前的前沿工作，启发自己的学习和研究兴趣。另外，有些大型展示会也是许多公司及产品制造商展示新产品的场所。

4. 职业生涯规划

职业生涯规划这一概念日渐深入人心，不仅大学生，甚至工作十几年的人都在考虑对自己进行科学的职业生涯规划与设计。但是，大多数人都不太清楚，究竟什么是职业生涯规划。

职业生涯规划是指个人发展与组织发展相结合，在对个人和内部环境因素进行分析的基础上，确定一个人的事业发展目标，并选择实现这一事业目标的职业或岗位，编制相应的工作、教育和培训行动计划，制定出基本措施，使自己的事业得到顺利发展，并获取最大程度的事业成功。

简而言之，职业规划是：知己知彼，择优选择职业目标和路径，并用高效行动去达成职业目标。

【知识拓展】

1. 几个概念

● 工作（Work）：可以为自己或他人创造价值的活动。

● 职业（Occupation）：不同行业和组织中存在的一组类似的职位。

● 职位（Position）：一个组织中个人所从事的一组任务，由一系列重复出现或持续进行的任务相伴随的一个工作单元。一个任务是一个有起点和终点的工作行为单元。

● 工作（Job）：在一个特定的组织中，由一个或多个具有一些相似特征的人所从事的带薪职位。

● 生涯（Career）：个人通过从事工作所创造出的一个有目的的、延续一定时间的生活模式。是一个人多重生活角色的结合，包括工作者、学生、父母、子女、配偶/伴侣、公民及退休者。职业是一个人生活和生涯的重要部分，生涯同时还包括学习领域、休闲活动和家庭角色。

2. 职业规划五步曲（见图 11-1）

（1）客观认识自我，准确定位。

评估自我：想做什么？能做什么？适合做什么？看重什么？人岗是否匹配？人企是否匹配？

图 11-1　职业规划五步曲

（2）评估职业机会，确定目标。

评估外界：对我的要求？有什么样的机会与挑战？

长期目标：专家？管理者？技术？营销？

短期目标：积累能力和经验？追求业绩？

（3）择优选择职业目标和路径。

在知己知彼的基础上，选择最适合自己的职业目标，针对目标选择最适合自己的路径，注意要考虑风险指数。

（4）制定行动策略：终生学习，高效行动。

区分轻重缓急，学会时间管理和应对干扰。

（5）与时俱进，灵活调整，不断修正和反馈。

不断修正、优化职业规划，以适应各种变化。

习题

1．计算机科学与技术发展最快的领域有哪些？

2．如何解决在校学习的时间有限与不断增长的计算机知识之间的矛盾？

3．了解本专业的课程设置，如哪些是基础课，哪些是专业基础课，哪些是专业课，每门课程的前序课程和后续课程是哪些课。

4．为什么很多企业在招聘人员时把有良好的道德素养和遵守职业道德作为第一位的要求，而第二是要有团队合作和交流能力，第三才是专业知识和技能？

5．搜索计算机软件纠纷的著名法律案件，深入了解其前因后果。

6．搜索一个"职业素质测评系统"，按要求做相关测试，参考相关结果做自己的职业生涯规划。

附录

附录A　ASCII 码表

低位 / 高位		0	1	2	3	4	5	6	7
		000	001	010	011	100	101	110	111
0	0000	Ctrl+2	Ctrl+P	空格	0	@	P	`	p
1	0001	Ctrl+A	Ctrl+Q	!	1	A	Q	a	q
2	0010	Ctrl+B	Ctrl+R	""	2	B	R	b	r
3	0011	Ctrl+C	Ctrl+S	#	3	C	S	c	s
4	0100	Ctrl+D	Ctrl+T	$	4	D	T	d	t
5	0101	Ctrl+E	Ctrl+U	%	5	E	U	e	u
6	0110	Ctrl+F	Ctrl+V	&	6	F	V	f	v
7	0111	Ctrl+G	Ctrl+W	'	7	G	W	g	w
8	1000	BS	Ctrl+X	(	8	H	X	h	x
9	1001	→	Ctrl+Y	)	9	I	Y	i	y
A	1010	Ctrl+J	Ctrl+Z	*	:	J	Z	j	z
B	1011	Ctrl+K	ESC	+	;	K	[	k	{
C	1100	Ctrl+L	Ctrl+\	,	<	L	\	l	|
D	1101	←	Ctrl+]	-	=	M	]	m	}
E	1110	Ctrl+N	Ctrl+6	.	>	N	^	n	~
F	1111	Ctrl+O	Ctrl+-	/	?	O	_	o	Ctrl+←

附录B　Excel 中数字格式符号的功能与作用

1. 数字格式符号

符号	功能	作用
0	数字预留位置	确定十进制小数的数字显示位置
#	数字预留位置	按小数点右边的 0 的个数对数字进行四舍五入处理，显示开头和结尾的 0
?	数字预留位置	与 0 相同，但不显示开头和结尾的 0
*	填充标记符	与 0 相同，但允许插入空格来对齐数字位，而且要除去无意义的 0，用星号后的字符填满单元格的剩余部分

符号	功能	作用
,	千位分隔符	标记出千位的位置
.	小数点	标记出小数点的位置
_（下划线）	对齐	留出等于下一个字符的宽度；对齐封闭在括号内的负数并使小数点保持对齐
%	百分号	显示百分号，把数字作为百分数
-	连字符	连接两部分字符（也可用作负号）
/	分数分隔符	指示分数
\	文字标记符	其后紧接文字字符
" "	文字标记符	引述文字
@	格式化代码	标示用户输入文字显示的位置
E	科学计数标记符	以指数格式显示数字
[颜色]	颜色标记	用标记出的颜色显示字符

2. 日期和时间格式符号

符号	示例	含义
Yy	98	代表年份（00～99），不足两位数在前面补 0
Yyyy	1998	代表年份（1900～9999），四位数
M	9	代表月，不足两位数前面不用补 0
Mm	09	代表月，不足两位数在前面补 0
Mmm	Sep	代表月，缩写为三个字符
Mmmm	September	代表月，全名
Mmmm	S	代表月，缩写为月份的第一个字母
D	8	代表日期，不足两位数前面不用补 0
Dd	08	代表日期，不足两位数在前面补 0
Ddd	Sun	代表星期，缩写为三个字符
Dddd	Sunday	代表星期，全名
H	6	代表小时（0～23），不足两位数前面不用补 0
Hh	06	代表小时（0～23），不足两位数在前面补 0
M	1	代表分钟（00～59），不足两位数前面不用补 0
Mm	01	代表分钟（00～59），不足两位数在前面补 0
S	2	代表秒（00～59），不足两位数前面不用补 0
Ss	02	代表秒（00～59），不足两位数在前面补 0
AM/PM	AM	代表上午、下午，用于 12 小时格式

3. 常用数字格式示例

格式	数值	显示
G/通用格式	1999.1231	1999.12
0	1999.1231	1999
0.00	1999.1231	1999.12
"#,##0"	1999.1231	"1999"
"#,##0.00"	1999.1231	"1,999.12"
0%	1999.1231	1999.12%
0.00%	1999.1231	199912.31%
0.00E+00	1999.1231	2.00E+03
##0.0E+0	1999.1231	2.0E+3
#?/?	1999.1231	1999 1/8
#??/??	1999.1231	1999 8/65
Yyyy-m-d	12-31-99	1999-12-31
h:mm	2:32:40 PM	14:32
d-mmm-yy	1999-12-31	31-Dec-99
mm:ss	2:32:40 PM	32:40
h:mm:ss AM/PM	23:10:00	11:10:00 PM
货币	19991231	￥19,991,231.00
会计专用	19991231	￥19,991,231.00
科学计数	19991231	2.00E+07

附录 C　Excel 常用函数简介

Excel 函数分为：财务、日期与时间、数学与三角函数、统计、查找与引用、数据库、文字、逻辑、信息、用户自定义等。以下是常用函数的简单说明。

1. 数学与三角函数

函数格式	函数功能
ABS(X)	返回参数 X（实数）的绝对值
INT(X)	返回参数 X（实数）的最小整数值
PI( )	返回值为 3.14159265358979，是数学上的圆周率 π 值，精度为 15 位
RAND( )	返回一个大于等于 0 小于 1 的均匀分布随机数。每次计算时都返回一个新随机数
ROUND(X,位数)	按指定位数，将参数 X 进行四舍五入
SUM(X1,X2,...)	返回参数表中所有数值的和

2. 文本（字符串）函数

函数格式	函数功能
LEFT(文字串,长度)	从一个文字串的最左端开始，返回指定长度的文字串
LEFTB(文字串,长度)	从一个文字串的最左端开始，返回指定长度的文字串；将单字节字符视为 1，双字节字符视为 2；若将一个双字节字符分为两半时，以 ASCII 码空格字符取代原字符
LEN(文字串)	返回一个文字串的字符长度（包括空格）
LENB(文字串)	返回一个文字串的长度，将单字节字符视为 1，将双字节字符（如汉字）视为 2
MID(文字串,开始位置,长度)	从文字中指定起点位置开始，返回指定字符长度的文字串
MIDB(文字串,开始位置,长度)	从文字中指定起点位置开始，返回指定字符长度的文字串；将单字节字符视为 1，将双字节字符视为 2.；若将一个双字节字符分为两半时，以 ASCII 码空格字符取代原字符
RIGHT(文字串,长度)	从一个文字串的最右端开始，返回指定字符长度的文字串
RIGHTB(文字串,长度)	从一个文字串的最右端开始，返回指定字符长度的文字串；将单字节字符视为 1，双字节字符视为 2；若将一个双字节字符分为两半时，以 ASCII 码空格字符取代原字符
LOWER(文字串)	将一个文字串中所有的大写字母转换为小写字母
UPPER(文字串)	将一个文字串中所有的小写字母转换为大写字母
TRIM(文字串)	删除文字串中的多余空格，使词与词之间只保留一个空格
VALUE(文本格式数字)	将文本格式数字转换为数值

3. 统计函数

函数格式	函数功能
AVERAGE(X1,X2,...)	返回参数（一系列数）的算术平均值
COUNT(X1,X2,...)	返回参数组中数字的个数
MAX(X1,X2,...)	返回参数清单中的最大值
MIN(X1,X2,...)	返回参数清单中的最小值

4. 逻辑函数

函数格式	函数功能
IF（逻辑值或表达式，条件为 TRUE 时返回值，条件为 FALSE 时返回值）	按条件测试的真（TRUE）/假（FALSE），返回不同的值

5. 日期和时间函数

函数格式	函数功能
DATE(年,月,日)	返回一个特定日期的序列数
DATEVALUE(日期文字串)	返回"日期文字串"所表示的日期的序列数
DAY(日期序列数)	返回对应于"日期序列数"的日期，用 1～31 的整数表示

函数格式	函数功能
MONTH(日期序列数)	返回对应于"日期序列数"的月份值，是介于1（一月）和12（十二月）之间的整数
YEAR(日期序列数)	返回对应于序列数的年份值，是介于 1900 年～2078 年之间的整数
NOW( )	返回当前日期和时间的序列数（1～65380，对应与 1990 年 1 月 1 日到 2078 年 12 月 31 日）
TIME(时,分,秒)	返回一个代表时间的序列数（0～0.99999999），对应 0:00:00（12:00:00 A.M.）到 23:59:59（11:59:59 P.M.）的时间

6. 查找与引用函数

函数格式	函数功能
CHOOSE(索引值,参数 1,参数 2,...)	根据"索引值"从参数清单（最多 29 个值）中返回一个值

7. 财务函数

函数格式	函数功能
PMT(利率,期数,现值,将来值,类型)	返回基于固定付款和固定利率的现值的每期付款额
PV(利率,期数,偿还额,将来值,类型)	返回某项投资的年金现额。年金现额是未来各期年金现在价值的总和，即向他人贷款金额
FV(利率,期数,偿还额,现值,类型)	在已知各期付款、利率和期数的情况下，返回某项投资的未来值
NPV(利率,净现金流量 1,净现金流量 2,净现金流量 3,...,净现金流量 29)	在已知系列期间，根据现金流量和利率，返回某项投资的净现值
IRR(净现金流量数组值,推测值)	返回某一由数值表示的连续现金流量的内部报酬率。内部报酬率也是评估项目的重要经济指标
RATE(期数,偿还额,现值,将来值,类型,推测值)	返回年金每期的利率

8. 数据库函数

函数格式	函数功能
DAVERAGE(数据库单元格区域,字段,包含条件的单元格区域)	返回满足条件的数据库记录中给定字段的平均值
DCOUNT(数据库单元格区域,字段,包含条件的单元格区域)	返回数据库记录中给定字段包含满足条件的数字的单元格个数
DMAX(数据库单元格区域, 字段,包含条件的单元格区域)	返回数据库满足条件的记录中给定字段的最大值
DMIN(数据库单元格区域,字段,包含条件的单元格区域)	返回数据库满足条件的记录中给定字段的最小值
DSUM(数据库单元格区域,字段,包含条件的单元格区域)	返回数据库满足条件的记录中给定字段值的和

9. 信息函数

用来测试和处理工作表中有关单元个格式、位置、内容、当前操作环境、数据类型等信息，从略。

参考文献

[1] 柳青等. 计算机应用基础（Windows 7+Office 2010）（第二版）. 北京：高等教育出版社，2016.

[2] 柳青等. 计算机应用基础（Windows 7+Office 2010）（第 3 版）. 北京：高等教育出版社，2016.

[3] 柳青等. 计算机应用基础（基于 Office 2010）. 北京：中国水利水电出版社，2013.

[4] 柳青等. 计算机导论（基于 Windows 7+Office 2010）. 北京：中国水利水电出版社，2012.

[5] 柳青等. 计算机应用基础（Windows XP+Office 2003）（第二版）. 北京：高等教育出版社，2011.

[6] 柳青等. 计算机应用基础（修订版 XP 平台）. 北京：高等教育出版社，2008.

[7] 柳青等. 计算机操作员教程. 北京：高等教育出版社，2010.

[8] 柳青. 计算机导论. 北京：中国水利水电出版社，2008.

[9] 柳青. 计算机应用基础（Windows XP+Office 2003）（第 2 版）. 北京：高等教育出版社，2011.

[10] 柳青. 计算机应用基础（XP 平台）. 北京：高等教育出版社，2008.

[11] 柳青，杨丽娟. 计算机导论. 北京：机械工业出版社，2004.

[12] 柳青. 计算机应用基础（Windows XP+Office 2003）. 北京：高等教育出版社，2006.

[13] 柳青. 计算机应用基础（Windows 2000+Office 2000+WPS 2003）. 北京：高等教育出版社，2005.

[14] 柳青. 计算机应用基础（Windows 98+Office 2000）. 北京：高等教育出版社，2000.